● 教、学、做一体化教材

国家示范院校重点建设专业

给排水工程技术专业课程改革系列教材

给排水工程监理

◎ 主　编　朱守奇　魏应乐　程训炎
◎ 副主编　倪桂玲　曲恒绪
◎ 主　审　满广生

U0281021

中国水利水电出版社
www.waterpub.com.cn

内 容 提 要

　　本教材为国家示范院校重点建设专业——给排水工程技术专业课程改革系列教材之一，作者本着高职高专教育特色，依据国家示范院校重点建设专业人才培养方案及课程建设的目标和要求，按照校企专家多次研究讨论后制定的课程标准进行编写。

　　本教材共分 7 个项目，内容包括：建设工程监理概论、建筑给排水工程监理、市政给排水管网工程监理、水处理工程监理、建设工程委托监理合同、建设工程施工合同管理、安全施工监理，内容范围广泛，实用性强。

　　本教材为给排水工程技术专业的教学用书，也可作为土建类相关专业和工程技术人员的参考用书。

图书在版编目（CIP）数据

给排水工程监理/朱守奇，魏应乐，程训炎主编．
—北京：中国水利水电出版社，2010.3（2016.7重印）
（国家示范院校重点建设专业、给排水工程技术专业
课程改革系列教材）
ISBN 978 - 7 - 5084 - 7312 - 3

Ⅰ.①给…　Ⅱ.①朱…②魏…③程…　Ⅲ.①给水工程-监督管理-高等学校：技术学校-教材②排水工程-监督管理-高等学校：技术学校-教材　Ⅳ.①TU991

中国版本图书馆 CIP 数据核字（2010）第 039544 号

书　　名	国家示范院校重点建设专业 给排水工程技术专业课程改革系列教材 **给排水工程监理**
作　　者	主　编　朱守奇　魏应乐　程训炎 副主编　倪桂玲　曲恒绪 主　审　满广生
出版发行	中国水利水电出版社 （北京市海淀区玉渊潭南路 1 号 D 座　100038） 网址：www.waterpub.com.cn E-mail：sales@waterpub.com.cn 电话：（010）68367658（营销中心）
经　　售	北京科水图书销售中心（零售） 电话：（010）88383994、63202643、68545874 全国各地新华书店和相关出版物销售网点
排　　版	中国水利水电出版社微机排版中心
印　　刷	三河市鑫金马印装有限公司
规　　格	184mm×260mm　16 开本　19 印张　462 千字
版　　次	2010 年 3 月第 1 版　2016 年 7 月第 3 次印刷
印　　数	5001—7000 册
定　　价	**44.00 元**

凡购买我社图书，如有缺页、倒页、脱页的，本社营销中心负责调换

前言

本教材是依据国家示范院校重点建设专业——给排水工程技术专业的人才培养方案及课程建设目标、要求进行编写的。

本专业的课程改革是基于工作过程为导向，以项目载体进行的。人才培养方案和课程重构建设方案由校企等多方面的专家经过多次研讨论证形成。根据课程教学基本要求，按照以学习情境代替学科框架体系的编排结构，在教材风格上形成理论与实践相结合的鲜明特色。与以往教材对比，本教材理论知识本着适度的原则，在此基础上大幅度增加监理案例，着重和突出学生实际能力的培养。本教材共有7个项目，每个项目都附有思考题与习题，以便学生自学。

本教材由安徽水利水电职业技术学院朱守奇、魏应乐，合肥工大建设监理有限责任公司程训炎任主编。参与编写工作的有：安徽水利水电职业技术学院朱守奇（项目2、项目3）、安徽水利水电职业技术学院魏应乐（项目5）、合肥工大建设监理有限责任公司程训炎（项目4、项目7）、安徽水利水电职业技术学院倪桂玲（项目6）、安徽水利水电职业技术学院曲恒绪（项目1）。

本教材由安徽水利水电职业技术学院满广生副教授任主审。

本教材在编写过程中，有关院校和单位的同行对本书提出了许多宝贵意见和热情协助，尤其得到了合肥工大建设监理有限责任公司的大力支持，在此一并表示感谢。限于作者水平，书中难免存在欠妥之处，敬请广大读者批评指正。

编者

2010 年 1 月

目 录

前言

项目 1 建设工程监理概论 ………………………………………………………… 1

学习情境 1.1　概念 ………………………………………………………… 1
　　1.1.1　建设工程监理的定义 ………………………………………………… 1
　　1.1.2　建设工程监理的性质 ………………………………………………… 1
　　1.1.3　建设工程监理的作用 ………………………………………………… 2
　　1.1.4　建设工程监理的发展趋势 …………………………………………… 2

学习情境 1.2　工程监理企业 …………………………………………… 3
　　1.2.1　工程监理企业资质的监督管理 ……………………………………… 4
　　1.2.2　工程监理企业资质的划分 …………………………………………… 4
　　1.2.3　工程监理企业资质相应许可的业务范围 …………………………… 5
　　1.2.4　工程监理企业资质的申请和审批 …………………………………… 6
　　1.2.5　对工程监理企业资质的监督管理 …………………………………… 6

学习情境 1.3　项目监理机构、项目监理人员 …………………… 7
　　1.3.1　项目监理机构 ………………………………………………………… 7
　　1.3.2　项目监理人员 ………………………………………………………… 7

学习情境 1.4　建设工程监理实施程序及实施原则 …………… 10
　　1.4.1　建设工程监理实施程序 ……………………………………………… 10
　　1.4.2　建设工程监理实施原则 ……………………………………………… 12

学习情境 1.5　建设工程项目监理工作文件 …………………… 13
　　1.5.1　建设工程监理工作文件的构成 ……………………………………… 13
　　1.5.2　建设工程监理规划的作用 …………………………………………… 14
　　1.5.3　项目监理规划的编制 ………………………………………………… 15
　　1.5.4　建设工程监理规划的审核 …………………………………………… 21
　　1.5.5　监理规划的调整 ……………………………………………………… 23
　　1.5.6　工程项目监理实施细则 ……………………………………………… 23

本项目学习小结 …………………………………………………………… 26
思考题与习题 ……………………………………………………………… 26

项目 2 建筑给排水工程监理 …………………………………………… 27

学习情境 2.1　建筑给排水工程项目施工进度控制 ………… 27
　　2.1.1　建设工程进度控制概述 ……………………………………………… 27

    2.1.2　施工阶段进度控制目标的确定 ······················· 30

    2.1.3　施工阶段进度控制的内容 ···························· 32

    2.1.4　施工进度计划的编制 ······························· 37

    2.1.5　施工进度计划实施中的检查与调整 ··················· 42

    2.1.6　工程延期 ······································· 45

    2.1.7　物资供应进度 ····································· 48

学习情境 2.2　建筑给排水工程项目施工质量控制 ················· 57

    2.2.1　概述 ·· 57

    2.2.2　施工准备的质量控制 ······························· 64

    2.2.3　施工过程质量控制 ································· 73

学习情境 2.3　建筑给排水工程项目施工投资控制 ················· 99

    2.3.1　施工阶段投资目标控制 ····························· 99

    2.3.2　工程计量 ······································ 104

    2.3.3　工程变更价款的确定 ······························ 107

    2.3.4　索赔控制 ······································ 110

    2.3.5　工程结算 ······································ 118

    2.3.6　投资偏差分析 ··································· 133

本项目学习小结 ··· 141

思考题与习题 ·· 142

项目 3　市政给排水管网工程监理 ························· 144

学习情境 3.1　市政给排水管网工程项目施工进度控制 ············· 144

学习情境 3.2　市政给排水管网工程项目施工质量控制 ············· 145

    3.2.1　概述 ··· 145

    3.2.2　排水管道工程施工流程和质量监理 ·················· 145

    3.2.3　测量放线 ······································ 146

    3.2.4　沟槽开挖 ······································ 148

    3.2.5　管道基础 ······································ 151

    3.2.6　管道安装 ······································ 152

    3.2.7　管道接口 ······································ 155

    3.2.8　管道闭水试验或压力试验 ·························· 156

    3.2.9　管沟回填 ······································ 159

    3.2.10　顶管施工 ····································· 159

    3.2.11　附属构筑物 ··································· 171

学习情境 3.3　市政给排水管网工程项目施工投资控制 ············· 174

本项目学习小结 ··· 174

思考题与习题 ·· 174

项目 4　水处理工程监理 ······························· 175

学习情境 4.1　水处理工程项目施工进度控制 ··················· 175

学习情境 4.2　水处理工程项目施工质量控制 ··················· 176

  4.2.1 给水排水构筑物土建工程 ·· 176

  4.2.2 给水构筑物特殊要求 ·· 198

  4.2.3 地下取水建筑物 ·· 200

  4.2.4 地表水取水构筑物质量监理工作要点 ·································· 202

  4.2.5 给水厂、污水处理厂、雨污水泵站工程设备安装工程及监理要点 ·· 210

  4.2.6 给水厂、污水处理厂、雨污水泵站调试阶段监理要点 ·············· 226

 学习情境 4.3 水处理工程项目施工投资控制 ································· 228

 本项目学习小结 ·· 228

 思考题与习题 ··· 229

项目 5 建设工程委托监理合同 ·· 230

 学习情境 5.1 建设工程委托监理合同的概述 ······························ 230

  5.1.1 委托监理合同的概念和特征 ·· 230

  5.1.2 建设工程委托监理合同示范文本 ······································· 230

 学习情境 5.2 监理合同的订立 ··· 232

  5.2.1 委托的监理业务 ·· 232

  5.2.2 监理合同的履行期限、地点和方式 ···································· 232

  5.2.3 双方的权利与义务 ·· 232

  5.2.4 订立监理合同需注意的问题 ·· 236

 学习情境 5.3 监理合同的履行 ··· 236

  5.3.1 监理人应完成的监理工作 ·· 236

  5.3.2 合同有效期 ··· 237

  5.3.3 违约责任 ·· 237

  5.3.4 监理合同的酬金 ·· 237

  5.3.5 协调双方关系条款 ·· 239

 本项目学习小结 ·· 241

 思考题与习题 ··· 241

项目 6 建设工程施工合同管理 ·· 242

 学习情境 6.1 建设工程施工合同管理概述 ································· 242

  6.1.1 建设工程施工合同的概念和特点 ······································· 242

  6.1.2 建设工程施工合同范本简介 ·· 242

  6.1.3 合同管理涉及的有关各方 ·· 243

  6.1.4 建设行政主管部门及相关部门对施工合同的监督管理 ············ 244

 学习情境 6.2 建设工程施工合同的订立 ··································· 246

  6.2.1 工期和合同价格 ·· 246

  6.2.2 对双方有约束力的合同文件 ·· 248

  6.2.3 标准和规范 ··· 248

  6.2.4 发包人和承包人的工作 ·· 249

  6.2.5 材料和设备的供应 ·· 250

  6.2.6 担保和保险 ··· 250

　　　6.2.7　解决合同争议的方式 ……………………………………………………… 251

学习情境 6.3　施工准备阶段的合同管理 …………………………………………… 251

　　　6.3.1　施工图纸 …………………………………………………………………… 251

　　　6.3.2　施工进度计划 ……………………………………………………………… 251

　　　6.3.3　双方做好施工前的有关准备工作 ………………………………………… 251

　　　6.3.4　开工 …………………………………………………………………………… 252

　　　6.3.5　工程的分包 …………………………………………………………………… 252

　　　6.3.6　支付工程预付款 ……………………………………………………………… 252

学习情境 6.4　施工过程的合同管理 ……………………………………………………… 253

　　　6.4.1　对材料和设备的质量控制 …………………………………………………… 253

　　　6.4.2　对施工质量的监督管理 ……………………………………………………… 254

　　　6.4.3　隐蔽工程与重新检验 ………………………………………………………… 255

　　　6.4.4　施工进度管理 ………………………………………………………………… 256

　　　6.4.5　设计变更管理 ………………………………………………………………… 258

　　　6.4.6　工程量的确认 ………………………………………………………………… 259

　　　6.4.7　支付管理 ……………………………………………………………………… 259

　　　6.4.8　不可抗力 ……………………………………………………………………… 260

　　　6.4.9　施工环境管理 ………………………………………………………………… 261

学习情境 6.5　竣工阶段的合同管理 ……………………………………………………… 262

　　　6.5.1　工程试车 ……………………………………………………………………… 262

　　　6.5.2　竣工验收 ……………………………………………………………………… 263

　　　6.5.3　工程保修 ……………………………………………………………………… 264

　　　6.5.4　竣工结算 ……………………………………………………………………… 265

学习情境 6.6　建设工程施工索赔概述 …………………………………………………… 266

　　　6.6.1　施工索赔的概念及特征 ……………………………………………………… 266

　　　6.6.2　施工索赔分类 ………………………………………………………………… 267

　　　6.6.3　索赔的起因 …………………………………………………………………… 268

　　　6.6.4　索赔程序 ……………………………………………………………………… 269

　　　6.6.5　工程师的索赔管理 …………………………………………………………… 272

学习情境 6.7　合同争议的解决 …………………………………………………………… 280

　　　6.7.1　解决合同争议的方法 ………………………………………………………… 280

　　　6.7.2　仲裁 …………………………………………………………………………… 281

　　　6.7.3　诉讼 …………………………………………………………………………… 283

本项目学习小结 ……………………………………………………………………………… 284

思考题与习题 ………………………………………………………………………………… 284

项目 7　安全施工监理 …………………………………………………………………………… 286

学习情境 7.1　安全施工监理概述 ………………………………………………………… 286

　　　7.1.1　施工安全监理的任务 ………………………………………………………… 286

　　　7.1.2　基本规定 ……………………………………………………………………… 286

　7.1.3　安全监理责任及保证体系 ………………………………………… 287

学习情境 7.2　安全施工监理的主要工作内容 ………………………… 289

　7.2.1　施工准备阶段安全监理的主要工作 ……………………………… 289

　7.2.2　施工阶段安全监理的主要工作 …………………………………… 290

　7.2.3　安全监理资料管理 ………………………………………………… 292

本项目学习小结 …………………………………………………………… 292

思考题与习题 ……………………………………………………………… 292

参考文献 …………………………………………………………………… 293

项目1　建设工程监理概论

学习目标：通过本章学习，学生应掌握建设工程监理的概念；理解工程监理企业、项目监理机构、项目监理人员；掌握建设工程项目监理工作文件；掌握建设工程建监理实施程序及实施原则。

学习情境1.1　概　念

1.1.1　建设工程监理的定义

建设工程监理是一种新的建设工程项目管理模式。自1988年开始试点，并自1993年大力推广后，建设工程监理已成为我国一项基本的建设工程项目管理制度。建设过程监理是指具有相应资质的工程监理企业，接受建设单位的委托，承担其建设项目的管理工作，并代表建设单位对承包单位的建设行为进行监督与控制的专业化服务活动。

建设工程监理是全过程建设工程项目管理的一个阶段部分，是以工程监理企业作为管理行为的主体。工程项目管理是指从事工程项目管理企业受建设单位委托，按照合同约定，代表建设单位对工程项目的组织实施进行全过程或若干阶段的管理和服务。建设工程项目管理可分为以下几个阶段：建设前期与决策阶段；勘察设计阶段；施工准备阶段；施工阶段；项目收尾阶段。

由于我国的建设工程项目管理工作是自施工阶段（包含施工准备阶段、施工阶段和项目收尾阶段）开始的，当时的一些法律法规，包括实施的GB 50319—2000《建设工程监理规范》都是针对建设工程施工活动的，因此可以认为目前的建设工程监理单位指施工阶段的建设工程项目管理。

1.1.2　建设工程监理的性质

（1）建设工程监理是一种咨询服务性质的事业，它通过计划、组织、领导、控制、激励、协调等手段，对建设工程项目的质量、投资、工期、安全等进行控制，通过合同管理、信息管理等工作，沟通与协调参加建设工程项目的各方，实现建成建设工程项目的目标。

（2）建设工程监理具有以下性质：

1）服务性。从业务性质来看建设工程监理具有服务性。其最终要达到的基本目的是协助建设单位在计划的目标内将建设工程建成并投入使用，从而创造出价值，这就是建设工程管理服务的内涵。

2）科学性。建设工程监理是一整套的组织管理行为，而组织管理是一门科学。现代管理科学的飞跃发展也将促进建设工程监理（项目管理）的不断发展。

3）独立性。工程监理企业应当根据建设单位的委托，客观、公正地执行监理任务。有关的法律法规（如《工程建设监理规定》、GB 50319—2000等）都要求工程监理企业按照"公正、独立、自主"原则开展监理工作。建设工程监理独立性的要求也是一种国际惯例。国际咨询工程师协会认为，工程监理企业是"作为一个独立的专业公司受聘于业主去履行服务的一方"，应当"根据合同进行工作"。

4）公正性。公正性是社会公认的职业道德准则，是监理行业能够长期生存和发展的职业道德准则。工程监理企业应当排除各种干扰，客观、公正地对待监理的委托单位和承包单位。在维护建设单位的合法权益时，不得损害承包单位的合法权益。

1.1.3　建设工程监理的作用

建设工程项目通过监理可以起到以下的作用。

1. 有利于提高建设工程投资决策科学化水平

建设单位委托工程监理企业（项目管理企业）作为建设前期与决策阶段的咨询服务机构，通过对项目规划、可行性研究和建设方案的提供，可以使项目投资符合国家发展规划和有关国家建设的方针、政策，有利于提高项目投资决策的科学化水平，为实现建设工程投资综合效益最大化打下良好的基础。

2. 有利于规范工程建设参与各方的建设行为

工程建设参与各方的建设行为都应当服从法律、法规、规章和市场规则。要做到这一点，仅仅依靠自律机制是远远不够的，还需要建立有效的约束机制。首先需要政府对工程建设参与各方的建设行为进行全面的监督管理，这是最基本的约束也是政府的主要职能之一。但是，由于客观条件所限，政府的监督管理不可能深入到每一项建设工程项目的实施过程，还需要建立另一种约束机制，工程监理制就是这样一种约束机制。

3. 有利于促使承包单位保证工程质量和使用安全

建设工程是一种特殊的产品，价值大、使用寿命长，而且还关系到人民的生命财产安全、健康和环境。因此，保证建设工程质量和使用安全就成为一项非常重要的问题。由于监理人员都是有技术、会管理、懂经济、通法律的专门人才，工程监理企业对承包单位的监督与管理就会对建设工程质量和使用安全起到重要的保证作用。

4. 有利于实现建设工程投资效益最大化

实现建设工程监理制以后，可以实现建设工程投资效益最大化，表现为：

（1）在满足建设工程预定功能和质量标准以及环境要求和社会效益的前提下，建设投资额最少。

（2）在满足建设工程预定功能和质量标准以及环境要求和社会效益的前提下，建设工程寿命周期费用（或全寿命费用）最少。

（3）建设工程本身的投资效益与环境效益的最大化。

1.1.4　建设工程监理的发展趋势

1. 工程监理企业要向全过程的项目管理企业发展

（1）建设部于 2003 年 12 月 13 日发布的《建设部关于培育发展工程总承包和项目管理企业的指导意见》（建市［2003］30 号）中提出，工程监理企业要向工程项目管理企业发展，这是深化我国工程项目组织实施方式改革，提高工程建设管理水平，保证工程质量和投资效益，规范建筑市场秩序的重要措施，是勘察、设计、施工、监理企业调整经营机构，增强综合实力，加快和国际承包与管理方式接轨，适应社会主义市场经济发展和加入世贸组织后新形势的必然要求，是贯彻党的十六大提出的"走出去"的发展战略，提高我国企业竞争力的有效途径。

（2）在建设部 2004 年 11 月 16 日发布的《建设部关于印发〈建设工程项目管理试行办法〉的通知》（建市 [2004] 200 号）中更提出了关于建设工程项目管理企业全过程服务的内容。

（3）全过程的工程项目管理是指监理（项目管理）企业接受建设单位委托，按照合同约定，代表建设单位（业主）对工程项目的组织实施进行全过程或若干阶段的管理和服务。但是项目管理企业不直接与该工程的总承包企业或勘察、设计、供货、施工等企业签订合同，但可以按合同约定，协助建设单位与工程项目的总承包企业或勘察、设计、供货、施工等企业签订合同，并接受建设单位委托监督合同的履行。

2. 扩展监督与管理工作的内容

随着建设工程规模的扩大、科学技术的进步和为了与国际工程承包方式接轨，以及为了符合我国的国情，监理（项目管理）企业对承包企业进行监督与管理工作的内容将有所扩展。有关建设工程安全生产的管理已在国家法律法规中作出明确规定，这将是今后建设工程监理的一项重要内容。其他的内容可以参考经过修订的、专供承包单位进行项目管理使用的国家标准（GB/T 50326—2006）《建设工程项目管理规范》。该规范中将建设工程项目管理的主要内容归结为"十三项管理"，即：项目范围管理、项目合同管理、项目采购管理、项目进度管理、项目质量管理、项目职业健康安全管理、项目环境管理、项目成本管理、项目资源管理、项目信息管理、项目风险管理、项目沟通管理、项目收尾管理。

3. 提高从业人员素质

为了适应新的形势和监理向全过程项目管理企业发展，一方面，目前国内的工程监理人员的素质还不能与之适应；另一方面，在工程建设领域的新技术、新工艺、新材料、新理论层出不穷，工程技术标准、规范规程不断更新，信息技术日新月异，这都要求工程监理人员通过培训和继续教育，与时俱进，不断提高自己的业务素质、管理水平和道德品质，向社会提供优质的服务。

4. 扩大规模、增强实力

目前监理企业的规模普遍偏小，实力偏低，难以承担大规模的、重要的工程项目管理工作。今后应该实现企业重组，改善企业经营机制，组建大型的、有很强实力的项目管理企业，以适应我国建设的需要，同时创造条件，走出国门参与国际市场的竞争。

学习情境 1.2 工 程 监 理 企 业

工程监理企业是指从事工程监理业务，并取得工程监理企业资质证书的经济组织。它是监理工程师以及其他监理人员的执业机构。近年来的趋势是工程监理企业将向着全过程的项目管理企业发展。

按照我国现行法律法规的规定，我国工程监理企业的组织形式包括公司制监理企业、合伙制监理企业、个人独资监理企业、中外合资经营监理企业和中外合作经营监理企业等。工程监理企业的资质是企业能力、管理水平、业务经验、经营规模、社会信誉等综合实力的指标。对工程监理企业进行资质管理的制度是我国政府实行市场准入控制的有效手段。

按照工程监理企业的注册资本，企业技术负责人执业资格、职称和从事工程建设工作的经历，以及取得监理工程师注册证书的监理工程师人数、近年来监理过的有一定等级的建设工程项目的数量等条件作为综合性实力指标，评定工程监理企业资质等级。

工程监理企业资质分为综合资质、专业资质和事务所资质。其中，专业资质按照工程性质和技术特点划分为 14 种工程类别。综合资质、事务所资质不分级别。专业资质分为甲级、乙级，其中房屋建筑、水利水电、公路和市政公用专业资质可设立丙级。

自 2007 年 8 月 1 日起施行的《工程监理企业资质管理规定》中对工程监理企业资质的监督管理作了明确的规定。

1.2.1　工程监理企业资质的监督管理

国务院建设主管部门负责全国工程监理企业资质的统一监督管理工作，铁路、交通、水利、信息产业、民航等有关部门配合国务院建设主管部门实施相关资质类别工程监理企业资质的监督管理工作。省、自治区、直辖市人民政府建设主管部门负责本行政区域内工程监理企业资质的统一监督管理工作。省、自治区、直辖市人民政府交通、水利、信息产业等有关部门配合同级建设主管部门实施相关资质类别工程监理企业资质的监督管理工作。

1.2.2　工程监理企业资质的划分

工程监理企业的资质等级标准如下。

1. 综合资质标准

（1）具有独立法人资格且注册资金不少于 600 万元。

（2）企业技术负责人应为注册监理工程师，并具有 15 年以上从事工程建设工作的经历或者具有工程类高级职称。

（3）具有 5 个以上工程类别的专业甲级工程监理资质。

（4）注册监理工程师不少于 60 人，注册造价工程师不少于 5 人，一级注册建造师、一级注册建筑师、一级注册结构工程师或者其他勘察设计注册工程师合计不少于 15 人次。

（5）企业具有完善的组织结构和质量管理体系，有健全的技术、档案等管理制度。

（6）企业具有必要的工程试验检测设备。

（7）申请工程监理资质之日前一年内没有发生本规定禁止的行为、没有因本企业监理责任造成重大质量事故、没有因本企业监理责任发生三级以上工程建设重大安全事故或者发生两起以上四级工程建设安全事故。

2. 专业资质标准

（1）甲级。

1）具有独立法人资格且注册资金不少于 300 万元。

2）企业技术负责人应为注册监理工程师，并具有 15 年以上从事工程建设工作的经历或者具有工程类高级职称。

3）注册监理工程师、注册造价工程师、一级注册建造师、一级注册建筑师、一级注册结构工程师或者其他勘察设计注册工程师合计不少于 25 人次；其中，相应专业注册监理工程师不少于《专业资质注册监理工程师人数配备表》中要求配备的人数，注册造价工程师不少于 2 人。

4）企业近 2 年内独立监理过 3 个以上相应专业的二级工程项目，但是，具有甲级设计资质或一级及以上施工总承包资质的企业申请本专业工程类别甲级资质的除外。

5）企业具有完善的组织结构和质量管理体系，有健全的技术、档案等管理制度。

6）企业具有必要的工程试验检测设备。

7）申请工程监理资质之日前一年内没有发生本规定禁止的行为、没有因本企业监理责任造成重大质量事故、没有因本企业监理责任发生三级以上工程建设重大安全事故或者发生两起以上四级工程建设安全事故。

（2）乙级。

1）具有独立法人资格且注册资本不少于 100 万元。

2）企业技术负责人应为注册监理工程师，并具有 10 年以上从事工程建设工作的经历。

3）注册监理工程师、注册造价工程师、一级注册建造师、一级注册建筑师、一级注册结构工程师或者其他勘察设计注册工程师合计不少于 15 人次。其中，相应专业注册监理工程师不少于 10 人，注册造价工程师不少于 1 人。

4）有较完善的组织结构和质量管理体系，有技术、档案等管理制度。

5）有必要的工程试验检测设备。

6）申请工程监理资质之日前一年内没有规定禁止的行为。

7）申请工程监理资质之日前一年内没有因本企业监理责任造成重大质量事故。

8）申请工程监理资质之日前一年内没有因本企业监理责任发生三级以上工程建设重大安全事故或者发生两起以上四级工程建设安全事故。

（3）丙级。

1）具有独立法人资格且注册资金不少于 50 万元。

2）企业技术负责人应为注册监理工程师，并具有 8 年以上从事工程建设工作的经历。

3）相应专业的注册监理工程师不少于 5 人。

4）有必要的质量管理体系和规章制度。

5）有必要的工程试验检测设备。

3．事务所资质标准

（1）取得合伙企业营业执照，具有书面合作协议书。

（2）合伙人中有 3 名以上注册监理工程师，合伙人均有 5 年以上从事建设工程监理的工作经历。

（3）有固定的工作场所。

（4）有必要的质量管理体系和规章制度。

（5）有必要的工程试验检测设备。

1.2.3 工程监理企业资质相应许可的业务范围

1．综合资质

可以承担所有专业工程类别建设工程项目的工程监理业务。

2．专业资质

（1）专业甲级资质：可承担相应专业工程类别建设工程项目的工程监理业务。

（2）专业乙级资质：可承担相应专业工程类别二级以下（含二级）建设工程项目的工程监理业务。

（3）专业丙级资质：可承担相应专业工程类别三级建设工程项目的工程监理业务。

3. 事务所资质

可承担三级建设工程项目的工程监理业务，但是国家规定必须实行强制监理的工程除外。可以开展相应类别建设工程的项目管理、技术咨询等业务。

1.2.4 工程监理企业资质的申请和审批

申请综合资质、专业甲级资质的，应当向企业工商注册所在地的省、自治区、直辖市人民政府建设主管部门提出申请。省、自治区、直辖市人民政府建设主管部门进行初审，国务院建设主管部门根据初审意见审批。

专业乙级、丙级资质和事务所资质由企业所在地的省（自治区、直辖市）人民政府建设主管部门审批。

专业乙级、丙级资质和事务所资质许可延续的实施程序由省、自治区、直辖市人民政府建设主管部门依法确定。

1.2.5 对工程监理企业资质的监督管理

县级以上人民政府建设主管部门和其他有关部门应当依照有关法律、法规和《工程监理企业资质管理规定》，加强对工程监理企业资质的监督管理。监督检查机关应当将监督检查的处理结果向社会公布。

工程监理企业取得工程监理企业资质后不再符合相应资质条件的，资质许可机关根据利害关系人的请求或者依据职权，可以责令其限期改正；逾期不改的，有下列情形之一的，资质许可机关或者其上级机关，根据利害关系人的请求或者依据职权，可以撤销工程监理企业资质：

（1）资质许可机关工作人员滥用职权、玩忽职守作出准予工程监理企业资质许可的。

（2）超越法定职权作出准予工程监理企业资质许可的。

（3）违反资质审批程序作出准予工程监理企业资质许可的。

（4）对不符合许可条件的申请人作出准予工程监理企业资质许可的。

（5）依法可以撤销资质证书的其他情形。

以欺骗、贿赂等不正当手段取得工程监理企业资质证书的，应当予以撤销。

工程监理企业从事建设工程监理活动，应当遵循"守法、诚信、公正、科学"的准则。

1. 守法

守法，即遵守国家法律法规。也就是要依法经营，只在核定的业务范围内开展经营活动，不做触犯刑律的事，不无故或故意违背合同的承诺，主动接受政府行政主管部门的指导和监督，遵守国家关于企业法人的其他法律、法规的规定。

2. 诚信

诚信，即诚实守信，这是道德规范在市场经济中的体现，它要求一切市场参与者在不损害他人利益和社会公共利益的前提下，追求自己的利益，目的是在当事人之间的利益关系和当事人与社会之间的利益关系中实现平衡，并维护市场道德秩序。企业应加强信用管理，提高信用水平。信用是企业的一种无形资产，良好的信用能为企业带来巨大效益。

3. 公正

公正，是指工程监理企业在监理活动中既要维护建设单位的合法利益，又不能损害承包单位的合法利益。要依据合同公平合理地处理建设单位与承包单位之间的争议。为此，监理企业要做到具有良好的职业道德，坚持实事求是，熟悉建设工程施工合同条款，提高专业技术能力，提高综合分析判断问题的能力。

4．科学

科学，是指工程监理企业要依据科学的方案，运用科学的手段，采用科学的方法开展监理工作。工程监理工作结束后，还要进行科学的总结。

工程监理企业的组织结构形式如图 1.1 所示。

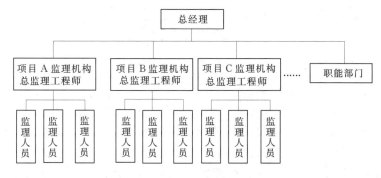

图 1.1　项目型监理企业组织结构图

图 1.1 所示组织结构形式主要适用于专门开展像工程监理这样的一次性和独特性的项目管理任务。工程监理企业的领导层直接掌握各项监理机构，项目监理机构实行总监理工程师负责制，总监理工程师具有较大的权力和较高的权威性。各职能部门一般不行使对项目监理机构的直接领导，只是为项目监理机构提供支持和服务。

学习情境 1.3　项目监理机构、项目监理人员

1.3.1　项目监理机构

项目监理机构是由项目总监理工程师领导的，受监理企业法定代表人委派，接受企业职能部门的业务指导、监督与核查的，派驻工程建设项目实施现场的、执行项目监理任命的派出组织。项目监理机构是一次性的，在完成委托监理合同约定的监理工作后即行解体。

项目监理机构的组织形式随着项目监理（项目管理）所属的阶段而不同，也随着工程监理企业管辖的项目监理机构数目多少而有所不同。施工阶段项目监理机构组织图如图1.2 所示。

1.3.2　项目监理人员

1．项目监理机构人员的配备

（1）项目监理机构人员的构成。项目监理机构人员的组成随着项目的监理阶段而异。如在项目建设前期与决策阶段，可设总监理工程师、专业监理工程师和必要的辅助工作人员；在施工阶段，应设总监理工程师、专业监理工程师和监理员，必要时可配备总监理工程师代表，另外应配备专职或兼职的安全监督员、合同管理员、资料管理员，以及其他必要的辅助工作人员。

（2）项目监理机构人员配备的基本原则。

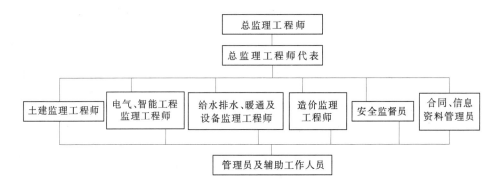

图 1.2　施工阶段项目监理机构组织图

1）项目监理机构的监理人员应专业配套，数量满足工程项目监理工作的需要。

2）项目监理机构监理人员的配备，要以保证监理工作的质量为前提。

3）项目监理机构的监理人员的专业技术职称的结构应合理。总监理工程师应具有高级专业技术职称；专业监理工程师应具有中级以上专业技术职称，大型工程的主要专业监理工程师宜具有高级专业技术职称；监理员应至少具有初级职称并经过监理培训。

4）项目监理机构的监理人员的年龄结构应搭配适当，注意老、中、青的搭配。

5）总监理工程师应由具有至少 3 年以上同类工程监理工作经验的人员担任，总监理工程师代表应由具有 2 年以上同类工程监理工作经验的人员担任，专业监理工程师应由具有 1 年以上同类工程监理工作经验的人员担任。

6）一名总监理工程师只宜担任一项委托监理合同项目的总监理工程工作。当需要同时担任多项委托监理合同的项目总监理工程师工作时，需经建设单位同意，且最多不得超过 3 项。

7）项目监理机构组建后，监理单位应于委托监理合同签订后 10 日内将项目监理机构的组织形式、人员构成通知建设单位。当总监理工程师需调整时，应征得建设单位同意。更换专业监理工程师时要通知建设单位。

（3）监理员。从事建设工程监理工作，但尚未取得监理工程师注册证书的人员统称为监理员。在监理工作中，监理员和监理工程师的区别主要在于监理工程师具有相关岗位责任的签字权，而监理员没有相应岗位责任的签字权。

2. 项目监理机构各类人员的基本职责

（1）总监理工程师职责。

1）确定项目监理机构人员的分工和岗位职责。

2）主持编写项目监理规划、审批项目监理实施细则，并负责管理项目监理机构的日常工作。

3）审查分包单位的资质，并提出审查意见。

4）检查和监督监理人员的工作，根据工程项目的进展情况可进行人员调配，对不称职的人员应调换其工作。

5）主持监理工作会议，签发项目监理机构的文件和指令。

6）审定承包单位提交的开工报告、项目管理实施规划（施工组织设计）、技术方案、进度计划。

7）审核签署承包单位的申请、工程款支付证书和竣工结算。

8）审查和处理工程变更。

9）主持或参与工程质量事故的调查。

10）调解建设单位与承包单位的合同争议、处理索赔、审批工程延期。

11）组织编写并签发监理月报、监理工作阶段报告、专题报告和监理工作总结。

12）审核签认分部工程和单位工程的质量检验评定资料，审查承包单位的竣工申请，组织监理人员对待验收的工程项目进行质量检查，参与工程项目的竣工验收。

13）主持整理工程项目的监理资料。

14）审核承包单位申报的工程进度计划、延长工期的申请。

15）签发工程的停工令和复工令。

16）对承包单位违规、违约行为签发监理通知，责成承包单位限期改正。

17）负责项目监理机构的安全管理工作，主抓《建设工程安全生产管理条例》中和地方政府发布的建设工程安全生产管理的法律、法令中规定的安全管理责任的落实和执行。

（2）总监理工程师代表职责。

1）在总监理工程师的领导下，负责总监理工程师指定或交办的监理工作。

2）按总监理工程师授权行使总监理工程师的部分职责与权力，对于重大的决策应先向总监理工程师请示后再执行。

3）作为总监理工程师的助手，还应协助总监理工程师处理各项日常工作，但总监理工程师不得将下列工作委托给总监理工程师代表完成：①主持编写项目监理规划，审批项目监理实施细则；②签发工程开工/复工报审表、工程暂停令、工程款支付证书、工程竣工报验单；③审核竣工结算；④调解建设单位与承包单位的合同争议、处理索赔、审批工程延期；⑤根据工程项目的进展情况进行监理人员的调配，调换不称职的监理人员。

4）定期或不定期地（如突然发生重大事件）向总监理工程师报告项目监理的各方面情况。

5）每日填写监理人员监理日记及工程项目监理日志。

（3）专业监理工程师职责。

1）负责编制本专业的项目监理实施细则。

2）负责本专业监理工作的具体实施。

3）组织、指导、检查和监督本专业监理员的工作，当人员需要调整时，向总监理工程师提出建议。

4）审查承包单位提交的涉及本专业的计划、方案、申请、变更，并向总监理工程师提出报告。

5）负责本专业分项工程验收及隐蔽工程验收。

6）定期向总监理工程师提交本专业监理工作实施情况报告，重大问题及时向总监理师汇报和请示。

7）根据本专业监理工作实施情况写监理人员日记。

8）负责本专业监理资料的收集、汇总及整理，参与编写监理月报。

9）核查进场材料、构配件、设备的原始凭证、检测报告等质量证明文件及其质量情况，根据实际情况必要时对进场材料、构配件、设备进行平行检验，合格时予以签认。

10) 负责本专业的工程计量工作，审核工程量的数据和原始凭证。

（4）监理员职责。

1) 在专业监理工程师的指导下开展现场监理工作。

2) 检查核实承包单位投入工程项目的劳动力（分工种）及管理人员，主要材料投入和主要机械设备投入及其使用运行情况，并做好检查记录。

3) 担任工程重要部位的关键工序、特殊工序的旁站监理工作，并做好旁站记录，发现问题及时指出并向专业监理工程师报告。

4) 参加对进场材料、构配件、设备的检验，并做好记录。

5) 复核或从施工现场直接获取工程计量的有关数据，并签署原始凭证。

6) 按照设计图及有关标准，对承包单位的工艺过程或施工工序进行检查和记录，对加工制作及工序施工质量检查结果进行记录。

7) 督促承包单位报送监理报表，并检验其真实性、准确性、完整性。

8) 参加总监理工程师组织的定期或不定期对承包单位的安全、消防、环境、文明施工检查工作，并做好检查记录。

9) 参加设计交底、施工图会审、监理工作会议和专题会议，积极发现问题反映情况。

10) 填写监理人员日记及有关的监理记录。

3. 监理人员的职业道德

（1）公正原则。工程监理工作特点之一是要体现公正原则。监理人员在执业过程中不能损害参加工程建设任何一方的合法利益。因此，为了确保工程监理事业的健康发展，对监理人员的职业道德和工作纪律都应有严格的要求，在有关的法律法规中也作了具体的规定。

（2）监理人员应严格遵守的通用职业守则。

1) 维护国家的荣誉和利益，按照"守法、诚信、公正、科学"的准则执业。

2) 执行有关工程建设的法律、法规、标准、规范、规程和制度，履行委托监理合同规定的义务和职责。

3) 努力学习专业技术和建设监理知识，不断提高业务能力和监理工作水平。

4) 不以个人名义承揽监理业务。

5) 不同时在两个或两个以上监理企业注册和从事监理活动，不在政府部门和施工、材料设备的生产供应等单位兼职。

6) 不为监理项目指定承包商，建筑构配件、设备、材料生产厂家和施工方法。

7) 不收受被监理单位的任何馈赠。

8) 不泄露所监理工程参与各方认为需要保密的信息。

9) 坚持独立自主地开展工作。

学习情境 1.4 建设工程监理实施程序及实施原则

1.4.1 建设工程监理实施程序

1. 确定项目总监理工程师，成立项目监理机构

监理单位应根据建设工程的规模、性质、业主对监理的要求，委派称职的人员担任项

目总监理工程师，代表监理单位全面负责该工程的监理工作。

一般情况下，监理单位在承接工程监理任务时，在参与工程监理的投标、拟定监理方案（大纲）以及与业主商签委托监理合同时，即应选派称职的人员主持该项工作。在监理任务确定并签订委托监理合同后，该主持人即可作为项目总监理工程师。这样，项目的总监理工程师在承接任务阶段即早已介入，从而更能了解业主的建设意图和对监理工作的要求，并与后续工作能更好地衔接。总监理工程师是一个建设工程监理工作的总负责人，他对内向监理单位负责，对外向业主负责。

监理机构的人员构成是监理投标书中的重要内容，是业主在评标过程中认可的，总监理工程师在组建项目监理机构时，应根据监理大纲内容和签订的委托监理合同内容组建，并在监理规划和具体实施计划执行中进行及时的调整。

2. 编制建设工程监理规划

建设工程监理规划是开展工程监理活动的纲领性文件，其内容将在下一个学习情境中介绍。

3. 制定各专业监理实施细则

在监理规划的指导下，为具体指导投资控制、质量控制、进度控制的进行，还需结合建设工程实际情况，制定相应的实施细则，有关内容将在下一个情境介绍。

4. 规范化地开展监理工作

监理工作的规范化体现在：

（1）工作的时序性。这是指监理的各项工作都应按一定的逻辑顺序先后展开，从而使监理工作能有效地达到目标而不致造成工作状态的无序和混乱。

（2）职责分工的严密性。建设工程监理工作是由不同专业、不同层次的专家群体共同来完成的，他们之间严密的职责分工是协调进行监理工作的前提和实现监理目标的重要保证。

（3）工作目标的确定性。在职责分工的基础上，每一项监理工作的具体目标都应是确定的，完成的时间也应有时限规定，从而能通过报表资料对监理工作及其效果进行检查和考核。

5. 参与验收，签署建设工程监理意见

建设工程施工完成以后，监理单位应在正式验交前组织竣工预验收，在预验收中发现的问题，应及时与施工单位沟通，提出整改要求。监理单位应参加业主组织的工程竣工验收，签署监理单位意见。

6. 向业主提交建设工程监理档案资料

建设工程监理工作完成后，监理单位向业主提交的监理档案资料应在委托监理合同文件中约定。不管在合同中是否作出明确规定，监理单位提交的资料应符合有关规范规定的要求，一般应包括设计变更、工程变更资料，监理指令性文件，各种签证资料等档案资料。

7. 监理工作总结

监理工作完成后，项目监理机构应及时从两方面进行监理工作总结。

（1）向业主提交的监理工作总结，其主要内容包括：委托监理合同履行情况概述，监理组织机构、监理人员和投入的监理设施，监理任务或监理目标完成情况的评价，工程实施过程中存在的问题和处理情况，由业主提供的供监理活动使用的办公用房、车辆、试验设施等的清单，必要的工程图片，表明监理工作终结的说明等。

（2）向监理单位提交的监理工作总结，其主要内容包括：①监理工作的经验，可以是采用某种监理技术、方法的经验，也可以是采用某种经济措施、组织措施的经验，以及委托监理合同执行方面的经验或如何处理好与业主、承包单位关系的经验等；②监理工作中存在的问题及改进建议。

1.4.2　建设工程监理实施原则

监理单位受业主委托对建设工程实施监理时，应遵守以下基本原则。

1. 公正、独立、自主的原则

监理工程师在建设工程监理中必须尊重科学、尊重事实，组织各方协同配合，维护有关各方的合法权益。为此，必须坚持公正、独立、自主的原则。业主与承建单位虽然都是独立运行的经济主体，但他们追求的经济目标有差异，监理工程师应在按合同约定的权、责、利关系的基础上，协调双方的一致性。只有按合同的约定建成工程，业主才能实现投资的目的，承建单位也才能实现自己生产的产品的价值，取得工程款和实现盈利。

2. 权责一致的原则

监理工程师承担的职责应与业主授予的权限相一致。监理工程师的监理职权，依赖于业主的授权。这种权力的授予，除体现在业主与监理单位之间签订的委托监理合同之中，而且还应作为业主与承建单位之间建设工程合同的合同条件。因此，监理工程师在明确业主提出的监理目标和监理工作内容要求后，应与业主协商，明确相应的授权，达成共识后明确反映在委托监理合同中及建设工程合同中。据此，监理工程师才能开展监理活动。总监理工程师代表监理单位全面履行建设工程委托监理合同，承担合同中确定的监理方向业主方所承担的义务和责任。因此，在委托监理合同实施中，监理单位应给总监理工程师充分授权，体现权责一致的原则。

3. 总监理工程师负责制的原则

总监理工程师是工程监理全部工作的负责人。要建立和健全总监理工程师负责制，就要明确权、责、利关系，健全项目监理机构，具有科学的运行制度、现代化的管理手段，形成以总监理工程师为首的高效能的决策指挥体系。

总监理工程师负责制的内涵包括：

（1）总监理工程师是工程监理的责任主体。责任是总监理工程师负责制的核心，它构成了对总监理工程师的工作压力与动力，也是确定总监理工程师权力和利益的依据。所以总监理工程师应是向业主和监理单位所负责任的承担者。

（2）总监理工程师是工程监理的权力主体。根据总监理工程师承担责任的要求，总监理工程师全面领导建设工程的监理工作，包括组建项目监理机构，主持编制建设工程监理规划，组织实施监理活动，对监理工作总结、监督、评价。

4. 严格监理、热情服务的原则

严格监理，就是各级监理人员严格按照国家政策、法规、规范、标准和合同控制建设工程的目标，依照既定的程序和制度，认真履行职责，对承建单位进行严格监理。

监理工程师还应为业主提供热情的服务，"应运用合理的技能，谨慎而勤奋地工作"。由于业主一般不熟悉建设工程管理与技术业务，监理工程师应按照委托监理合同的要求多方位、多层次地为业主提供良好的服务，维护业主的正当权益。但是，不能因此而一味向各承建单位转嫁风险，从而损害承建单位的正当经济利益。

5. 综合效益的原则

建设工程监理活动既要考虑业主的经济效益，也必须考虑与社会效益和环境效益的有机统一。建设工程监理活动虽经业主的委托和授权才得以进行，但监理工程师应首先严格遵守国家的建设管理法律、法规、标准等，以高度负责的态度和责任感，既对业主负责，谋求最大的经济效益，又要对国家和社会负责，取得最佳的综合效益。只有在符合宏观经济效益、社会效益和环境效益的条件下，业主投资项目的微观经济效益才能得以实现。

学习情境 1.5　建设工程项目监理工作文件

1.5.1　建设工程监理工作文件的构成

建设工程监理工作文件是指监理单位投标时编制的监理大纲、监理合同签订以后编制的监理规划和专业监理工程师编制的监理实施细则。

1. 监理大纲

监理大纲又称监理方案，它是监理单位在业主开始委托监理的过程中，特别是在业主进行监理招标过程中，为承揽到监理业务而编写的监理方案性文件。

监理单位编制监理大纲有以下两个作用：一是使业主认可监理大纲中的监理方案，从而承揽到监理业务；二是为项目监理机构今后开展监理工作制定基本的方案。为使监理大纲的内容和监理实施过程紧密结合，监理大纲的编制人员应当是监理单位经营部门或技术管理部门人员，也应包括拟定的总监理工程师。总监理工程师参与编制监理大纲有利于监理规划的编制。监理大纲的内容应当根据业主所发布的监理招标文件的要求而制定，一般来说，应该包括如下主要内容：

（1）拟派往项目监理机构的监理人员情况介绍。在监理大纲中，监理单位需要介绍拟派往所承揽或投标工程的项目监理机构的主要监理人员，并对他们的资格情况进行说明。其中，应该重点介绍拟派往投标工程的项目总监理工程师的情况，这往往决定承揽监理业务的成败。

（2）拟采用的监理方案。监理单位应当根据业主所提供的工程信息，并结合自己为投标所初步掌握的工程资料，制定出拟采用的监理方案。监理方案的具体内容包括项目监理机构的方案、建设工程三大目标的具体控制方案、工程建设各种合同的管理方案、项目监理机构在监理过程中进行组织协调的方案等。

（3）将提供给业主的阶段性监理文件。在监理大纲中，监理单位还应该明确未来工程监理工作中向业主提供的阶段性的监理文件，这将有助于满足业主掌握工程建设过程的需要，有利于监理单位顺利承揽该建设工程的监理业务。

2. 监理规划

监理规划是监理单位接受业主委托并签订委托监理合同之后，在项目总监理工程师的主持下，根据委托监理合同，在监理大纲的基础上，结合工程的具体情况，广泛收集工程信息和资料的情况下制定，经监理单位技术负责人批准，用来指导项目监理机构全面开展监理工作的指导性文件。

从内容范围上讲，监理大纲与监理规划都是围绕着整个项目监理机构所开展的监理工作来编写的，但监理规划的内容要比监理大纲更翔实、更全面。

　　3. 监理实施细则

　　监理实施细则又简称监理细则，其与监理规划的关系可以比作施工图设计与初步设计的关系。也就是说，监理实施细则是在监理规划的基础上，由项目监理机构的专业监理工程师针对建设工程中某一专业或某一方面的监理工作编写，并经总监理工程师批准实施的操作性文件。

　　监理实施细则的作用是指导本专业或本子项目具体监理业务的开展。

　　4. 三者之间的关系

　　监理大纲、监理规划、监理实施细则是相互关联的，都是建设工程监理工作文件的组成部分，它们之间存在着明显的依据性关系：在编写监理规划时，一定要严格根据监理大纲的有关内容来编写；在制定监理实施细则时，一定要在监理规划的指导下进行。

　　一般来说，监理单位开展监理活动应当编制以上工作文件。但这也不是一成不变的，就像工程设计一样。对于简单的监理活动只编写监理实施细则就可以了，而有些建设工程也可以制定较详细的监理规划，而不再编写监理实施细则。

1.5.2　建设工程监理规划的作用

　　1. 指导项目监理机构全面开展监理工作

　　监理规划的基本作用就是指导项目监理机构全面开展监理工作。

　　建设工程监理的中心目的是协助业主实现建设工程的总目标。实现建设工程总目标是一个系统的过程，它需要制订计划，建立组织，配备合适的监理人员，进行有效的领导，实施工程的目标控制。只有系统地做好上述工作，才能完成建设工程监理的任务，实施目标控制。在实施建设监理的过程中，监理单位要集中精力做好目标控制工作。因此，监理规划需要对项目监理机构开展的各项监理工作做出全面、系统的组织和安排，它包括确定监理工作目标，制定监理工作程序，确定目标控制、合同管理、信息管理、组织协调等各项措施和确定各项工作的方法和手段。

　　2. 监理规划是建设监理主管机构对监理单位监督管理的依据

　　政府建设监理主管机构对建设工程监理单位要实施监督、管理和指导，对其人员素质、专业配套和建设工程监理业绩要进行核查和考评以确认其资质和资质等级，以使我国整个建设工程监理行业能够达到应有的水平。要做到这一点，除了进行一般性的资质管理工作之外，更为重要的是通过监理单位的实际监理工作来认定它的水平。而监理单位的实际水平可从监理规划和它的实施中充分地表现出来。因此，政府建设监理主管机构对监理单位进行考核时，应当十分重视对监理规划的检查，也就是说，监理规划是政府建设监理主管机构监督、管理和指导监理单位开展监理活动的重要依据。

　　3. 监理规划是业主确认监理单位履行合同的主要依据

　　监理单位如何履行监理合同，如何落实业主委托监理单位所承担的各项监理服务工作，作为监理的委托方，业主不但需要而且应当了解和确认监理单位的工作。同时，业主有权监督监理单位全面、认真执行监理合同。而监理规划正是业主了解和确认这些问题的重要资料，是建设单位确认监理单位是否履行监理合同的主要说明性文件。

4. 项目监理规划是监理单位内部考核的依据和重要的存档资料

从监理单位内部管理制度化、规范化、科学化的要求出发，需要对项目监理机构（包括总监理工程师和专业监理工程师）的工作进行考核，其主要依据就是经过内部主管负责人审批的项目监理规划。通过考核可以对有关监理人员的监理工作水平和能力做出客观、正确的评价，从而有助于对这些人员更加合理地安排和使用。

1.5.3　项目监理规划的编制

1.5.3.1　项目监理规划的编制程序

在施工准备阶段，项目监理机构进入施工现场，总监理工程师组织全体监理人员熟悉设计图纸及其有关文件和调查了解施工现场情况。在此基础上，对项目监理大纲进行深化与具体化，编制项目监理规划。

总监理工程师应组织项目监理机构的各专业监理工程师和管理人员，根据专业和职务分工编写项目监理规划的相应部分，汇总后，组织项目监理机构全体人员讨论，通过后，由总监理工程师最后审定，经报请监理单位技术负责人审核批准后，在召开第一次工地会议前报送给建设单位一份。至于是否发给承包单位项目经理部，可由监理、建设、承包单位三方协商确定，一般不发给承包单位。

1.5.3.2　项目监理规划的编制要求

1. 项目监理规划编制的原则要求

（1）可行性原则。项目监理规划必须充分考虑工程项目的特点、现场施工条件、承包单位的施工实力、项目监理机构的监理能力等，实事求是地编写，不能无的放矢，也不能言过其实地唱高调或套用其他项目的监理规划，必须密切结合工程项目本身特点，有很强的可操作性。

（2）全面性原则。项目监理规划的内容应包括项目监理工作的全部内容，即包括影响项目监理工作的全部因素，而且提出对这些因素进行管理与控制的方法、制度、程序和措施的明确规定，但这些因素也不是同等考虑，要找出其中的重点。

（3）预见性原则。项目监理规划中对各种影响监理工作的因素的控制应体现出"以预防为主"的原则，这就是要求编制监理规划时对工程项目的质量、进度、造价、安全的管理与控制工作中有可能发生的风险问题有预见性和超前的考虑。

（4）针对性原则。因为没有任何两个工程项目是完全相同的，必然是各有特点，因此虽然编制项目监理规划的内容要求是统一的，但其具体的内容应具针对性，应各具有特点。编制时应结合工程本身的特点和各自不同的条件，有针对性地编写，才能最大程度地发挥监理规划的作用。

（5）适应性原则。项目监理规划应具有适应性。项目监理规划被批准后的实施过程中，如情况有重大变化时（如设计图纸有重大变更），项目监理规划应作必要的调整，调整后按原报审程序经过批准后，报送建设单位和有关部门。

2. 项目监理规划编制的时间要求

GB 50319—2000 的第 4.1.2 条规定：监理规划应在签订委托监理合同及收到设计文件后开始编制，并应在召开第一次工地会议前报送建设单位。在第一次工地会议中，总监理工程师应介绍监理规划的主要内容。

3. 项目监理规划的简化要求

对于工期短（如6个月之内），工程内容比较简单（如仅为装饰工程），可编制"监理规划概要"，其内容除工程项目概况可适当简化外，其余关于监理工作的有关内容，也可根据工程项目实际内容适当地简化处理。

1.5.3.3 项目监理规划的编制依据

（1）国家及工程项目所在地政府发布的有关工程建设的法律、法规和政策。

（2）有关工程建设的规范、规程、标准。

（3）有关本工程项目的审批文件。

（4）有关本工程项目的设计文件、技术资料。

（5）本工程项目的工程地质、水文地质勘察资料，场区的地形地貌图，气象资料，周围环境资料和有关场区的历史资料等。

（6）本工程项目的施工合同。

（7）本工程项目的委托监理合同、监理大纲及中标文件。

（8）其他与本工程项目有关的合同、资料、文件。

1.5.3.4 建设工程监理规划的主要内容

工程项目监理规划的内容一般分为工程概况和项目监理工作两部分。

1. 工程概况

（1）工程环境。工程项目所在的区域位置，其所在地区在城镇规划中所属的区域，周边道路名称，四邻单位名称、性质、建筑物情况、与本工程项目之间的距离，本工程项目占地面积，场地拆迁情况，场地仓储及材料堆放状况等。

（2）工程地质条件。根据场区工程地质、水文地质勘察报告给出的场区地形、地貌状况，地层土质情况，地下水情况，土层的物理、力学指标，工程地质勘察结论，对地基进行加固处理的建议等。

（3）建筑设计。如建筑物只有一幢或幢数不多，可用文字说明每幢建筑物的名称；平面尺寸、底层面积、建筑面积；地下层数（有无人防）；地上层数；檐高、楼层高度；电梯设置；建筑耐火等级；是否节能建筑、节能措施；室内地坪±0.000相当的绝对标高；室内外高差；厕浴间防水做法、外墙防水及保温做法、屋面做法等。如建筑物较多，宜用列表形式。

（4）结构设计。基础形式与类别、埋深、持力土层的类别、承载力标准值，主体结构类型与特点，阳台、楼梯构造，抗震设防烈度，钢筋混凝土结构的混凝土强度等级，砌体结构所用砌体的种类及强度等级等。

（5）室内外装饰工程。室内外墙面、顶棚、楼地面的装饰做法及不同功能房间的装饰做法等，可采用列表形式。

（6）电气工程。电气动力设备和系统，电气照明设备和系统，备用和不间断电源设备及系统，防雷和接地系统等。

（7）智能工程。通信网络系统，办公自动化系统，建筑设备监测系统，火灾报警及消防联动系统，安全防范系统，综合布线系统等。

（8）给水、排水及采暖工程。室内给水、排水、热水供应、卫生系统、室内采暖系统，供热锅炉及辅助设备系统，外给水、排水、供热管网等。

（9）通风及空调工程。送排风系统，空调系统，制冷设备系统，除尘、净化系统，防排烟系统等。

（10）电梯工程。电梯的类别、型号、生产厂家、电梯性能等。

以上的内容要求项目监理人员尽可能详细地编写，其目的是：①项目监理人员为了尽可能详细地编写有关工程概况的内容，必须认真地熟悉设计图纸和有关文件资料，从而熟悉了本专业的资料和信息，有利于监理工作的实施；②通过审核项目监理规划，可使监理单位的管理层和领导层对本工程项目的情况有全面的、深入的了解，有助于指导本工程项目的监理工作；③建设单位有关人员通过审阅监理规划，可以进一步熟知本工程项目的有关情况，同时对项目监理人员增强了信任感。

2．项目监理工作

（1）监理工作范围。依据委托监理合同确定，一般可写为"根据委托监理合同的规定，监理单位承担施工阶段、保修阶段监理任务。"

（2）监理工作的内容。施工阶段监理工作的内容是指依据委托监理合同的约定，在工程项目建设过程中，监督、管理建设工程合同的履行，控制工程建设项目的进度、造价、质量和安全施工，以及协调参加工程建设各方的工作关系。

（3）监理工作依据。

1）国家及项目所在地政府颁布的有关工程建设的法律、法规和政策。

2）有关工程建设的技术规范、规程、标准。

3）有关本工程项目的审批文件。

4）建设单位与承包单位签订的建设工程施工合同。

5）本工程项目的委托监理合同。

6）与本工程项目相关的其他合同文件。

7）本工程项目的招标、投标文件。

8）本工程项目的工程量清单、设计概（预）算或施工概（预）算文件。

9）本工程项目的设计文件、技术资料。

10）项目所在地政府发布的、现行的建筑安装工程施工概（预）算定额及取费办法、工期定额等文件。

11）本工程的工程地质、水文地质勘察报告。

（4）监理工作目标。

1）造价目标：以建设单位与承包单位签订的施工合同中的合同价款及有关文字约定为造价控制的依据，按项目所在地政府现行的建设工程造价结算有关规定文件审核工程结算。

2）质量目标：施工合同规定工程质量达到合格。

3）进度目标：可采取以下写法之一：①满足施工合同规定的工期要求；②×年×月×日开工，×年×月×日竣工。

4）安全目标：建议采取以下写法：监理单位依据国家有关法律、法规和工程建设强制性标准及项目所在地政府发布的规定，对承包单位的安全生产管理行为和安全防护进行监督检查，力求少发生一般安全问题，并杜绝发生重大人身伤亡事故。

（5）监理工作的具体内容。

1）参加施工图会审及设计交底，并提出审查意见。

2）审查承包单位报送的"项目管理实施规划"（施工组织设计、施工方案），提出修改意见，并监督其实施。

3）审查并确认总承包单位选择的分包单位。

4）监督承包单位严格按照施工图及有关文件，并遵照国家、项目所在地政府发布的法律、法规、政策、规范、规程、标准施工，控制工程质量。

5）编制工程项目控制性总进度计划，监督承包单位按照经审定的工程进度计划施工，控制工程进度。

6）进行工程计量、审核工程量清单和工程款支付申请、签署工程款支付证书并报建设单位；审定竣工结算报表，控制工程造价。

7）组织对检验批及分项工程、分部工程质量验收，组织竣工预验收；参与工程项目竣工验收，控制工程质量。

8）监督承包单位遵守建设工程安全生产的法规要求，按照各专项安全施工方案组织施工，确保施工安全。

9）督促承包单位加强施工现场的管理（包括场容场貌、文明施工、环境保护、防水、治安保卫、卫生防疫、防职业病等）。

10）管理工程变更、处理费用索赔。

11）参与对工程质量问题及质量事故的处理。

12）调解建设单位与承包单位之间的争议。

13）定期主持召开工地例会，检查工程进展情况，协调各方之间的关系，处理需要解决的问题。

14）每月编制监理月报，向建设单位及有关部门汇报工程建设情况。

注：可根据工程项目的实际情况及施工合同的具体内容进行改写。

（6）项目监理机构组织结构图如图 1.3 所示。

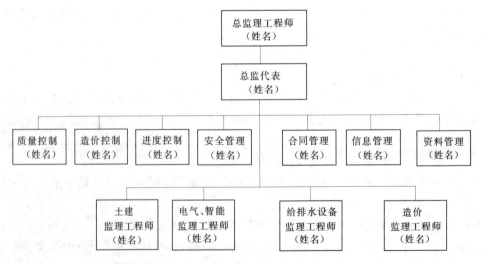

图 1.3 项目监理机构组织结构图

（7）项目监理人员一览表见表 1.1。

表 1.1 　　　　　　　　　　　　　　　　　项目监理人员一览表

序号	姓名	岗位	性别	专业	职称	监理工程师资格与培训情况	计划进场时间

（8）建设各方情况一览表见表 1.2。

表 1.2 　　　　　　　　　　　　　　　　　建设各方情况一览表

单 位 名 称	法 人 代 表			授 权 代 表		
	姓 名	职 务	电 话	姓 名	职 务	电 话
建设单位						
设计单位						
承包单位						
监理单位						
监督单位						

（9）项目监理机构人员职责。总监理工程师、总监理工程师代表、专业监理工程师、监理员的岗位职责，可参见本书 1.3.2 中 2 的内容。

（10）监理工作方法及措施。

1）合同管理。①总监理工程师组织项目监理机构全体人员认真学习和研究施工合同、委托监理合同、分包合同以及与建设工程项目相关的其他合同文件；②设专职或兼职的合同管理员负责合同管理工作（可使用计算机，并选择适用的软件），将合同的内容分解到各项控制工作中去，交各专业监理工程师根据预控原则进行跟踪管理，如发现有不正常现象，及时向总监理工程师反映，采取纠正和预防措施；③合同管理员要加强与信息管理员的沟通与联系；④对施工合同的实施进行全面管理。

2）施工准备阶段的监理工作。①参与设计交底；②审定"项目管理实施规划"（施工组织设计、施工方案）；③查验施工测量成果；④调查施工现场及其周围环境，查明影响工程开工及今后施工的因素；⑤参加建设单位主持的第一次工地会议，检查施工现场情况，确定今后协调方式；⑥进行监理工作交底（介绍项目监理规划的主要内容），总监理工程师说明各项监理制度、监理程序等有关事项；⑦项目监理机构核查施工现场的开工条件，核准工程开工。

3）工程质量控制。①以施工图纸、施工质量验收规范、施工质量验收统一标准等为依据，督促承包单位全面实现施工合同中约定的工程质量标准；②主动地对工程项目施工的全过程实施质量控制，并以预控（预防）为重点；③对工程项目的人、机、料、法、环等因素进行全面的质量控制，监督承包单位的质量保证体系落实到位，并正常发挥作用；④要求承包单位严格执行材料试验、施工试验（包括有见证取样送检）和设备检验；对承包单位的试验室及选定的见证取样送检试验室进行考核与批准；⑤严格要求承包单位执行预检、隐检、分项及分部工程的验收程序；⑥坚持本道工序未经验收或质量不合格，不得进入下一道工序；⑦坚持不合格的建筑材料、建筑构配件及设备不得用于工程；⑧施工过程中严格监督承包单位执行已被批准的"项目管理实施规划"（施工组织设计），如需调整、补充或变动时，应报项目监理机构审查批准；⑨以工序质量保证分项工程质量，以分项工程质量保证分部工程质量，以分部工程质量保证单位工程质量；⑩采取经常的巡视、检查、平行检验、测量等手段，以验证施工质量；⑪在关键部位和关键工序施工过程中进行旁站；⑫严格执行见证取样送检制度；⑬对不合格的分包单位和不称职的承包单位人员可建议予以撤换；⑭监理人员发现工程问题或重大工程质量隐患时，应要求承包单位立即进行纠正，必要时下达工程暂停令。

4）工程造价控制。①严格执行施工合同中确定的合同价、单价和约定的工程款支付和结算办法；②在报验资料不全，与合同的约定不符，未经质量检验签认合格，或有违约行为时，监理工程师坚持不予审核、计量及付款；③工程量与工作量的计算应按施工合同的约定，并符合有关的计算规则；④处理由于设计变更、工程治商、合同变更及违约索赔等引起工程造价的增减时，监理工程师应坚持公正、公平、合理的原则；⑤对有争议的工程计量和工程款，应采取协商的方式解决，协商不成时，应按施工合同中关于双方争议的处理办法解决；⑥对工程量的审核，工程款的审核与支付，监理单位与建设单位均应在施工合同规定的时限内进行；⑦严格工程款支付的签认；⑧及时掌握市场信息，了解建筑材料、构配件及设备的价格情况，以及有关部门规定的调价范围与有关规定。

5）工程进度控制。①按施工合同规定的工期目标控制工程进度；②应用动态控制方法主动控制工程进度；③承包单位编制工程总进度计划，经总监理工程师批准后，由承包单位执行；④承包单位编制月（季）度工程进度计划，经总监理工程师审核批准后，由承包单位执行；⑤工程进度计划执行中，项目监理机构应对承包单位的工程进度计划执行情况进行跟踪监督，实施动态控制；⑥每月（季）末应对工程实际进度进行核查，如与计划进度有较大差异时，应召开工地例会，分析原因采取纠正措施；⑦对工程总进度计划也应根据动态控制原则，勤检查、常调整，使实际工程进度符合计划进度，并制定总工期被突破后的补救实施计划。

6）安全管理。①总监理工程师应组织项目监理机构全体人员认真学习贯彻《建设工程安全生产管理条例》，要建立经常性的学习及自检查制度；②项目监理机构全体人员要牢固树立"安全第一，预防为主"的思想，强化责任意识；③总监理工程师组织项目监理人员认真审查承包单位编制的施工方案（包括施工现场临时用电方案）是否符合工程建设强制性标准；④承包单位针对达到一定规模的危险性较大的分部、分项工程（例如，开挖深度超过5m的基坑工程；大型或特殊结构的模板工程；高度超过24m的脚手架工程；采用人工、机械拆除或爆破拆除的工程；以及其他危险性较大的工程等），应当在施工前单独编制专项施工方案，并附具安全验算成果，经承包单位技术负责人审核后，报项目监理机构，总监理工程师应组织项目监理人员认真审核，合格后分别由承包单位技术负责人及总监理工程师签字，交承包单位实施；⑤对某些工程（如开挖深度超过5m或地下室三层以上的深基开挖工程、地质条件和周围环境及地下管线极其复杂的工程、地下暗挖工程、高大模板工程、30m及以上高空作业的工程、城市房屋拆除爆破和其他土石爆破工程等），承包单位不仅应当编制安全专项施工方案，而且必须按规定组织专家组进行论证审查；审查程序应按有关的规定，论证结果如认为可行时，由承包单位将论证审查结果报告作为专项施工方案的附件；承包单位实施专项施工方案时，总监理工程师应组织项目监理人员进行监督；⑥项目监理机构应督促检查承包单位项目经理部落实安全生产责任制度、安全生产规章制度和安全操作规程的实施情况；⑦项目监理机构应检查承包单位是否按建设行政主管部门的规定成立了由项目经理负责的安全生产管理小组，专职的安全生产管理人员的配置是否符合规定；⑧项目监理机构应督促承包单位项目经理部在施工现场建立消防安全责任制度；⑨项目监理机构应检查承包单位在施工现场的特种作业人员（如爆破作业人员、起重机操作人员、登高架设作业人员、安装拆卸工等）的特种作业操作资格证书，无证者不得上岗；⑩在施工过程中，项目监理人员如果发现存在安全事故隐患时，应当要求承包单位立即整改；情况严重的，应当签发"工程暂停令"，要求承包单位暂时停止施工，并及时报告建设单位；如承包单位拒不执行项目监理机构的指令时，项目监理机构应向监理单位领导层和管理层汇报，并向政府建设行政管理部门报告；⑪项目监理机构必须按照法律、法规和工程建设强制性标准实施监理工作。

7）监理设施。①项目监理机构应根据工程项目的专业类别、规模、特点配备必要的工程测量及检测仪器、设备；②计算机（连同外设部件及软件）；③专业工程施工规范、质量验收标准、工程建设强制性标准等以及与监理的工程项目有关的、必要的参考图书资料、标准图册等；④必备的办公条件与生活设施；⑤监理工作制度；⑥项目监理机构管理制度；⑦施工图会审、设计交底制度；⑧项目管理实施规划（施工组织设计、施工方案）审核制度；⑨分包单位资格制度；⑩工程变更制度；⑪建筑材料、构配件及设备验收管理制度；⑫工程隐检、预检及分项、分部工程验收制度；⑬施工项目旁站监理制度；⑭工程项目监理月报编制制度；⑮施工现场监理会议制度；⑯工程质量问题及质量事故处理制度；⑰合同及其他事项的管理制度；⑱施工项目安全管理制度；⑲监理资料的管理与归档制度；⑳单位工程竣工验收制度；㉑工程项目监理工作总结制度。

注：本段所示的"监理工作方法及措施"是概要式的编写方式，也可按照下列的条目进行较详细地编写。

（1）施工准备阶段的监理工作。

（2）工程进度控制：进度控制目标的分解；进度控制原则；进度控制内容；进度控制要点；进度控制的措施；进度控制程序。

（3）工程质量控制：质量控制内容；质量控制要点；质量控制的措施和方法；质量控制程序。

（4）工程造价控制：造价控制的原则；造价控制的内容；造价控制的措施和方法；竣工结算；造价控制程序。

（5）合同管理及合同其他工作的管理。

（6）安全管理。

1.5.4　建设工程监理规划的审核

建设工程监理规划在编写完成后需要进行审核并经批准。监理单位的技术主管部门是内部审核单位，其负责人应当签认。监理规划审核的内容主要包括以下几个方面。

1. 监理范围、工作内容及监理目标的审核

依据监理招标文件和委托监理合同，看其是否理解了业主对该工程的建设意图，监理范围、监理工作内容是否包括了全部委托的工作任务，监理目标是否与合同要求和建设意图相一致。

2．项目监理机构结构的审核

（1）组织结构。在组织形式、管理模式等方面是否合理，是否结合了工程实施的具体特点，是否能够与业主的组织关系和承包方的组织关系相协调等。

（2）人员配备。人员配备方案应从下面几个方面审核：

1）派驻监理人员的专业满足程度。应根据工程特点和委托监理任务的工作范围审查，不仅考虑专业监理工程师如土建监理工程师、机械监理工程师等能否满足开展监理工作需要，而且还要看其专业监理人员是否覆盖了工程实施过程中的各种专业要求，以及高、中级职称和年龄结构的组成。

2）人员数量的满足程度。主要审核从事监理工作人员在数量和结构上的合理性。

上海市监理人员的配置数量规定见表1.3。

表1.3　　　　　　　　　　　　上海市监理人员的配置数量规定

工程类别	投资额（万元）	前期阶段（人）	设计阶段（人）	施工准备阶段（人）	施工阶段（人）			
					基础阶段	主体阶段	高峰阶段	收尾阶段
房屋建筑工程	$M < 500$	2	2	2	3	3	4	4
	500～1000	2	2	2	3	4	4	4
	1000～5000	3	3	3	4	5	5	5
	5000～10000	4	4	4	5	6	7	5
	10000～50000	4	4	4	7	9	10	7
	500000～100000	4	4	4	8	10	11	7
	$M > 100000$	5	5	5	9	11	12	8
市政工作	$M < 500$	2	—	2	3	3	4	4
	500～1000	2	—	2	4	4	4	4
	1000～5000	3	3	3	5	5	5	4
	5000～10000	4	4	3	5	7	8	4
	10000～50000	4	4	3		8	—	5
	50000～100000	4	4	3		8	—	5
	$M > 1000000$	5	5	4		9	—	6

注　1．实际配备人数可为表中人数±1。

　　2．投资额与各阶段计费基础相对应。

　　3．在施工阶段，专业监理工程师约占20%～30%。

3）专业人员不足时采取的措施是否恰当。大中型建设工程由于技术复杂、涉及的专业面宽，当监理单位的技术人员不足以满足全部监理工作要求时，对拟临时聘用的监理人员的综合素质应认真审核。

4）派驻现场人员计划表。对于大中型建设工程，不同阶段对监理人员人数和专业等方面的要求不同，应对各阶段所派驻现场监理人员的专业、数量计划是否与建设工程的进度计划相适应进行审核。还应平衡正在其他工程上执行监理业务的人员，是否能按照预定计划进入本工程参加监理工作。

3．工作计划审核

在工程进展中各个阶段的工作实施计划是否合理、可行，审查其在每个阶段中如何控制建设工程目标以及组织协调的方法。

4．投资、进度、质量控制方法和措施的审核

对三大目标的控制方法和措施应重点审查，看其如何应用组织、技术、经济、合同措施保证目标的实现，方法是否科学、合理、有效。

5．监理工作制度审核

主要审查监理的内、外工作制度是否健全。

1.5.5　监理规划的调整

监理规划应有适应性。任何工程项目的监理规划在其实施过程中并不是一成不变的，当实际情况或条件发生重大变化时需要进行必要的调整。其原因是：

（1）由于工程项目的内容和特点各自不同，因此对工程项目的理解，对工程项目管理的思路和经验，监理单位和其他涉及工程建设各方（建设单位、设计单位、承包单位）之间可能有不同的意见，当情况变化时应对监理规划进行适当调整。

（2）由于工程项目建设情况出现了重大改变（如工程规模有了改变、工期有重大修改、工程设计有重大变更等），必须对监理规划进行补充、修改和调整。

需要对监理规划进行调整时，总监理工程师应先组织项目监理人员进行内部研究，取得一致意见后，并与参加工程项目建设有关各方协商后，进行调整与修改。修改后的监理规划仍按原来监理规划审批程序办理。

1.5.6　工程项目监理实施细则

1．监理实施细则与监理规划的关系

监理实施细则是由项目监理机构专业监理工程师根据项目监理规划编写的，并经过总监理工程师批准的对中型及以上的专业性极强的工程项目中某一专业（分部工程）或某一方面（分项工程、工序）如何进行监理工作编制的操作性文件。

2．监理实施细则的编制程序

（1）监理实施细则应根据已批准的项目监理规划的总要求，分段编写，要在相应的工程部分施工前编制完成，用以指导该专业工程部分（或专门的分项工程、工序）监理工作的具体操作，确定监理工作应达到的标准。

（2）监理实施细则是专门针对工程施工中一个具体的专业技术问题编写的，如建筑结构工程、电气工程、给排水工程、装饰工程等。

（3）在编写监理实施细则之前，专业监理工程师应熟悉设计图纸及其说明文件，查阅有关工程监理、施工质量验收规范及工程建设强制性标准等有关文件，方能编写出有针对性、有指导意义的监理实施细则。

（4）在监理工作实施过程中，应根据实际情况对监理实施细则进行修改、补充和完善。

（5）监理实施细则必须经总监理工程师批准。

3．监理实施细则编制的目的

（1）针对工程项目施工中某一专业的重要的、关键性的部位，或针对至关重要的施工步骤，将监理人员应采取的措施编写成监理实施细则。

（2）对采用新工艺、新材料、新技术或特殊结构的工程项目，因对其施工工艺或某些部位的施工质量或施工安全经验不足，成功的期望值不易确定时，可编制监理实施细则。

（3）对于工程项目施工中的一般常规施工项目，是否需要编制监理实施细则，可由总监理工程师与专业监理工程师商定。监理单位也可采取编制通用的监理实施细则标准文本汇编的办法。

（4）监理实施细则编制完成后，一般由总监理工程师批准后报送所属监理单位技术管理部门备案，关系重大的还应报请监理单位技术总负责人审批。

（5）监理实施细则属于项目监理机构内部管理文件，一般可不报送建设单位，也不发给项目经理部。

4．监理实施细则的编制依据

（1）已批准的项目监理规划。

（2）设计图纸及其说明文件。

（3）施工现场的地形地貌测量图。

（4）工程地质、水文地质勘察报告，气象资料等。

（5）国家和项目所在地政府发布的有关工程建设的法律、法规。

（6）国家、当地政府及行业主管部门发布的有关的技术标准、管理程序等。

（7）由承包单位报送的已经批准的本工程项目的项目管理实施规划（或施工组织设计）。

5．监理实施细则的主要内容

（1）专业工程的特点。说明需要编制监理实施细则的专业工程（分部工程、分项工程、工序）的情况及需要编写监理实施细则的理由。

（2）监理工作的流程。该专业工程施工作业的流程，也是监理工作的流程。

（3）监理工作控制要点及目标值。说明监理工作控制的重要部位或重要步骤，及希望达到的控制目标值。

（4）监理工作的方法和措施。说明对该专业工程进行监理的方法和采取的措施。

【例1.1】　某工程，施工总承包单位依据施工合同约定，与甲安装单位签订了安装分包合同。基础工程完成后，由于项目用途发生变化，建设单位要求设计单位编制设计变更文件，并授权项目监理机构就设计变更引起的有关问题与总承包单位进行协商。项目监理机构在收到经相关部门重新审查批准的设计变更文件后，经研究对其今后工作安排如下：①由总监理工程师负责与总承包单位进行质量、费用和工期等问题的协商工作；②要求总承包单位调整施工组织设计，并报建设单位同意后实施；③由总监理工程师代表主持修订监理规划；④由负责合同管理的专业监理工程师全权处理合同争议；⑤安排一名监理员主持整理工程监理资料。

在协商变更单价过程中，项目监理机构未能与总承包单位达成一致意见，总监理工程师决定以双方提出的变更单价的均值作为最终的结算单价。

项目监理机构认为甲安装分包单位不能胜任变更后的安装工程，要求更换安装分包单位。总承包单位认为项目监理机构无权提出该要求，但仍表示愿意接受，随即提出由乙安装单位分包。

甲安装单位依据原定的安装分包合同已采购的材料，因设计变更需要退货，向项目监理机构提出了申请，要求补偿因材料退货造成的费用损失。

（1）逐项指出项目监理机构对其今后工作的安排是否妥当，不妥之处写出正确做法。

（2）指出在协商变更单价过程中项目监理机构做法的不妥之处，并按 GB 50319—2000 写出正确做法。

（3）总承包单位认为项目监理机构无权提出更换甲安装分包单位的意见是否正确？为什么？写出项目监理机构对乙安装单位分包资格的审批程序。

（4）指出甲安装单位要求补偿材料退货造成费用损失申请程序的不妥之处，写出正确做法。该费用损失应由谁承担？

解

（1）项目监理机构对今后工作的安排不妥之处及正确做法如下：

1）"由总监理工程师负责与总承包单位就质量、费用和工期等问题协商"不妥。

正确做法应当是：在总监理工程师指定专业监理工程师完成确定工程变更难易程度、工程量、单价或总价等工作后，对工程变更的费用与工期做出评估，再就此情况由总监与承包单位和建设单位进行协调，以取得共识。

2）"总承包单位调整施工组织设计后，报建设单位同意后实施"不妥。

正确做法应当是：承包单位调整施工组织设计后，应报送监理机构，由总监理工程师组织有关专业监理工程师审查，提出意见并经总监理工程师审核、签认后报建设单位。

3）"由总监理工程师代表主持修订监理规划"不妥。编写监理规划必须由总监理工程师亲自主持。

4）"由负责合同管理的专业监理工程师全权处理合同争议"不妥。调节合同争议是总监理工程师的职责。

5）"安排一名监理员主持整理工程监理资料"不妥。正确的应当是由总监理工程师主持。

（2）"在施工合同双方未就变更单价达成共识的情况下，总监理工程师决定以双方提出的单价均值作为最终结算单价"不妥。

正确的做法应当是：由监理机构提出一个暂定的价格作为临时支付结算工程进度款的依据；在工程最终结算时，则应以建设单位及施工承包单位达成的协议为依据。

（3）"总承包单位认为监理机构无权提出变更甲分包单位"的意见不正确。正确的应当是：

1）GB 50319—2000 3.2 明确"审查分包单位资质并提出审查意见"是总监理工程师的职责。

2）《建设工程施工合同（示范文本）》第 38 条指出：非经发包人同意，承包人不得将工程任何部分分包。

3）建设单位已授权监理机构就设计变更引起的有关问题与施工承包单位达成的协议为依据。

4）监理机构对分包单位资质审批应按如下程序进行：①总包单位选定分包单位后，向监理机构提交"分包单位资质报审表"；②监理机构审查总承包单位提交的"分包单位资质报审表"若监理工程师认为该分包单位具备分包条件，则应在进一步调查后，由总监理工程师予以书面确认；③对分包单位进行调查，核实总包单位申报的情况是否属实。

（4）甲安装单位直接向监理机构提出补偿费用损失的申请不妥。

正确的做法应当是：.

1）甲安装单位作为分包商应向总承包单位提交补偿损失的申请。

2）再由总承包单位向监理机构提出要求补偿损失的申请。

该已购材料的退货是因为建设单位变更设计引起，因此应由建设单位承担该费用损失。

本 项 目 学 习 小 结

1.1 建设工程监理概念。

1.2 工程监理企业。

1.3 项目监理机构。

1.4 项目监理人员。

1.5 建设工程建监理实施程序及实施原则。

1.6 建设工程项目监理工作文件。

（1）监理大纲。

（2）监理规划。

（3）监理实施细则。

思 考 题 与 习 题

1.1 简述建设工程监理大纲、监理规划、监理实施细则三者之间的关系。

1.2 建设工程监理规划有何作用？

1.3 编写建设工程监理规划应注意哪些问题？

1.4 建设工程监理规划编写的依据是什么？

1.5 建设工程监理规划一般包括哪些主要内容？

1.6 监理工作中一般需要制定哪些工作制度？

项目2 建筑给排水工程监理

学习目标：通过学习，学生应掌握建筑给排水工程项目施工进度控制方法；掌握建筑给排水工程项目施工质量控制方法；掌握建筑给排水工程项目施工投资控制方法。

学习情境2.1 建筑给排水工程项目施工进度控制

2.1.1 建设工程进度控制概述

控制建设工程进度，不仅能够确保工程建设项目按预定的时间交付使用，及时发挥投资效益，而且有益于维持国家良好的经济秩序。因此，监理工程师应采用科学的控制方法和手段来控制工程项目的建设进度。

2.1.1.1 进度控制的概念

建设工程进度控制是指对工程项目建设各阶段的工作内容、工作程序、持续时间和衔接关系根据进度总目标及资源优化配置的原则编制计划并付诸实施，然后在进度计划的实施过程中经常检查实际进度是否按计划要求进行，对出现的偏差情况进行分析，采取补救措施或调整、修改原计划后再付诸实施，如此循环，直到建设工程竣工验收交付使用。建设工程进度控制的最终目的是确保建设项目按预定的时间动用或提前交付使用，建设工程进度控制的总目标是建设工期。

进度控制是监理工程师的主要任务之一。由于在工程建设过程中存在着许多影响进度的因素，这些因素往往来自不同的部门和不同的时期，它们对建设工程进度产生着复杂的影响。因此，进度控制人员必须事先对影响建设工程进度的各种因素进行调查分析，预测它们对建设工程进度的影响程度，确定合理的进度控制目标，编制可行的进度计划，使工程建设工作始终按计划进行。

但是，不管进度计划的周密程度如何，其毕竟是人们的主观设想，在其实施过程中，必然会因为新情况的产生、各种干扰因素和风险因素的作用而发生变化，使人们难以执行原定的进度计划。为此，进度控制人员必须掌握动态控制原理，在计划执行过程中不断检查建设工程实际进展情况，并将实际状况与计划安排进行对比，从中得出偏离计划的信息。然后在分析偏差及其产生原因的基础上，通过采取组织、技术、经济等措施，维持原计划，使之能正常实施。如果采取措施后不能维持原计划，则需要对原进度计划进行调整或修正，再按新的进度计划实施。这样在进度计划的执行过程中进行不断地检查和调整，以保证建设工程进度得到有效控制。

2.1.1.2 影响进度的因素分析

由于建设工程具有规模庞大、工程结构与工艺技术复杂、建设周期长及相关单位多等特点，决定了建设工程进度将受到许多因素的影响。要想有效地控制建设工程进度，就必须对影响进度的有利因素和不利因素进行全面、细致的分析和预测。这样，一方面可以促进对有利因素的充分利用和对不利因素的妥善预防；另一方面也便于事先制定预防措施，事中采取有效对策，事后进行妥善补救，以缩小实际进度与计划进度的偏差，实现对建设工程进度的主动控制和动态控制。

影响建设工程进度的不利因素有很多，如人为因素，技术因素，设备、材料及构配件因素，机具因素，资金因素，水文、地质与气象因素，以及其他自然与社会环境等方面的因素。其中，人为因素是最大的干扰因素，从产生的根源看，有的来源于建设单位及其上级主管部门；有的来源于勘察设计、施工及材料、设备供应单位；有的来源于政府、建设主管部门、有关协作单位和社会；有的来源于各种自然条件；也有的来源于建设监理单位本身。在工程建设过程中，常见的影响因素如下：

（1）业主因素。如业主使用要求改变而进行设计变更；应提供的施工场地条件不能及时提供或所提供的场地不能满足工程正常需要；不能及时向施工承包单位或材料供应商付款等。

（2）勘察设计因素。如勘察资料不准确，特别是地质资料错误或遗漏；设计内容不完善，规范应用不恰当，设计有缺陷或错误；设计对施工的可能性未考虑或考虑不周；施工图纸供应不及时、不配套，或出现重大差错等。

（3）施工技术因素。如施工工艺错误；不合理的施工方案；施工安全措施不当；不可靠技术的应用等。

（4）自然环境因素。如复杂的工程地质条件；不明的水文气象条件；地下埋藏文物的保护、处理；洪水、地震、台风等不可抗力等。

（5）社会环境因素。如外单位临近工程施工干扰；节假日交通、市容整顿的限制；临时停水、停电、断路；以及在国外常见的法律及制度变化，经济制裁，战争、骚乱、罢工、企业倒闭等。

（6）组织管理因素。如向有关部门提出各种申请审批手续的延误；合同签订时遗漏条款、表达失当；计划安排不周密，组织协调不力，导致停工待料、相关作业脱节；领导不力，指挥失当，使参加工程建设的各个单位、各个专业、各个施工过程之间交接、配合上发生矛盾等。

（7）材料、设备因素。如材料、构配件、机具、设备供应环节的差错，品种、规格、质量、数量、时间不能满足工程的需要；特殊材料及新材料的不合理使用；施工设备不配套，选型失当，安装失误，有故障等。

（8）资金因素。如有关方拖欠资金，资金不到位，资金短缺；汇率浮动和通货膨胀等。

2.1.1.3　进度控制的措施和主要任务

1. 进度控制的措施

为了实施进度控制，监理工程师必须根据建设工程的具体情况，认真制定进度控制措施，以确保建设工程进度控制目标的实现。进度控制的措施应包括组织措施、技术措施、经济措施及合同措施。

（1）组织措施。进度控制的组织措施主要包括：

1）建立进度控制目标体系，明确建设工程现场监理组织机构中进度控制人员及其职责分工。

2）建立工程进度报告制度及进度信息沟通网络。

3）建立进度计划审核制度和进度计划实施中的检查分析制度。

4）建立进度协调会议制度，包括协调会议举行的时间、地点，协调会议的参加人员等。

5）建立图纸审查、工程变更和设计变更管理制度。

（2）技术措施。进度控制的技术措施主要包括：

1）审查承包商提交的进度计划，使承包商能在合理的状态下施工。

2）编制进度控制工作细则，指导监理人员实施进度控制。

3）采用网络计划技术及其他科学适用的计划方法，并结合电子计算机的应用，对建设工程进度实施动态控制。

（3）经济措施。进度控制的经济措施主要包括：

1）及时办理工程预付款及工程进度款支付手续。

2）对应急赶工给予优厚的赶工费用。

3）对工期提前给予奖励。

4）对工程延误收取误期损失赔偿金。

（4）合同措施。进度控制的合同措施主要包括：

1）推行 CM 承发包模式，对建设工程实行分段设计、分段发包和分段施工。

2）加强合同管理，协调合同工期与进度计划之间的关系，保证合同中进度目标的实现。

3）严格控制合同变更，对各方提出的工程变更和设计变更，监理工程师应严格审查后再补入合同文件之中。

4）加强风险管理，在合同中应充分考虑风险因素及其对进度的影响，以及相应的处理方法。

5）加强索赔管理，公正地处理索赔。

2. 建设工程实施阶段进度控制的主要任务

（1）设计准备阶段进度控制的任务。

1）收集有关工期的信息，进行工期目标和进度控制决策。

2）编制工程项目总进度计划。

3）编制设计准备阶段详细工作计划，并控制其执行。

4）进行环境及施工现场条件的调查和分析。

（2）设计阶段进度控制的任务。

1）编制设计阶段工作计划，并控制其执行。

2）编制详细的出图计划，并控制其执行。

（3）施工阶段进度控制的任务。

1）编制施工总进度计划，并控制其执行。

2）编制单位工程施工进度计划，并控制其执行。

3）编制工程年、季、月实施计划，并控制其执行。

为了有效地控制建设工程进度，监理工程师要在设计准备阶段向建设单位提供有关工期的信息，协助建设单位确定工期总目标，并进行环境及施工现场条件的调查和分析。在设计阶段和施工阶段，监理工程师不仅要审查设计单位和施工单位提交的进度计划，更要编制监理进度计划，以确保进度控制目标的实现。

2.1.2　施工阶段进度控制目标的确定

施工阶段是建设工程实体的形成阶段，对其进度实施控制是建设工程进度控制的重点。做好施工进度计划与项目建设总进度计划的衔接，并跟踪检查施工进度计划的执行情况，在必要时对施工进度计划进行调整，对于建设工程进度控制总目标的实现具有十分重要的意义。

监理工程师受业主的委托在建设工程施工阶段实施监理时，其进度控制的总任务就是在满足工程项目建设总进度计划要求的基础上，编制或审核施工进度计划，并对其执行情况加以动态控制，以保证工程项目按期竣工交付使用。

2.1.2.1　施工进度控制目标体系

保证工程项目按期建成交付使用，是建设工程施工阶段进度控制的最终目的。为了有效地控制施工进度，首先要将施工进度总目标从不同角度进行层层分解，形成施工进度控制目标体系，从而作为实施进度控制的依据。建设工程施工进度控制目标体系如图 2.1 所示。

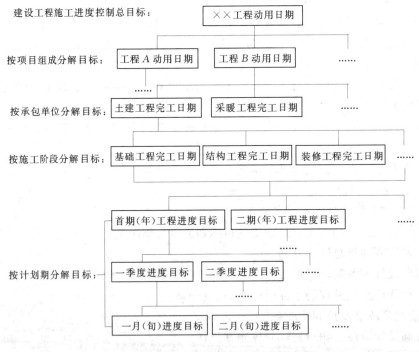

图 2.1　建设工程施工进度目标分解图

从图 2.1 可以看出，建设工程不但要有项目建成交付使用的确切日期这个总目标，还要有各单位工程交工动用的分目标以及按承包单位、施工阶段和不同计划期划分的分目标。各目标之间相互联系，共同构成建设工程施工进度控制目标体系。其中，下级目标受上级目标的制约，下级目标保证上级目标，最终保证施工进度总目标的实现。

1. **按项目组成分解，确定各单位工程开工及动用日期**

各单位工程的进度目标在工程项目建设总进度计划及建设工程年度计划中都有体现。在施工阶段应进一步明确各单位工程的开工和交工动用日期，以确保施工总进度目标的实现。

2. 按承包单位分解，明确分工条件和承包责任

在一个单位工程中有多个承包单位参加施工时，应按承包单位将单位工程的进度目标分解，确定出各分包单位的进度目标，列入分包合同，以便落实分包责任，并根据各专业工程交叉施工方案和前后衔接条件，明确不同承包单位工作面交接的条件和时间。

3. 按施工阶段分解，划定进度控制分界点

根据工程项目的特点，应将其施工分成几个阶段，如土建工程可分为基础、结构和内外装修阶段。每一阶段的起止时间都要有明确的标志。特别是不同单位承包的不同施工段之间，更要明确划定时间分界点，以此作为形象进度的控制标志，从而使单位工程动用目标具体化。

4. 按计划期分解，组织综合施工

将工程项目的施工进度控制目标按年度、季度、月（或旬）进行分解，并用实物工程量、货币工作量及形象进度表示，将更有利于监理工程师明确对各承包单位的进度要求。同时，还可以据此监督其实施，检查其完成情况。计划期越短，进度目标越细，进度跟踪就越及时，发生进度偏差时也就更能有效地采取措施予以纠正。这样，就形成一个有计划、有步骤协调施工、长期目标对短期目标自上而下逐级控制、短期目标对长期目标自下而上逐级保证、逐步趋近进度总目标的局面，最终达到工程项目按期竣工交付使用的目的。

2.1.2.2 施工进度控制目标的确定

为了提高进度计划的预见性和进度控制的主动性，在确定施工进度控制目标时，必须全面细致地分析与建设工程进度有关的各种有利因素和不利因素。只有这样，才能订出一个科学、合理的进度控制目标。确定施工进度控制目标的主要依据有：建设工程总进度目标对施工工期的要求；工期定额、类似工程项目的实际进度；工程难易程度和工程条件的落实情况等。

在确定施工进度分解目标时，还要考虑以下各个方面：

（1）对于大型建设工程项目，应根据尽早提供可动用单元的原则，集中力量分期分批建设，以便尽早投入使用，尽快发挥投资效益。这时，为保证每一动用单元能形成完整的生产能力，就要考虑这些动用单元交付使用时所必须的全部配套项目。因此，要处理好前期动用和后期建设的关系、每期工程中主体工程与辅助及附属工程之间的关系等。

（2）合理安排土建与设备的综合施工。要按照它们各自的特点，合理安排土建施工与设备基础、设备安装的先后顺序及搭接、交叉或平行作业，明确设备工程对土建工程的要求和土建工程为设备工程提供施工条件的内容及时间。

（3）结合本工程的特点，参考同类建设工程的经验来确定施工进度目标。避免只按主观愿望盲目确定进度目标，从而在实施过程中造成进度失控。

（4）做好资金供应能力、施工力量配备、物资（材料、构配件、设备）供应能力与施工进度的平衡工作，确保工程进度目标的要求而不使其落空。

（5）考虑外部协作条件的配合情况。包括施工过程中及项目竣工动用所需的水、电、气、通信、道路及其他社会服务项目的满足程序和满足时间。它们必须与有关项目的进度目标相协调。

（6）考虑工程项目所在地区地形、地质、水文、气象等方面的限制条件。

总之，要想对工程项目的施工进度实施控制，就必须有明确、合理的进度目标（进度总目标和进度分目标）；否则，控制便失去了意义。

2.1.3 施工阶段进度控制的内容

2.1.3.1 建设工程施工进度控制工作流程

建设工程施工进度控制工作流程如图2.2所示。

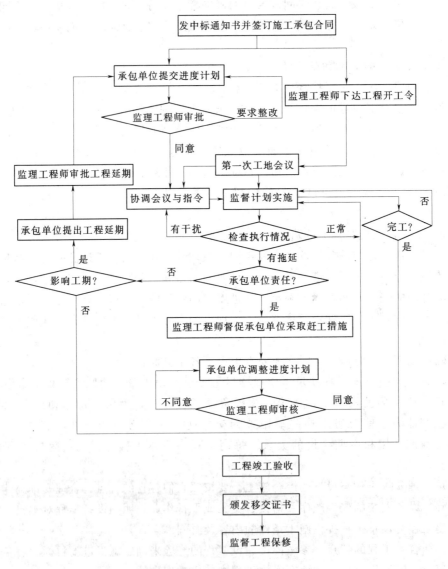

图2.2 建设工程施工进度控制工作流程图

2.1.3.2 建设工程施工进度控制工作内容

建设工程施工进度控制工作从审核承包单位提交的施工进度计划开始，直至建设工程保修期满为止，其工作内容主要有以下几项。

1. 编制施工进度控制工作细则

施工进度控制工作细则是在建设工程监理规划的指导下，由项目监理班子中进度控制部门的监理工程师负责编制的更具有实施性和操作性的监理业务文件。其主要内容包括：

（1）施工进度控制目标分解图。

（2）施工进度控制的主要工作内容和深度。

（3）进度控制人员的职责分工。

（4）与进度控制有关各项工作的时间安排及工作流程。

（5）进度控制的方法（包括进度检查周期、数据采集方式、进度报表格式、统计分析方法等）。

（6）进度控制的具体措施（包括组织措施、技术措施、经济措施及合同措施等）。

（7）施工进度控制目标实现的风险分析。

（8）尚待解决的有关问题。

事实上，施工进度控制工作细则是对建设工程监理规划中有关进度控制内容的进一步深化和补充。如果将建设工程监理规划比作开展监理工作的"初步设计"，施工进度控制工作细则就可以看成是开展建设工程监理工作的"施工图设计"，它对监理工程师的进度控制实务工作起着具体的指导作用。

2. 编制或审核施工进度计划

为了保证建设工程的施工任务按期完成，监理工程师必须审核承包单位提交的施工进度计划。对于大型建设工程，由于单位工程较多、施工工期长，且采取分期分批发包又没有一个负责全部工程的总承包单位时，就需要监理工程师编制施工总进度计划；或者当建设工程由若干个承包单位平行承包时，监理工程师也有必要编制施工总进度计划。施工总进度计划应确定分期分批的项目组成；各批工程项目的开工、竣工顺序及时间安排；全场性准备工程，特别是首批准备工程的内容与进度安排等。

当建设工程有总承包单位时，监理工程师只需对总承包单位提交的施工总进度计划进行审核即可。而对于单位工程施工进度计划，监理工程师只负责审核而不需要编制。

施工进度计划审核的内容主要有：

（1）进度安排是否符合工程项目建设总进度计划中总目标和分目标的要求，是否符合施工合同中开工、竣工日期的规定。

（2）施工总进度计划中的项目是否有遗漏，分期施工是否满足分批动用的需要和配套动用的要求。

（3）施工顺序的安排是否符合施工工艺的要求。

（4）劳动力、材料、构配件、设备及施工机具、水、电等生产要素的供应计划是否能保证施工进度计划的实现，供应是否均衡、需求高峰期是否有足够能力实现计划供应。

（5）总包、分包单位分别编制的各项单位工程施工进度计划之间是否相协调，专业分工与计划衔接是否明确合理。

（6）对于业主负责提供的施工条件（包括资金、施工图纸、施工场地、采供的物资等），在施工进度计划中安排得是否明确、合理，是否有造成因业主违约而导致工程延期和费用索赔的可能存在。

如果监理工程师在审查施工进度计划的过程中发现问题，应及时向承包单位提出书面修改意见（也称整改通知书），并协助承包单位修改，其中重大问题应及时向业主汇报。

应当说明，编制和实施施工进度计划是承包单位的责任。承包单位之所以将施工进度计划提交给监理工程师审查，是为了听取监理工程师的建设性意见。因此，监理工程师对施工进度计划的审查或批准，并不解除承包单位对施工进度计划的任何责任和义务。此外，对监理工程师来讲，其审查施工进度计划的主要目的是为了防止承包单位计划不当，以及为承包单位保证实现合同规定的进度目标提供帮助。如果强制地干预承包单位的进度安排，或支配施工中所需要劳动力、设备和材料，将是一种错误行为。

尽管承包单位向监理工程师提交施工进度计划是为了听取建设性的意见，但施工进度计划一经监理工程师确认，即应当视为合同文件的一部分，它是以后处理承包单位提出的工程延期或费用索赔的一个重要依据。

3. 按年、季、月编制工程综合计划

在按计划期编制的进度计划中，监理工程师应着重解决各承包单位施工进度计划之间、施工进度计划与资源（包括资金、设备、机具、材料及劳动力）保障计划之间及外部协作条件的延伸性计划之间的综合平衡与相互衔接问题。并根据上期计划的完成情况对本期计划作必要的调整，从而作为承包单位近期执行的指令性计划。

4. 下达工程开工令

监理工程师应根据承包单位和业主双方关于工程开工的准备情况，选择合适的时机发布工程开工令。工程开工令的发布，要尽可能及时，因为从发布工程开工令之日算起，加上合同工期后即为工程竣工日期。如果开工令发布拖延，就等于推迟了竣工时间，甚至可能引起承包单位的索赔。

为了检查双方的准备情况，监理工程师应参加由业主主持召开的第一次工地会议。业主应按照合同规定，做好征地拆迁工作，及时提供施工用地。同时，还应当完成法律及财务方面的手续，以便能及时向承包单位支付工程预付款。承包单位应当将开工所需要的人力、材料及设备准备好，同时还要按合同规定为监理工程师提供各种条件。

5. 协助承包单位实施进度计划

监理工程师要随时了解施工进度计划执行过程中所存在的问题，并帮助承包单位予以解决，特别是承包单位无力解决的内外关系协调问题。

6. 监督施工进度计划的实施

这是建设工程施工进度控制的经常性工作，监理工程师不仅要及时检查承包单位报送的施工进度报表和分析资料，同时还要进行必要的现场实地检查，核实所报送的已完项目的时间及工程量，杜绝虚报现象。

在对工程实际进度资料进行整理的基础上，监理工程师应将其与计划进度相比较，以判定实际进度是否出现偏差。如果出现进度偏差，监理工程师应进一步分析此偏差对进度控制目标的影响程度及其产生的原因，以便研究对策、提出纠偏措施。必要时还应对后期工程进度计划作适当的调整。

7. 组织现场协调会

监理工程师应每月、每周定期组织召开不同层级的现场协调会议，以解决工程施工过程中的相互协调配合问题。在每月召开的高级协调会上通报工程项目建设的重大变更事项，协商其后果处理，解决各个承包单位之间以及业主与承包单位之间的重大协调配合问题；在每周召开的管理层协调会上，通报各自进度状况、存在的问题及下周的安排，解决施工中的互协调配合问题。通常包括各承包单位之间的进度协调问题；工作面交接和阶段成品保护责任问题；场地与公用设施利用中的矛盾问题；某一方面断水、断电、断路、开挖要求对其他方面影响的协调问题以及资源保障、外协条件配合问题等。

在平行、交叉施工单位多，工序交接频繁且工期紧迫的情况下，现场协调会甚至需要每日召开。在会上通报和检查当天的工程进度，确定薄弱环节，部署当天的赶工任务，以便为次日正常施工创造条件。

对于某些未曾预料的突发变故或问题，监理工程师还可以通过发布紧急协调指令，督促有关单位采取应急措施维护施工的正常秩序。

8. 签发工程进度款支付凭证

监理工程师应对承包单位申报的已完分项工程量进行核实，在质量监理人员检查验收后，签发工程进度款支付凭证。

9. 审批工程延期

造成工程进度拖延的原因有两个方面：一是由于承包单位自身的原因；二是由于承包单位以外的原因。前者所造成的进度拖延，称为工程延误；而后者所造成的进度拖延称为工程延期。

（1）工程延误。当出现工程延误时，监理工程师有权要求承包单位采取有效措施加快施工进度。如果经过一段时间后，实际进度没有明显改进，仍然拖后于计划进度，而且显然影响工程按期竣工时，监理工程师应要求承包单位修改进度计划，并提交给监理工程师重新确认。

监理工程师对修改后的施工进度计划的确认，并不是对工程延期的批准，他只是要求承包单位在合理的状态下施工。因此，监理工程师对进度计划的确认，并不能解除承包单位应负的一切责任，承包单位需要承担赶工的全部额外开支和误期损失赔偿。

（2）工程延期。如果由于承包单位以外的原因造成工期拖延，承包单位有权提出延长工期的申请。监理工程师应根据合同规定，审批工程延期时间。经监理工程师核实批准的工程延期时间，应纳入合同工期，作为合同工期的一部分，即新的合同工期应等于原定的合同工期加上监理工程师批准的工程延期时间。

监理工程师对于施工进度的拖延，是否批准为工程延期，对承包单位和业主都十分重要。如果承包单位得到监理工程师批准的工程延期，不仅可以不赔偿由于工期延长而支付的误期损失费，而且还要由业主承担由于工期延长所增加的费用。因此，监理工程师应按照合同的有关规定，公正地区分工程延误和工程延期，并合理地批准工程延期时间。

10. 向业主提供进度报告

监理工程师应随时整理进度资料，并做好工程记录，定期向业主提交工程进度报告。

11. 督促承包单位整理技术资料

监理工程师要根据工程进展情况，督促承包单位及时整理有关技术资料。

12. 签署工程竣工报验单、提交质量评估报告

当单位工程达到竣工验收条件后，承包单位在自行预验的基础上提交工程竣工报验单，申请竣工验收。监理工程师在对竣工资料及工程实体进行全面检查、验收合格后，签署工程竣工报验单，并向业主提出质量评估报告。

13. 整理工程进度资料

在工程完工以后，监理工程师应将工程进度资料收集起来，进行归类、编目和建档，以便为今后其他类似工程项目的进度控制提供参考。

14. 工程移交

监理工程师应督促承包单位办理工程移交手续，颁发工程移交证书。在工程移交后的保修期内，还要处理验收后质量问题的原因及责任等争议问题，并督促责任单位及时修理。当保修期结束且再无争议时，建设工程进度控制的任务即告完成。

【例2.1】　某高架输水管道建设工程中有20组钢筋混凝土支架，每组支架的结构形式及工程量相同，均由基础、柱和托梁三部分组成，如图2.3所示。业主通过招标将20组钢筋混凝土支架的施工任务发包给某施工单位，并与其签订了施工合同，合同工期为190d。在工程开工前，该承包单位向项目监理机构提交了施工方案及施工进度计划。

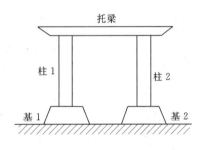

图2.3　托梁示意图

1. 施工方案

施工流向：从第1组支架依次流向第20组支架。

劳动组织：基础、柱和托梁分别组织混合工种专业工作队。

技术间歇：柱混凝土浇筑后需养护20天方能进行托梁施工。

物资供应：脚手架、模板、机具及商品混凝土等均按施工进度要求调度配合。

2. 施工进度计划

施工进度计划如图2.4所示，时间单位为d。

试分析施工进度计划，并判断监理工程师是否应批准该施工进度计划。

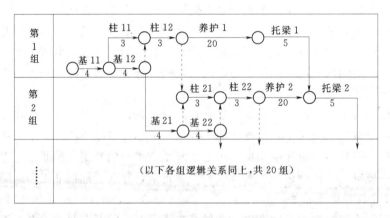

图2.4　钢筋混凝土支架施工进度计划

解　由施工方案及图2.4所示施工进度计划可以看出，为了缩短工期，承包单位将20组支架的施工按流水作业进行组织。

（1）任意相邻两组支架开工时间的差值等于两个柱基础的持续时间，即：4＋4＝8（d）。

（2）每一组支架的计划施工时间为：4＋4＋3＋20＋5＝36（d）。

（3）20 组钢筋混凝土支架的计划总工期为：（20−1）×8＋36＝188（d）。

（4）20 组钢筋混凝土支架施工进度计划中的关键工作是所有支架的基础工程及第 20 组支架的柱 2、养护和托梁。

（5）由于施工进度计划中各项工作逻辑关系合理，符合施工工艺及施工组织要求，较好地采用了流水作业方式，且计划总工期未超过合同工期，故监理工程师应批准该施工进度计划。

2.1.4　施工进度计划的编制

施工进度计划是表示各项工程（单位工程、分部工程或分项工程）的施工顺序、开始和结束时间以及相互衔接关系的计划。它既是承包单位进行现场施工管理的核心指导文件，也是监理工程师实施进度控制的依据。施工进度计划通常是按工程对象编制的。

2.1.4.1　施工总进度计划的编制

施工总进度计划一般是建设工程项目的施工进度计划。它是用来确定建设工程项目中所包含的各单位工程的施工顺序、施工时间及相互衔接关系的计划。编制施工总进度计划的依据有：施工总方案；资源供应条件；各类定额资料；合同文件；工程项目建设总进度计划；工程动用时间目标；建设地区自然条件及有关技术经济资料等。

施工总进度计划的编制步骤和方法如下。

1. 计算工程量

根据批准的工程项目一览表，按单位工程分别计算其主要实物工程量，不仅是为了编制施工总进度计划，而且还为了编制施工方案和选择施工、运输机械，初步规划主要施工过程的流水施工，以及计算人工、施工机械及建筑材料的需要量。因此，工程量只需粗略地计算即可。

工程量的计算可按初步设计（或扩大初步设计）图纸和有关额定手册或资料进行。常用的定额、资料有：

（1）每万元、每 10 万元投资工程量、劳动量及材料消耗扩大指标。

（2）概算指标和扩大结构定额。

（3）已建成的类似建筑物、构筑物的资料。

对于工业建设工程来说，计算出的工程量应填入工程量汇总表，见表 2.1。

表 2.1　　　　　　　　　工　程　量　汇　总　表

序号	工程量名称	单位	合计	生产车间			仓库运输			管　网				生活福利		大型临设		备注
				××车间	……	……	仓库	铁路	公路	供电	供水	排水	供热	宿舍	文化福利	生产	生活	

2. 确定各单位工程的施工期限

各单位工程的施工期限应根据合同工期确定，同时还要考虑建筑类型、结构特征、施工方法、施工管理水平、施工机械化程度及施工现场条件等因素。如果在编制施工总进度计划时没有合同工期，则应保证计划工期不超过工期定额。

3. 确定各单位工程的开竣工时间和相互搭接关系

确定各单位工程的开竣工时间和相互搭接关系主要应考虑以下几点：

（1）同一时期施工的项目不宜过多，以避免人力、物力过于分散。

（2）尽量做到均衡施工，以使劳动力、施工机械和主要材料的供应在整个工期范围内达到均衡。

（3）尽量提前建设可供工程施工使用的永久性工程，以节省临时工程费用。

（4）急需和关键的工程先施工，以保证工程项目如期交工。对于某些技术复杂、施工周期较长、施工困难较多的工程，亦应安排提前施工，以利于整个工程项目按期交付使用。

（5）施工顺序必须与主要生产系统投入生产的先后次序相吻合。同时还要安排好配套工程的施工时间，以保证建成的工程能迅速投入生产或交付使用。

（6）应注意季节对施工顺序的影响，使施工季节不导致工期拖延，不影响工程质量。

（7）安排一部分附属工程或零星项目作为后备项目，用以调整主要项目的施工进度。

（8）注意主要工种和主要施工机械能连续施工。

4. 编制初步施工总进度计划

施工总进度计划应安排全工地性的流水作业。全工地性的流水作业安排应以工程量大、工期长的单位工程为主导，组织若干条流水线，并以此带动其他工程。

施工总进度计划既可以用横道图表示，也可以用网络图表示。如果用横道图表示，则常用的格式见表2.2。由于采用网络计划技术控制工程进度更加有效，所以人们更多地开始采用网络图来表示施工总进度计划。特别是电子计算机的广泛应用，为网络计划技术的推广和普及创造了更加有利的条件。

表2.2 施工总进度计划表

序号	单位工程名称	建筑面积（m²）	结构类型	工程造价（万元）	施工时间（月）	施工进度计划										
						第一年				第二年				第三年		
						I	II	III	IV	I	II	III	IV	I	II	…

5. 编制正式施工总进度计划

初步施工总进度计划编制完成后，要对其进行检查。主要是检查总工期是否符合要求，资源使用是否均衡且其供应是否能得到保证。如果出现问题，则应进行调整。调整的主要方法是改变某些工程的起止时间或调整主导工程的工期。如果是网络计划，则可以利用电子计算机分别进行工期优化、费用优化及资源优化。当初步施工总进度计划经过调整符合要求后，即可编制正式的施工总进度计划。

正式的施工总进度计划确定后，应据以编制劳动力、材料、大型施工机械等资源的需用量计划，以便组织供应，保证施工总进度计划的实现。

2.1.4.2 单位工程施工进度计划的编制

单位工程施工进度计划是在既定施工方案的基础上，根据规定的工期和各种资源供应条件，对单位工程中的各分部分项工程的施工顺序、施工起止时间及衔接关系进行合理安排的计划。其编制的主要依据有：施工总进度计划；单位工程施工方案；合同工期或定额工期；施工定额；施工图和施工预算；施工现场条件；资源供应条件；气象资料等。

1. 单位工程施工进度计划的编制程序

单位工程施工进度计划的编制程序如图2.5所示。

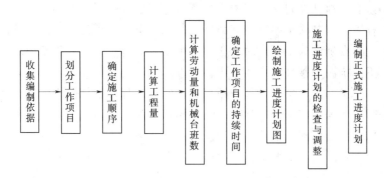

图2.5 单位工程施工进度计划编制程序

2. 单位工程施工进度计划的编制方法

（1）划分工作项目。工作项目是包括一定工作内容的施工过程，它是施工进度计划的基本组成单元。工作项目内容的多少，划分的粗细程度，应该根据计划的需要来决定。对于大型建设工程，经常需要编制控制性施工进度计划，此时工作项目可以划分得粗一些，一般只明确到分部工程即可。例如，在装配式单层厂房控制性施工进度计划中，只列出土方工程、基础工程、预制工程、安装工程等各分部工程项目。如果编制实施性施工进度计划，工作项目就应划分得细一些。在一般情况下，单位工程施工进度计划中的工作项目应明确到分项工程或更具体，以满足指导施工作业、控制施工进度的要求。例如，在装配式单层厂房实施性施工进度计划中，应将基础工程进一步划分为挖基础、做垫层、砌基础、回填土等分项工程。

由于单位工程中的工作项目较多，应在熟悉施工图纸的基础上，根据建筑结构特点及已确定的施工方案，按施工顺序逐项列出，以防止漏项或重项。凡是与工程对象施工直接有关的内容均应列入计划，而不属于直接施工的辅助性项目和服务性项目则不必列入。例如，在多层混合结构住宅建筑工程施工进度计划中，应将主体工程中的搭脚手架、砌砖墙、现浇圈梁、大梁及板混凝土，安装预制楼板和灌缝等施工过程列入，而完成主体工程中的运转、砂浆及混凝土，搅拌混凝土和砂浆，以及楼板的预制和运输等项目，既不是在建筑物上直接完成，也不占用工期，则不必列入计划之中。

另外，有些分项工程在施工顺序上和时间安排上是相互穿插进行的，或者是由同一专业施工队完成的，为了简化进度计划的内容，应尽量将这些项目合并，以突出重点。例如，防潮层施工可以合并在砌筑基础项目内，安装门窗框可以并入砌墙工程。

（2）确定施工顺序。确定施工顺序是为了按照施工的技术规律和合理的组织关系，解决各工作项目之间在时间上的先后和搭接问题，以达到保证质量、安全施工、充分利用空间、争取时间、实现合理安排工期的目的。

一般说来，施工顺序受施工工艺和施工组织两方面的制约。当施工方案确定之后，工作项目之间的工艺关系也就随之确定。如果违背这种关系，将不可能施工，或者导致工程质量事故和安全事故的出现，或者造成返工浪费。

工作项目之间的组织关系是由于劳动力、施工机械、材料和构配件等资源的组织和安排需要而形成的。它不是由工程本身决定的，而是一种人为的关系。组织方式不同，组织关系也就不同。不同的组织关系会产生不同的经济效果，应通过调整组织关系，并将工艺关系和组织关系有机地结合起来，形成工作项目之间的合理顺序关系。

不同的工程项目，其施工顺序不同。即使是同一类工程项目，其施工顺序也难以做到完全相同。因此，在确定施工顺序时，必须根据工程的特点、技术组织要求以及施工方案等进行研究，不能拘泥于某种固定的顺序。

（3）计算工程量。工程量的计算应根据施工图和工程量计算规则，针对所划分的每一个工作项目进行。当编制施工进度计划时已有预算文件，且工作项目的划分与施工进度计划一致时，可以直接套用施工预算的工程量，不必重新计算。若某些项目有出入，但出入不大时，应结合工程的实际情况进行某些必要的调整。计算工程量时应注意以下问题：

1）工程量的计算单位应与现行定额手册中所规定的计量单位一致，以便计算劳动力、材料和机械数量时直接套用定额，而不必进行换算。

2）要结合具体的施工方法和安全技术要求计算工程量。例如计算柱基土方工程量时，应根据所采用的施工方法（单独基坑开挖、基槽开挖还是大开挖）和边坡稳定要求（放边坡还是加支撑）进行计算。

3）应结合施工组织的要求，按已划分的施工段分层分段进行计算。

（4）计算劳动量和机械台班数。当某工作项目是由若干个分项工程合并而成时，则应分别根据各分项工程的时间定额（或产量定额）及工程量，按式（2-1）计算出合并后的综合时间定额（或综合产量定额）。

$$H = \frac{Q_1 H_1 + Q_2 H_2 + \cdots + Q_i H_i + \cdots + Q_n H_n}{Q_1 + Q_2 + \cdots + Q_i + \cdots + Q_n} \qquad (2-1)$$

式中：H 为综合时间定额（工日/m^3，工日/m^2，工日/t，…）；Q_i 为工作项目中第 i 个分项工程的工程量；H_i 为工作项目中第 i 个分项工程的时间定额。

根据工作项目的工程量和所采用的定额，即可按式（2-2）式（2-3）计算出各工作项目所需要的劳动量和机械台班数。

$$P = QH \qquad (2-2)$$

或
$$P = Q/S \qquad (2-3)$$

式中：P 为工作项目所需要的劳动量（工日）或机械台班数（台班）；Q 为工作项目的工程量（m^3，m^2，t，…）；S 为工作项目所采用的人工产量定额（m^3/工日，m^2/工日，t/工日，…）或机械台班产量定额（m^3/台班，m^2/台班，t/台班，…）。

其他符号同前。

零星项目所需要的劳动量可结合实际情况，根据承包单位的经验进行估算。

由于水、暖、电、卫等工程通常由专业施工单位施工，因此，在编制施工进度计划时，不计算其劳动量和机械台班数，仅安排其与土建施工相配合的进度。

（5）确定工作项目的持续时间。根据工作项目所需要的劳动量或机械台班数，以及该工作项目每天安排的工人数或配备的机械台数，即可按式（2-4）计算出各工作项目的持续时间。

$$D = \frac{P}{RB} \tag{2-4}$$

式中：D 为完成工作项目所需要的时间，即持续时间，d；R 为每班安排的工人数或施工机械台数；B 为每天工作班数。

其他符号同前。

在安排每班工人数和机械台数时，应综合考虑以下问题：

1）要保证各个工作项目上工人班组中每一个工人拥有足够的工作面（不能少于最小工作面），以发挥高效率并保证施工安全。

2）要使各个工作项目上的工人数量不低于正常施工时所必需的最低限度（不能小于最小劳动组合），以达到最高的劳动生产率。

由此可见，最小工作面限定了每班安排人数的上限，而最小劳动组合限定了每班安排人数的下限。对于施工机械台数的确定也是如此。

每天的工作班数应根据工作项目施工的技术要求和组织要求来确定。例如，浇筑大体积混凝土，要求不留施工缝连续浇筑时，就必须根据混凝土工程量决定采用双班制或三班制。

以上是根据安排的工人数和配备的机械台班数来确定工作项目的持续时间。但有时根据组织要求（如组织流水施工时），需要采用倒排的方式来安排进度，即先确定各工作项目的持续时间，然后以此来确定所需要的工人数和机械台数。此时，需要把式（2-4）变换成式（2-5）。利用式（2-5）即可确定各工作项目所需要的工人数和机械台数，即

$$R = \frac{P}{DB} \tag{2-5}$$

如果根据上式求得的工人数或机械台数已超过承包单位现有的人力、物力，除了寻求其他途径增加人力、物力外，承包单位应从技术上和施工组织上采取积极措施加以解决。

（6）绘制施工进度计划图。绘制施工进度计划图，首先应选择施工进度计划的表达形式。目前，常用来表达建设工程施工进度计划的方法有横道图和网络图两种形式。横道图比较简单，而且非常直观，多年来被人们广泛地用于表达施工进度计划，并以此作为控制工程进度的主要依据。但是，采用横道图控制工程进度具有一定的局限性。随着计算机的广泛应用，网络计划技术日益受到人们的青睐。

图 2.6 为现浇框架结构标准层施工网络计划。标准层有柱、抗震墙、电梯井、楼梯、梁、楼板及暗管铺设等工作项目，其中柱和抗震墙是先绑扎钢筋，再支模板；电梯井是先支内模板，再绑扎钢筋，然后再支外模板；楼梯、梁和楼板则是先支模板，再绑扎钢筋。

（7）施工进度计划的检查与调整。当施工进度计划初始方案编制好后，需要对其进行检查与调整，以便使进度计划更加合理，进度计划检查的主要内容包括：

1）各工作项目的施工顺序、平行搭接和技术间歇是否合理。

2）总工期是否满足合同规定。

3）主要工种的工人是否能满足连续、均衡施工的要求。

4）主要机具、材料等的利用是否均衡和充分。

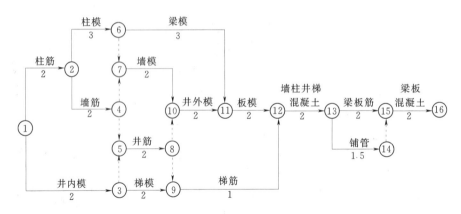

图 2.6　现浇框架结构标准层施工网络计划

在上述四个方面中，首要的是前两方面的检查，如果不满足要求，必须进行调整。只有在前两个方面均达到要求的前提下，才能进行后两个方面的检查与调整。前者是解决可行与否的问题，而后者则是优化的问题。

进度计划的初始方案若是网络计划，则可以利用网络计划技术的方法分别进行工期优化、费用优化及资源优化。待优化结束后，还可将优化后的方案用时标网络计划表达出来，以便于有关人员更直观地了解进度计划。

2.1.5　施工进度计划实施中的检查与调整

施工进度计划由承包单位编制完成后，应提交给监理工程师审查，待监理工程师审查确认后即可付诸实施。承包单位在执行施工进度计划的过程中，应接受监理工程师的监督与检查。而监理工程师应定期向业主报告工程进展状况。

2.1.5.1　影响建设工程施工进度的因素

为了对建设工程施工进度进行有效的控制，监理工程师必须在施工进度计划实施之前对影响建设工程施工进度的因素进行分析，进而提出保证施工进度计划实施成功的措施，以实现对建设工程施工进度的主动控制。影响建设工程施工进度的因素有很多，归纳起来，主要有以下几个方面。

1. 工程建设相关单位的影响

影响建设工程施工进度的单位不只是施工承包单位。事实上，只要是与工程建设有关的单位（如政府部门、业主、设计单位、物资供应单位、资金贷款单位，以及运输、通信、供电部门等），其工作进度的拖后必将对施工进度产生影响。因此，控制施工进度仅仅考虑施工承包单位是不够的，必须充分发挥监理的作用，协调各相关单位之间的进度关系。而对于那些无法进行协调控制的进度关系，在进度计划的安排中应留有足够的机动时间。

2. 物资供应进度的影响

施工过程中需要的材料、构配件、机具和设备等如果不能按期运抵施工现场或者是运抵施工现场后发现其质量不符合有关标准的要求，都会对施工进度产生影响。因此，监理工程师应严格把关，采取有效的措施控制好物资供应进度。

3. 资金的影响

工程施工的顺利进行必须有足够的资金作保障。一般来说，资金的影响主要来自业主，或者是由于没有及时给足工程预付款，或者是由于拖欠了工程进度款，这些都会影响到承包单位流动资金的周转，进而殃及施工进度。监理工程师应根据业主的资金供应能力，安排好施工进度计划，并督促业主及时拨付工程预付款和工程进度款，以免因资金供应不足拖延进度，导致工期索赔。

4. 设计变更的影响

在施工过程中出现设计变更是难免的，或者是由于原设计有问题需要修改，或者是由于业主提出了新的要求。监理工程师应加强图纸的审查，严格控制随意变更，特别应对业主的变更要求进行制约。

5. 施工条件的影响

在施工过程中一旦遇到气候、水文、地质及周围环境等方面的不利因素，必然会影响到施工进度。此时，承包单位应利用自身的技术组织能力予以克服。监理工程师应积极疏通关系，协助承包单位解决那些自身不能解决的问题。

6. 各种风险因素的影响

风险因素包括政治、经济、技术及自然等方面的各种可预见或不可预见的因素。政治方面的有战争、内乱、罢工、拒付债务、制裁等；经济方面的有延迟付款、汇率浮动、换汇控制、通货膨胀、分包单位违约等；技术方面的有工程事故、试验失败、标准变化等；自然方面的有地震、洪水等。监理工程师必须对各种风险因素进行分析，提出控制风险、减少风险损失及对施工进度影响的措施，并对发生的风险事件给予恰当的处理。

7. 承包单位自身管理水平的影响

施工现场的情况千变万化，如果承包单位的施工方案不当，计划不周，管理不善，解决问题不及时等，都会影响建设工程的施工进度。承包单位应通过分析、总结吸取教训，及时改进。而监理工程师应提供服务，协助承包单位解决问题，以确保施工进度控制目标的实现。

正是由于上述因素的影响，才使得施工阶段的进度控制显得非常重要。在施工进度计划的实施过程中，监理工程师一旦掌握了工程的实际进展情况以及产生问题的原因之后，其影响是可以得到控制的。当然，上述某些影响因素，如自然灾害等是无法避免的，但在大多数情况下，其损失是可以通过有效的进度控制而得到弥补的。

2.1.5.2　施工进度的动态检查

在施工进度计划的实施过程中，由于各种因素的影响，常常会打乱原始计划的安排而出现进度偏差。因此，监理工程师必须对施工进度计划的执行情况进行动态检查，并分析进度偏差产生的原因，以便为施工进度计划的调整提供必要的信息。

1. 施工进度的检查方式

在建设工程施工过程中，监理工程师可以通过以下方式获得其实际进展情况：

（1）定期地、经常地收集由承包单位提交的有关进度报表资料。工程施工进度报表资料不仅是监理工程师实施进度控制的依据，同时也是其核对工程进度款的依据。在一般情况下，进度报表格式由监理单位提供给施工承包单位，施工承包单位按时填写完后提交给监理工程师核查。报表的内容根据施工对象及承包方式的不同而有所区别，但一般应包括工作的开始时间、完成时间、持续时间、逻辑关系、实物工程量和工作量，以及工作时差的利用情况等。承包单位若能准确地填报进度报表，监理工程师就能从中了解到建设工程的实际进展情况。

（2）由驻地监理人员现场跟踪检查建设工程的实际进展情况。为了避免施工承包单位超报已完工程量，驻地监理人员有必要进行现场实地检查和监督。至于每隔多长时间检查一次，应视建设工程的类型、规模、监理范围及施工现场的条件等多方面的因素而定。可以每月或每半月检查一次，也可每旬或每周检查一次。如果在某一施工阶段出现不利情况时，甚至需要每天检查。

除上述两种方式外，由监理工程师定期组织现场施工负责人召开现场会议，也是获得建设工程实际进展情况的一种方式，通过这种面对面的交谈，监理工程师可以从中了解到施工过程中的潜在问题，以便及时采取相应的措施加以预防。

2. 施工进度的检查方法

施工进度检查的主要方法是对比法。即利用建设工程进度调整方法将经过整理的实际进度数据与计划进度数据进行比较，从中发现是否出现进度偏差以及进度偏差的大小。

通过检查分析，如果进度偏差比较小，应在分析其产生原因的基础上采取有效措施，解决矛盾，排除障碍，继续执行原进度计划。如果经过努力，确实不能按原计划实现时，再考虑对原计划进行必要的调整，即适当延长工期，或改变施工速度。计划的调整一般是不可避免的，但应当慎重，尽量减少变更计划性的调整。

2.1.5.3　施工进度计划的调整

通过检查分析，如果发现原有进度计划已不能适应实际情况时，为了确保进度控制目标的实现或需要确定新的计划目标，就必须对原有进度计划进行调整，以形成新的进度计划，作为进度控制的新依据。

施工进度计划的调整方法主要有两种：一是通过缩短某些工作的持续时间来缩短工期；二是通过改变某些工作间的逻辑关系来缩短工期。在实际工作中应根据具体情况选用上述方法进行进度计划的调整。

1. 缩短某些工作的持续时间

这种方法的特点是不改变工作之间的先后顺序关系，通过缩短网络计划中关键线路上工作的持续时间来缩短工期。这时，通常需要采取一定的措施来达到目的。具体措施包括：

（1）组织措施。

1）增加工作面，组织更多的施工队伍。

2）增加每天的施工时间（如采用三班制等）。

3）增加劳动力和施工机械的数量。

（2）技术措施。

1）改进施工工艺和施工技术，缩短工艺技术间歇时间。

2）采用更先进的施工方法，以减少施工过程的数量（如将现浇框架方案改为预制装配方案）。

3）采用更先进的施工机械。

（3）经济措施。

1）实行包干奖励。

2）提高奖金数额。

3）对所采取的技术措施给予相应的经济补偿。

（4）其他配套措施。

1）改善外部配合条件。

2）改善劳动条件。

3）实施强有力的调度等。

一般来说，不管采取哪种措施，都会增加费用。因此，在调整施工进度计划时，应利用费用优化的原理选择费用增加量最小的关键工作作为压缩对象。

　　2. 改变某些工作间的逻辑关系

这种方法的特点是不改变工作的持续时间，而只改变工作的开始时间和完成时间。对于大型建设工程，由于其单位工程较多且相互间的制约比较小，可调整的幅度比较大，所以容易采用平行作业的方法来调整施工进度计划。而对于单位工程项目，由于受工作之间工艺关系的限制，可调整的幅度比较小，所以通常采用搭接作业的方法来调整施工进度计划。但不管是搭接作业还是平行作业，建设工程在单位时间内的资源需求量将会增加。

除了分别采用上述两种方法来缩短工期外，有时由于工期拖延得太多，当采用某种方法进行调整，其可调整的幅度又受到限制时，还可以同时利用这两种方法对同一施工进度计划进行调整，以满足工期目标的要求。

2.1.6　工程延期

如前所述，在建设工程施工过程中，其工期的延长分为工程延误和工程延期两种。虽然它们都是使工程延期，但由于性质不同，因而业主与承包单位所承担的责任也就不同。如果是属于工程延误，则由此造成的一切损失由承包单位承担。同时，业主还有权对承包单位施行误期违约罚款。而如果是属于工程延期，则承包单位不仅有权要求延长工期，而且还有权向业主提出赔偿费用的要求以弥补由此造成的额外损失。因此，监理工程师是否将施工过程中工期的延长批准为工程延期，对业主和承包单位都十分重要。

2.1.6.1　工程延期的申报与审批

　　1. 申报工程延期的条件

由于以下原因导致工程拖期，承包单位有权提出延长工期的申请，监理工程师应按合同规定，批准工程延期时间。

（1）监理工程师发出工程变更指令而导致工程量增加。

（2）合同所涉及的任何可能造成工程延期的原因，如延期交图、工程暂停、对合格工程的剥离检查及不利的外界条件等。

（3）异常恶劣的气候条件。

（4）由业主造成的任何延误、干扰或障碍，如未及时提供施工场地、未及时付款等。

（5）除承包单位自身以外的其他任何原因。

　　2. 工程延期的审批程序

工程延期的审批程序如图 2.7 所示。当工程延期事件发生后，承包单位应在合同规定的有效期内以书面形式通知监理工程师（即工程延期意向通知），以便于监理工程师尽早了解所发生的事件，及时做出一些减少延期损失的决定。随后，承包单位应在合同规定的有效期内（或监理工程师可能同意的合理期限内）向监理工程师提交详细的申述报告（延期理由及依据）。监理工程师收到该报告后应及时进行调查核实，准确地确定出工程延期时间。

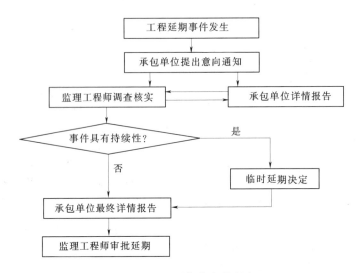

图 2.7　工程延期的审批程序

当延期事件具有持续性，承包单位在合同规定的有效期内不能提交最终详细的申述报告时，应先向监理工程师提交阶段性的详情报告。监理工程师应在调查核实阶段性报告的基础上，尽快作出延长工期的临时决定。临时决定的延期时间不宜太长，一般不超过最终批准的延期时间。

待延期事件结束后，承包单位应在合同规定的期限内向监理工程师提交最终的详情报告。监理工程师应复查详情报告的全部内容，然后确定该延期事件所需要的延期时间。

如果遇到比较复杂的延期事件，监理工程师可以成立专门小组进行处理。对于一时难以作出结论的延期事件，即使不属于持续性的事件，也可以采用先作出临时延期的决定，然后再作出最后决定的办法。这样既可以保证有充足的时间处理延期事件，又可以避免由于处理不及时而造成的损失。

监理工程师在作出临时工程延期批准或最终工程延期批准之前，均应与业主和承包单位进行协商。

3. 工程延期的审批原则

监理工程师在审批工程延期时应遵循下列原则：

（1）合同条件。监理工程师批准的工程延期必须符合合同条件。也就是说，导致工期拖延的原因确实属于承包单位自身以外的，否则不能批准为工程延期。这是监理工程师审批工程延期的一条根本原则。

（2）影响工期。发生延期事件的工程部位，无论其是否处在施工进度计划的关键线路上，只有当所延长的时间超过其相应的总时差而影响到工期时，才能批准工程延期。如果延期事件发生在非关键线路上，且延长的时间并未超过总时差时，即使符合批准为工程延期的合同条件，也不能批准工程延期。

应当说明，建设工程施工进度计划中的关键线路并非固定不变，它会随着工程的进展和情况的变化而转移。监理工程师应以承包单位提交的、经自己审核后的施工进度计划（不断调整后）为依据来决定是否批准工程延期。

（3）实际情况。批准的工程延期必须符合实际情况。为此，承包单位应对延期事件发生后的各类有关细节进行详细记载，并及时向监理工程师提交详细报告。与此同时，监理工程师也应对施工现场进行详细考察和分析，并做好有关记录，以便为合理确定工程延期时间提供可靠依据。

【例 2.2】　某建设工程业主与监理单位、施工单位分别签订了监理委托合同和施工合同，合同工期为 18 个月。在工程开工前，施工承包单位在合同约定的时间内向监理工程师提交了施工总进度计划，如图 2.8 所示。

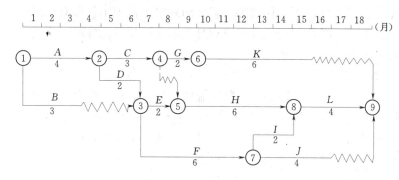

图 2.8　某工程施工总进度计划

该计划经监理工程师批准后开始实施，在施工过程中发生以下事件：

（1）因业主要求需要修改设计，致使工作 K 停工等待图纸 3.5 个月。

（2）部分施工机械由于运输原因未能按时进场，致使工作 H 的实际进度拖后 1 个月。

（3）由于施工工艺不符合施工规范要求，发生质量事故而返工，致使工作 F 的实际进度拖后 2 个月。

承包单位在合同规定的有效期内提出工期延长 3.5 个月的要求，监理工程师应批准工程延期多少时间？为什么？

解　由于工作 H 和工作 F 的实际进度拖后均属于承包单位自身原因，只有工作 K 的拖后可以考虑给予工程延期。从图 2.8 可知，工作 K 原有总时差为 3 个月，该工作停工待图 3.5 个月，只影响工期 0.5 个月，故监理工程师应批准工程延期 0.5 个月。

2.1.6.2　工程延期的控制

发生工程延期事件，不仅影响工程的进展，而且会给业主带来损失。因此，监理工程师应做好以下工作，以减少或避免工程延期事件的发生。

1. 选择合适的时机下达工程开工令

监理工程师在下达工程开工令之前，应充分考虑业主的前期准备工作是否充分。特别是征地、拆迁问题是否已解决，设计图纸能否及时提供，以及付款方面有无问题等，以避免由于上述问题缺乏准备而造成工程延期。

2. 提醒业主履行施工承包合同中所规定的职责

在施工过程中，监理工程师应经常提醒业主履行自己的职责，提前做好施工场地及设计图纸的提供工作，并能及时支付工程进度款，以减少或避免由此而造成的工程延期。

3. 妥善处理工程延期事件

当延期事件发生以后，监理工程师应根据合同规定进行妥善处理。既要尽量减少工程延期时间及其损失，又要在详细调查研究的基础上合理批准工程延期时间。

此外，业主在施工过程中应尽量减少干预、多协调，以避免由于业主的干扰和阻碍而导致延期事件的发生。

2.1.6.3　工程延误的处理

如果由于承包单位自身的原因造成工期拖延，而承包单位又未按照监理工程师的指令改变延期状态时，通常可以采用下列手段进行处理。

1. 拒绝签署付款凭证

当承包单位的施工活动不能使监理工程师满意时，监理工程师有权拒绝承包单位的支付申请。因此，当承包单位的施工进度拖后且又不采取积极措施时，监理工程师可以采取拒绝签署付款凭证的手段制约承包单位。

2. 误期损失赔偿

拒绝签署付款凭证一般是监理工程师在施工过程中制约承包单位延误工期的手段，而误期损失赔偿则是当承包单位未能按合同规定的工期完成合同范围内的工作时对其的处罚。如果承包单位未能按合同规定的工期和条件完成整个工程，则应向业主支付投标书附件中规定的金额，作为该项违约的损失赔偿费。

3. 取消承包资格

如果承包单位严重违反合同，又不采取补救措施，则业主为了保证合同工期有权取消其承包资格。例如，承包单位接到监理工程师的开工通知后，无正当理由推迟开工时间，或在施工过程中无任何理由要求延长工期，施工进度缓慢，又无视监理工程师的书面警告等，都有可能受到取消承包资格的处罚。

取消承包资格是对承包单位违约的严厉制裁。因为业主一旦取消了承包单位的承包资格，承包单位不但要被驱逐出施工现场，而且还要承担由此而造成的业主的损失费用。这种惩罚措施一般不轻易采用，而且在作出这项决定前，业主必须事先通知承包单位，并要求其在规定的期限内做好辩护准备。

2.1.7　物资供应进度

建设工程物资供应是实现建设工程投资、进度和质量三大目标控制的物质基础。正确的物资供应渠道与合理的供应方式可以降低工程费用，有利于投资目标的实现；完善合理的物资供应计划是实现进度目标的根本保证；严格的物资供应检查制度是实现质量目标的前提。因此，保证建设工程物资及时而合理供应，乃是监理工程师必须重视的问题。

2.1.7.1　物资供应进度控制概述

1. 物资供应进度控制的含义

建设工程物资供应进度控制是指在一定的资源（人力、物力、财力）条件下，为实现工程项目一次性特定目标而对物资的需求进行计划、组织、协调和控制的过程。其中，计划是将建设工程所需物资的供给纳入计划轨道，进行预测、预控，使整个供给有序地进行；组织是划清供给过程中诸方的责任、权力和利益，通过一定的形式和制度，建立高效率的组织保证体系，确保物资供应计划的顺利实施；协调主要是针对供应的不同阶段，沟通不同单位和部门之间的情况，协调其步调，使物资供应的整个过程均衡而有节奏地进行；控制是对物资供应过程的动态管理，需要经常地、定期地将实际供应情况与计划进行对比，发现问题，及时进行调整，使物资供应计划的实施始终处在动态循环控制过程中，以确保建设工程所需物资按时供给，最终实现供应目标。

根据建设工程项目的特点，在物资供应进度控制中应注意以下几个问题：

（1）由于建设工程的特殊性和复杂性，从而使物资的供应存在一定的风险性。因此，要求编制周密的计划并采用科学的管理方法。

（2）由于建设工程项目的局部的系统性和整体的局部性，要求对物资的供应建立保证体系，并处理好物资供应与投资、进度、质量之间的关系。

（3）物资的供应涉及众多不同的单位和部门，因而给物资供应管理工作带来一定的复杂性，这就要求与有关的供应部门认真签订合同，明确供求双方的权利和义务，并加强各单位、各部门之间的协调。

2. 物资供应进度控制目标

建设工程物资供应是一个复杂的系统过程，为了确保这个系统过程的顺利实施，必须首先确定这个系统的目标（包括系统的分目标），并为此目标制定不同时期和不同阶段的物资供应计划，用以指导实施。

物资供应的总目标就是按照物资需求适时、适地、按质、按量以及成套齐备地提供给使用部门，以保证项目投资目标、进度目标和质量目标的实现。为了总目标的实现，还应确定相应的分目标。目标一经确定，应通过一定的形式落实到各有关的物资供应部门，并以此作为考核和评价其工作的依据。

对物资供应进行控制，必须确保：

（1）按照计划所规定的时间供应各种物资。如果供应时间过早，将会增大仓库和施工场地的使用面积；如果供应时间过晚，则会造成停工待料，影响施工进度计划的实施。

（2）按照规定的地点供应物资。对于大中型建设工程，由于单位工程多，施工场地范围大，如果卸货地点不适当，则会造成二次搬运，增加费用。

（3）按规定的质量标准（包括品种与规格）供应物资。特别要避免由于质量、品种及规格不符合标准要求。如果标准低，则会降低工程质量；而标准高则会增加材料费，增大投资额。

（4）按规定的数量供应物资。如果数量过多，则会造成超储积压，占用流动资金；如果数量过少，则会出现停工待料，影响施工进度，延误工期。

（5）按规定的要求使所需物资齐全、配套、零配件齐备，符合工程需要，成套齐备地供应施工机械和设备，充分发挥其生产效率。

事实上，物资供应进度与工程实施进度是相互衔接的。建设工程实施过程中经常遇到的问题就是由于物资的到货日期推迟而影响施工进度。而且在大多数情况下，引起到货日期推迟的因素是不可避免的，也是难以控制的。但是，如果控制人员随时掌握物资供应的动态信息，并能及时地采取相应的补救措施，就可以避免因到货日期推迟所造成的损失或者把损失减少到最低程度。

为了有效地解决好以上问题，必须认真确定物资供应目标（总目标和分目标），并合理制定物资供应计划。在确定目标和编制计划时，应着重考虑以下因素：

1）能否按施工进度计划的需要及时供应材料，这是保证建设工程顺利实施的物质基础。

2）资金能否得到保证。

3）物资的需求是否超出市场供应能力。

4）物资可能的供应渠道和供应方式。

5）物资的供应有无特殊要求。

6）已建成的同类或相似建设工程的物资供应目标和计划实施情况。

7）其他，如市场条件、气候条件、运输条件等。

2.1.7.2 物资供应进度控制的工作内容

1. 物资供应计划的编制

建设工程物资供应计划是对建设工程施工及安装所需物资的预测和安排，是指导和组织建设工程物资采购、加工、储备、供货和使用的依据。其根本作用是保障建设工程的物资需要，保证建设工程按施工进度计划组织施工。

编制物资供应计划的一般程序分为准备阶段和编制阶段。准备阶段主要是调查研究，收集有关资料，进行需求预测和购买决策；编制阶段主要是核算需要、确定储备、优化平衡，审查评价和上报或交付执行。

在编制物资供应计划的准备阶段，监理工程师必须明确物资的供应方式。按供应单位划分，物资供应可分为建设单位采购供应、专门物资采购部门供应、施工单位自行采购或共同协作分头采购供应。

物资供应计划按其内容和用途分类，主要包括物资需求计划、物资供应计划、物资储备计划、申请与订货计划、采购与加工计划和国外进口物资计划。

通常，监理工程师除编制建设单位负责供应的物资计划外，还需对施工单位和专门物资采购供应部门提交的物资供应计划进行审核。因此，负责物资供应的监理人员应具有编制物资供应计划的能力。

（1）物资需求计划的编制。物资需求计划是指反映完成建设工程所需物资情况的计划。它的编制依据主要有施工图纸、预算文件、工程合同、项目总进度计划和各分包工程提交的材料需求计划等。

物资需求计划的主要作用是确认需求，施工过程中所涉及的大量建筑材料、制品、机具和设备，确定其需求的品种、型号、规格、数量和时间。它为组织备料、确定仓库与堆场面积和组织运输等提供依据。

物资需求计划一般包括一次性需求计划和各计划期需求计划。编制需求计划的关键是确定需求量。

1）建设工程一次性需求量的确定。一次性需求计划，反映整个工程项目及各分部、分项工程材料的需用量，亦称工程项目材料分析。主要用于组织货源和专用特殊材料、制品的落实。其计算程序可分为三步：①根据设计文件、施工方案和技术措施计算或直接套用施工预算中建设工程各分部、分项的工程量；②根据各分部、分项的施工方法套取相应的材料消耗定额，求得各分部、分项工程各种材料的需求量；③汇总各分部、分项工程的材料需求量，求得整个建设工程各种材料的总需求量。

2）建设工程各计划期需求量的确定。计划期物资需求量一般是指年、季、月度物资需求计划，主要用于组织物资采购、订货和供应。主要依据已分解的各年度施工进度计划，按季、月作业计划确定相应时段的需求量。其编制方式有两种，即计算法和卡段法。计算法是根据计划期施工进度计划中的各分部、分项工程量，套取相应的物资消耗定额，求得各分部、分项工程的物资需求量，然后再汇总求得计划期各种物资的总需求量；卡段法是根据计划期施工进度的形象部位，从工程项目一次性计划中摘出与施工计划相应部位的需求量，然后汇总求得计划期各种物资的总需求量。

物资需求量计划的参考格式见表 2.3～表 2.9。

表 2.3　　　　　　　　　　　　　主要材料需求量计划表

序　号	材料名称	规　格	需　要　量		需要时间	备　注
			单　位	重　量		

表 2.4　　　　　　　　　　　　　　　材料需求计划表

序号	分项工程	计量单位	实物工程量	材料名称及数量								
				钢　材		木　材		水　泥		×××		
				定额(kg)	数量(t)	定额(m³)	数量(m³)	定额(kg)	数量(t)			
甲	乙	丙	1	2	3	4	5	6	7	8	9	10　11

表 2.5　　　　　　　　　　　　　　材料需求计划汇总表

序号	材料名称	规格质量	计量单位	需求合计	各工程项目需求量			需　要　时　间			
					××工程	××工程	××工程	季（月）	季（月）	季（月）	季（月）
甲	乙	丙	1	1	2	3	4	……	……	……	……

表 2.6　　　　　　　　　　　　　　构件、配件需求量计划表

序号	品名	规格	图号	需　求　量		使用部位	加工单位	需用时间	备　注
				单位	数量				

表 2.7　　　　　　　　　　　　　　施工机具需求量计划

序号	机械名称	机械类型（规格）	需　求　量		来源	使用起讫时间	备注
			单　位	数　量			

表 2.8　　　　　　　　　　　　　主要设备需求量计划表

序号	设备名称	简要说明（型号、生产率等）	数量	需　求　量							
				20××年				20××年			
				一	二	三	四	一	二	三	四

表 2.9　　　　　　　　　　　建设项目土建工程所需各项物资汇总表

序号	类别	物资名称	单位	总计	运输线路	上下水工程	电气工程	工业建筑		居住建筑		其他临时建筑	需　求　量							
								主要	辅助及附属	永久性住宅	临时性住宅		20××年				20××年			
													一	二	三	四	一	二	三	四
	构件及半成品	钢筋 钢筋混凝土及混凝土 木结构 钢结构 砂浆 ……																		
	主要建筑材料	砖 水泥 钢材 ……																		

（2）物资储备计划的编制。物资储备计划是用来反映建设工程施工过程中所需各类材料储备时间及储备量的计划。它的编制依据是物资需求计划、储备定额、储备方式、供应方式和场地条件等。材料储备计划见表 2.10。它的作用是为保证施工所需材料的连续供应而确定的材料合理储备。

表 2.10　　　　　　　　　　　　材 料 储 备 计 划 表

序　号	材料名称	规格质量	计量单位	全年计划需求量	平均日耗量	储　备　天　数			储　备　量	
						合　计	经常储备	保险储备	最　高	最　低
甲	乙	丙	丁	1	2	3	4	5	6	7

（3）物资供应计划的编制。物资供应计划是反映物资的需要与供应的平衡、挖潜利库，安排供应的计划。它的编制依据是需求计划、储备计划和货源资料等。它的作用是组织指导物资供应工作。

物资供应计划的编制是在确定计划需求量的基础上，经过综合平衡后，提出申请量和采购量。因此，供应计划的编制过程也是一个平衡过程，包括数量、时间的平衡。在实际工作中，首先考虑的是数量的平衡，因为计划期的需用量不是申请量或采购量，也不是实际需用量，还必须扣除库存量，考虑为保证下一期施工所必需的储备量。因此，供应计划的数量平衡关系是：期内需用量减去期初库存量，再加上期末储备量。经过上述平衡，如果出现正值时，说明本期不足，需要补充；反之，如果出现负值，说明本期多余，可供外调。

建设工程材料的储备量，主要由材料的供应方式和现场条件决定，一般应保持 35d 的用量，有时可以在施工现场不储备。例如，在单层工业厂房施工过程中，预制构件采用随运随吊的吊装施工方案时，不需要储备现场，用多少供多少。

材料供应计划的参考格式见表 2.11。

表 2.11　材料供应计划表

序号	材料名称	规格质量	计量单位	需求量				期初库存	节约量	平衡结果			
				合计	工程用料	储备需求	其他需求			多余	不足		
											数量	单价	金额
甲	乙	丙	1	1	2	3	4	5	6	7	8	9	10

（4）申请、订货计划的编制。申请、订货计划是指向上级要求分配材料的计划和分配指标下达后组织订货的计划。它的编制依据是有关材料供应政策法令、预测任务、概算定额、分配指标、材料规格比例和供应计划。它的主要作用是根据需求组织订货。

物资供应计划确定后，即可以确定主要物资的申请计划，见表 2.12。

表 2.12　××年主要物资申请计划表

序号	材料名称	规格质量	计量单位	全年计划需求量	平均日耗量	储备天数			储备量	
						合计	经常储备	保险储备	最高	最低
甲	乙	丙	丁	1	2	3	4	5	6	7

订货计划通常采用卡片形式，以便把不同自然属性（如规格、质量、技术条件、代用材料）和交货条件反映清楚。订货卡片填好后，按物资类别汇入订货明细表，见表 2.13。

表 2.13　订货明细表

填报单位_____

物资类别_____

| 材料名称 | 规格 | 技术要求 | 计量单位 | 合计 | 第　季 | | | 第　季 | | | 使用地点或到站 | 收货人 |
| | | | | | 月 | 月 | 月 | 月 | 月 | 月 | | |

国外进口材料计划也使用订货卡片，正常要求中、英文对照填写。制造周期长的关键大型设备在初步设计审批以后安排，一般设备可按工程项目年度计划与设备清单安排订货。

（5）采购、加工计划的编制。采购、加工计划是指向市场采购或专门加工订货的计划。它的编制依据是需求计划、市场供应信息、加工能力及分布。它的作用是组织和指导采购与加工工作。加工、订货计划要附加工详图。加工计划见表 2.14。

表 2.14　　　　　　　　　　　加 工 计 划 表

序号	构件名称规格	数量（件）	折合体积（m³）、面积（m²）、重量（t）	××建设单位				××建设单位			
				×单位工程		×单位工程		×单位工程		×单位工程	
				件数	折合体积（m³）、面积（m²）、重量（t）	件数	折合体积（m³）、面积（m²）、重量（t）	件数	折合体积（m³）、面积（m²）、重量（t）	件数	折合体积（m³）、面积（m²）、重量（t）
甲	乙	1	2	3	4	5	6	7	8	9	…

（6）国外进口物资计划的编制。国外进口物资计划是指需要从国外进口物资又得到动用外汇的批准后，填报进口订货卡，通过外贸谈判并签约。它的编制依据是设计选用进口材料所依据的产品目录、样本。它的主要作用是组织进口材料和设备的供应工作。

首先应编制国外材料、设备、检验仪器、工具等的购置计划，见表 2.15。然后再编制国外引进主要设备到货计划，见表 2.16。在国际招标采购的机电设备合同中，买方（业主）都要求供方按规定的形式，逐月递交一份进度报告，列出所有设计、制造、交付等工作的进度状况。

表 2.15　　　　　　　国外材料、设备、检验仪器、工具购置计划

序　号	主要材料设备及工器具名称	规格型号	单位	数量	金额（万元）	资金来源	备　注

表 2.16　　　　　　　　国外引进主要设备到货计划

序　号	主要设备名称	数量（台件/t）		发货港口	发货日期	到港日期	备　注
		合　计	其中超限设备				

2. 物资供应计划实施中的动态控制

（1）物资供应进度监测与调整的系统过程。物资供应计划经监理工程师审批后便开始执行，在计划执行过程中，应不断将实际供应情况与计划供应情况进行比较，找出差异、及时调整与控制计划的执行。

在物资供应计划执行过程中，内外部条件的变化可能对其产生影响。例如，施工进度的变化（提前或拖延）、设计变更、价格变化、市场各供应部门突然出现的供货中断以及一些意外情况的发生，都会使物资供应的实际情况与计划不符。因此，在物资供应计划的

执行过程中，进度控制人员必须经常地、定期地进行检查，认真收集反映物资供应实际状况的数据资料，并将其与计划数据进行比较，一旦发现实际与计划不符，要及时分析产生问题的原因并提出相应的调整措施。物资供应进度监测与调整的系统过程如图 2.9 所示。

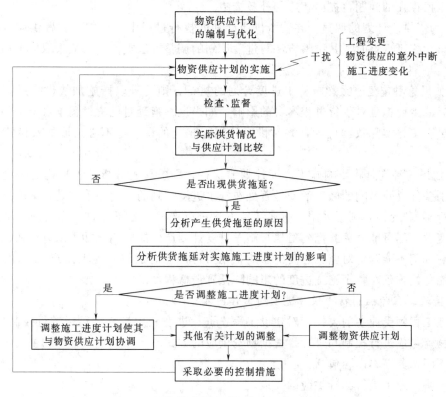

图 2.9　物资供应进度检测与调整的系统过程

（2）物资供应计划实施中的检查与调整。

1）物资供应计划的检查。物资供应计划实施中的检查通常包括定期检查（一般在计划期中、期末）和临时检查两种。通过检查收集实际数据，在统计分析和比较的基础上提出物资供应报告。控制人员在检查过程中的一项重要工作就是获得真实的供应报告。

在物资供应计划实施过程中进行检查的重要作用有：①发现实际供应偏离计划的情况，以利进行有效的调整和控制；②发现计划脱离实际的情况，据此修订计划的有关部分，使之更切合实际情况；③反馈计划执行结果，作为下一期决策和调整供应计划的依据。

由于物资供应计划在执行过程中发生变化的可能性始终存在，且难以预估。因此，必须加强计划执行过程中的跟踪检查，以保证物资可靠、经济、及时地供应到现场。一般的，对重要的设备要经常地、定期地进行实地检查，如亲临设备生产厂，亲自了解生产加工情况，检查核对工作负荷，已供应的原材料，已完成的供货单，加工图纸，制作过程以及实际供货状况。例如，美国凯撒工程公司（Kaiser Engineers）将设备采购的检查方式分成 9 类，根据其重要程度，对各类材料设备分别采取不同的跟踪检查方式，如对第 1～4 类材料基本上采取电话联系的方式进行检查；对第 5～8 类，需经常定期地亲自对供应情况进行检查和监督；对第 9 类，则需派专人常驻设备制造厂进行现场监督。

物资供应过程经检查后，需提出供应情况报告，主要是对报告期间实际收到材料数量与材料订购数量以及预计的数量进行比较，从中发现问题，预测其对后期工程实施的影响，并根据存在的问题，提出相应的补救措施。

2) 物资供应计划的调整。在物资供应计划的执行过程中，当发现物资供应过程的某一环节出现拖延现象时，其调整方法与进度计划的调整方法类似，一般采取以下措施进行处理：

a. 如果这种拖延不致影响施工进度计划的执行，则可采取措施加快供货过程的有关环节，以减少此拖延对供货过程本身的影响；如果这种拖延对供货过程本身产生的影响不大，则可直接将实际数据代入，并对供应计划作相应的调整，不必采取加快供货进度的措施。

b. 如果这种拖延将影响施工进度计划的执行，则应首先分析这种拖延是否允许（通常的判别条件是受影响的施工活动是否处在施工进度计划的关键路上或是否影响到分包合同的执行）。若允许，则可采用 a 所述调整方法进行调整；若不允许，则必须采取措施加快供应速度，尽可能避免此拖延对执行施工进度计划产生的影响。如果采取加快供货速度的措施后，仍不能避免对施工速度的影响，则可考虑同时加快其他工作施工进度的措施，并尽可能将此拖延对整个施工进度的影响降低到最低程度。

3. 监理工程师控制物资供应进度的工作内容

监理工程师受业主的委托，对建设工程投资、进度和质量三大目标进行控制的同时，需要对物资供应进行控制和管理。根据物资供应的方式不同，监理工程师的主要工作内容也有所不同，其基本内容包括：

(1) 协助业主进行物资供应的决策。

1) 根据设计图纸和进度计划确定物资供应要求。

2) 提出物资供应分包方式及分包合同清单，并获得业主认可。

3) 与业主协商提出对物资供应单位的要求以及在财务方面应负的责任。

(2) 组织物资供应招标工作。

1) 组织编制物资供应招标文件。招标文件的内容一般包括：①投标须知；②招标物资清单和技术要求及图纸；③主要合同条款；④规定的投标书格式；⑤包装及运输方面的要求。

2) 受理物资供应单位的投标文件。

a. 对投标文件进行技术评价。监理工程师可受业主的委托参与投标文件的技术评价。

b. 对投标文件进行商务评价。监理工程师也可受业主的委托对物资供应单位的投标文件进行商务评价。商务评价一般应考虑以下因素：①材料、设备价格；②包装费及运费；③关税；④价格政策（固定价格还是变动价格）；⑤付款条件；⑥交货时间；⑦材料、设备的重量和体积。

3) 推荐物资供应单位及进行有关工作。

a. 向业主推荐优选的物资供应单位。投标文件评审后，监理工程师可作为评标委员会成员之一与其他成员一起将优选的物资供应单位推荐给业主，经其认可后即可发包。

b. 主持召开物资供应单位的协商会议。监理工程师主持召开物资供应单位的协商会议，进行有关合同的谈判工作。

c. 帮助业主拟定并认真履行物资供应合同。在协商谈判的基础上，监理工程师帮助业主拟定正式合同条文，业主与物资供应单位双方签字生效后，付诸实施。

（3）编制、审核和控制物资供应计划。

1）编制物资供应计划。监理工程师编制由业主负责（或业主委托监理单位负责）的物资供应计划，并控制其执行。

2）审核物资供应计划。物资供应单位或施工承包单位编制的物资供应计划必须经监理工程师审核，并得到认可后才能执行。物资供应计划审核的主要内容包括：

a. 供应计划是否能按建设工程施工进度计划的需要及时供应材料和设备。

b. 物资的库存量安排是否经济、合理。

c. 物资采购安排在时间上和数量上是否经济、合理。

d. 由于物资供应紧张或不足而使施工进度拖延现象发生的可能性。

3）监督检查订货情况，协助办理有关事宜。

a. 监督、检查物资订货情况。

b. 协助办理物资的海运、陆运、空运以及进出口许可证等有关事宜。

4）控制物资供应计划的实施。

a. 掌握物资供应全过程的情况。监理工程师要监测从材料、设备订货到材料、设备到达现场的整个过程，及时掌握动态，分析是否存在潜在的问题。

b. 采取有效措施保证急需物资的供应。监理工程师对可能导致建设工程拖期的急需材料、设备采取有效措施，促使其及时运到施工现场。

c. 审查和签署物资供应情况分析报告。在物资供应过程中，监理工程师要审查和签署物资供应单位的材料设备供应情况分析报告。

d. 协调各有关单位的关系。在物资供应过程中，由于某些干扰因素的影响，要进行有关计划的调整。监理工程师要协调涉及的建设、设计、材料供应和施工等单位之间的关系。

学习情境2.2　建筑给排水工程项目施工质量控制

2.2.1　概述

工程施工是使工程设计意图最终实现并形成工程实体的阶段，也是最终形成工程产品质量和工程项目使用价值的重要阶段。因此施工阶段的质量控制不但是施工监理重要的工作内容，也是工程项目质量控制的重点。监理工程师对工程施工的质量控制，就是按合同赋予的权利，围绕影响工程质量的各种因素，对工程项目的施工进行有效的监督和管理。

2.2.1.1　施工质量控制的系统过程

由于施工阶段是使工程设计意图最终实现并形成工程实体的阶段，是最终形成工程实体质量的过程，所以施工阶段的质量控制是一个由对投入的资源和条件的质量控制，进而对生产过程及各环节质量进行控制，直到对所完成的工程产出品的质量检验与控制为止的全过程的系统控制过程。这个过程可以根据在施工阶段工程实体质量形成的时间阶段不同来划分；也可以根据施工阶段工程实体形成过程中物质形态的转化来划分；或者是将施工的工程项目作为一个大系统，按施工层次加以分解来划分。

1. 按工程实体质量形成过程的时间阶段划分

施工阶段的质量控制可以分为以下三个环节：

（1）施工准备控制。指在各工程对象正式施工活动开始前，对各项准备工作及影响质量的各因素进行控制，这是确保施工质量的先决条件。

（2）施工过程控制。指在施工过程中对实际投入的生产要素质量及作业技术活动的实施状态和结果所进行的控制，包括作业者发挥技术能力过程的自控行为和来自有关管理者的监控行为。

（3）竣工验收控制。指对于通过施工过程所完成的具有独立的功能和使用价值的最终产品（单位工程或整个工程项目）及有关方面（例如质量文档）的质量进行控制。

上述三个环节的质量控制系统过程及其所涉及的主要方面如图 2.10 所示。

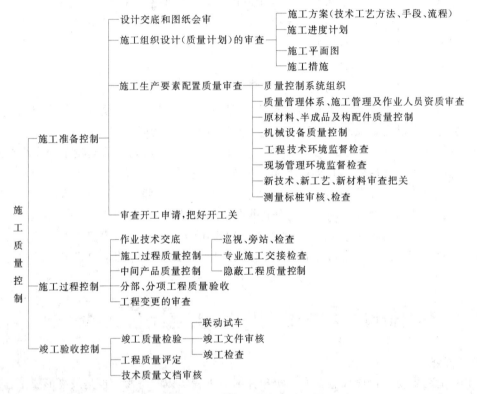

图 2.10　施工阶段质量控制的系统过程

2. 按工程实体形成过程中物质形态转化的阶段划分

由于工程对象的施工是一项物质生产活动，所以施工阶段的质量控制系统过程也是一个经由以下三个阶段的系统控制过程：

（1）对投入的物质资源质量的控制。

（2）施工过程质量控制。即在使投入的物质资源转化为工程产品的过程中，对影响产品质量的各因素、各环节及中间产品的质量进行控制。

（3）对完成的工程产出品质量的控制与验收。

在上述三个阶段的系统过程中，前两阶段对于最终产品质量的形成具有决定性的作用，而所投入的物质资源的质量控制对最终产品质量又具有举足轻重的影响。所以，质量控制的系统过程中，无论是对投入物质资源的控制，还是对施工及安装生产过程的控制，都应当对影响工程实体质量的五个重要因素方面，即对施工有关人员因素、材料（包括半成品、构配件）因素、机械设备因素（生产设备及施工设备）、施工方法（施工方案、方法及工艺）因素以及环境因素等进行全面的控制。

3. 按工程项目施工层次划分的系统控制过程

通常任何一个大中型工程建设项目可以划分为若干层次。例如，对于建筑工程项目按照国家标准可以划分为单位工程、分部工程、分项工程、检验批等层次；而对于诸如水利水电、港口交通等工程项目则可划分为单项工程、单位工程、分部工程、分项工程等几个层次。各组成部分之间的关系具有一定的施工先后顺序的逻辑关系。显然，施工作业过程的质量控制是最基本的质量控制，它决定了有关检验批的质量；而检验批的质量又决定了分项工程的质量……各层次间的质量控制系统过程如图 2.11 所示。

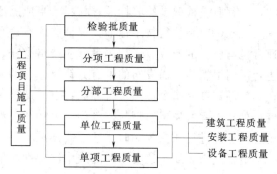

图 2.11 按工程项目施工层次划分的质量控制系统过程

2.2.1.2 施工质量控制的依据

施工阶段监理工程师进行质量控制的依据，大体上有以下 4 类。

1. 工程合同文件

工程施工承包合同文件和委托监理合同文件中分别规定了参与建设各方在质量控制方面的权利和义务，有关各方必须履行在合同中的承诺。对于监理单位，既要履行委托监理合同的条款，又要督促建设单位、监督承包单位、设计单位履行有关的质量控制条款。因此，监理工程师要熟悉这些条款，据以进行质量监督和控制。

2. 设计文件

"按图施工"是施工阶段质量控制的一项重要原则。因此，经过批准的设计图纸和技术说明书等设计文件，无疑是质量控制的重要依据。但是从严格质量管理和质量控制的角度出发，监理单位在施工前还应参加由建设单位组织的设计单位及承包单位参加的设计交底及图纸会审工作，以达到了解设计意图和质量要求，发现图纸差错和减少质量隐患的目的。

3. 国家及政府有关部门颁布的有关质量管理方面的法律、法规性文件

(1)《中华人民共和国建筑法》（1997 年 11 月 1 日中华人民共和国主席令第 91 号发布）。

(2)《建设工程质量管理条例》（2000 年 1 月 30 日中华人民共和国国务院令第 279 号发布）。

(3) 2001 年 4 月建设部发布的《建筑业企业资质管理规定》。

以上列举的是国家及建设主管部门所颁发的有关质量管理方面的法规性文件，这些文件都是建设行业质量管理方面所应遵循的基本法规文件。此外，其他各行业如交通、能

源、水利、冶金、化工等的政府主管部门和各省、自治区、直辖市的有关主管部门，也均根据本行业及地方的特点，制定和颁发了有关的法规性文件。

4. 有关质量检验与控制的专门技术法规性文件

这类文件一般是针对不同行业、不同的质量控制对象而制定的技术法规性的文件，包括各种有关的标准、规范、规程或规定。

技术标准有国际标准、国家标准、行业标准、地方标准和企业标准之分，它们是建立和维护正常的生产和工作秩序应遵守的准则，也是衡量工程、设备和材料质量的尺度。例如，工程质量检验及验收标准；材料、半成品或构配件的技术检验和验收标准等。技术规程或规范一般是执行技术标准，保证施工有序地进行，而为有关人员制定的行动的准则，通常也与质量的形成有密切关系，应严格遵守。各种有关质量方面的规定，一般是由有关主管部门根据需要而发布的带有方针目标性的文件，它对于保证标准的实施和改善实际存在的问题，具有指令性和及时性的特点。此外，对于大型工程，特别是对外承包工程和外资、外贷工程的质量监理与控制中，可能还会涉及国际标准和国外标准或规范，当需要采用这些标准进行质量控制时，还需要熟悉它们。

概括说来，属于这类专门的技术法规性的依据主要有以下几类：

（1）工程项目施工质量验收标准。这类标准主要是由国家或部统一制定的，用以作为检验和验收工程项目质量水平所依据的技术法规性文件。例如，评定建筑工程质量验收的 GB 50300—2001《建筑工程施工质量验收统一标准》、GB 50204—2002《混凝土结构工程施工质量验收规范》、GB 50210—2001《建筑装饰装修工程质量验收规范》等。对于其他行业如水利、电力、交通等工程项目的质量验收，也有与之类似的相应的质量验收标准。

（2）有关工程材料、半成品和构配件质量控制方面的专门技术法规性依据。

1）有关材料及其制品质量的技术标准。诸如水泥、木材及其制品、钢材、砖瓦、砌块、石材、石灰、砂、玻璃、陶瓷及其制品；涂料、保温及吸声材料、防水材料、塑料制品；建筑五金、电缆电线、绝缘材料以及其他材料或制品的质量标准。

2）有关材料或半成品等的取样、试验等方面的技术标准或规程。例如，木材的物理力学试验方法总则，钢材的机械及工艺试验取样法，水泥安定性检验方法等。

3）有关材料验收、包装、标志方面的技术标准和规定。例如，型钢的验收、包装、标志及质量证明书的一般规定；钢管验收、包装、标志及质量证明书的一般规定等。

（3）控制施工作业活动质量的技术规程。例如，电焊操作规程、砌砖操作规程、混凝土施工操作规程等，它们是为了保证施工作业活动质量在作业过程中应遵照执行的技术规程。

（4）凡采用新工艺、新技术、新材料的工程，事先应进行试验，并应有权威性技术部门的技术鉴定书及有关的质量数据、指标，在此基础上制定有关的质量标准和施工工艺规程，以此作为判断与控制质量的依据。

2.2.1.3 施工质量控制的工作程序

在施工阶段全过程中，监理工程师要进行全过程、全方位的监督、检查与控制，不仅涉及最终产品的检查、验收，而且涉及施工过程的各环节及中间产品的监督、检查与验收。这种全过程、全方位的质量监理一般程序简要框图如图 2.12 所示。

在每项工程开始前，承包单位须做好施工准备工作，然后填报"工程开工/复工报审表"，见表 2.17，附上该项工程的开工报告、施工方案以及施工进度计划、人员及机械设备配置、材料准备情况等，报送监理工程师审查。若审查合格，则由总监理工程师批复准予施工。否则，承包单位应进一步做好施工准备，待条件具备时，再次填报开工申请。

　　表 2.17　　　　　　　　　　　　　　工程开工/复工报审表

工程名称：　　　　　　　　　　　　　　　　　　　　　　　　　　　　　编号：

致：　　　　　　　　　　　　　　　　　　　　　　　　　　　　（监理单位）

　　我方承担的＿＿＿＿＿＿＿＿＿工程，已完成了以下各项工作，具备了开工/复工条件，特此申请施工，请核查并签发开工/复工指令。

　　附：1. 开工报告
　　　　2.（证明文件）

　　　　　　　　　　　　　　　　　　　　　　　承包单位（章）＿＿＿＿＿
　　　　　　　　　　　　　　　　　　　　　　　　　项目经理＿＿＿＿＿
　　　　　　　　　　　　　　　　　　　　　　　　　日　　期＿＿＿＿＿

审查意见：

　　　　　　　　　　　　　　　　　　　　　　　项目监理机构＿＿＿＿＿
　　　　　　　　　　　　　　　　　　　　　　　总监理工程师＿＿＿＿＿
　　　　　　　　　　　　　　　　　　　　　　　　　日　　期＿＿＿＿＿

　　在施工过程中，监理工程师应督促承包单位加强内部质量管理，严格质量控制。施工作业过程均应按规定工艺和技术要求进行。在每道工序完成后，承包单位应进行自检，自检合格后，填报"＿＿＿报验申请表"（表 2.18）交监理工程师检验。监理工程师收到检查申请后应在合同规定的时间内到现场检验，检验合格后予以确认。

　　只有上一道工序被确认质量合格后，方能准许下道工序施工，按上述程序完成逐道工序。当一个检验批、分项、分部工程完成后，承包单位首先对检验批、分项、分部工程进行自检，填写相应质量验收记录表，确认工程质量符合要求，然后向监理工程师提交"＿＿＿报验申请表"（表 2.18）附上自检的相关资料，经监理工程师现场检查及对相关资料审核后，符合要求予以签认验收，反之，则指令承包单位进行整改或返工处理。

　　在施工质量验收过程中，涉及结构安全的试块、试件以及有关材料，应按规定进行见证取样检测；对涉及结构安全和使用功能的重要分部工程，应进行抽样检测，承担见证取样检测及有关结构安全检测的单位应具有相应资质。

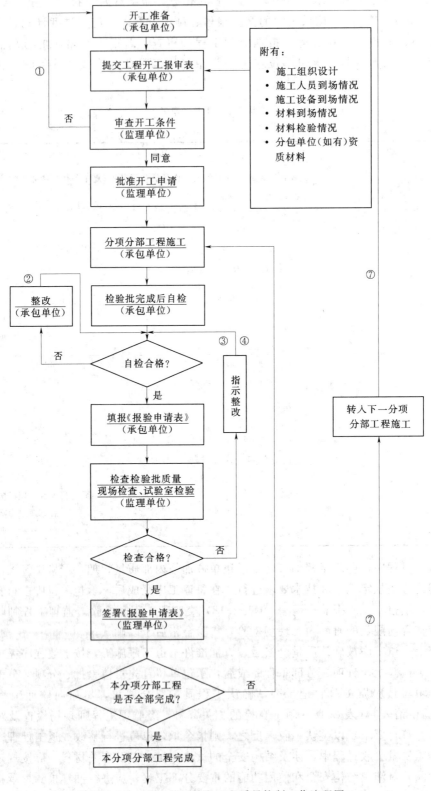

图 2.12（一）　施工阶段工程质量控制工作流程图

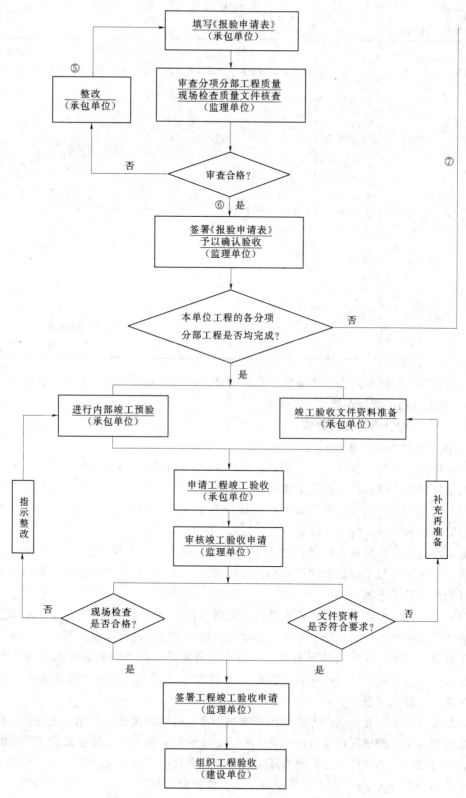

图 2.12（二）　施工阶段工程质量控制工作流程图

表 2.18　　　　　　　　　　　＿＿＿报 验 申 请 表

工程名称：　　　　　　　　　　　　　　　　　　　　　　　编号：

致：　　　　　　　　　　　　　　　　　　　　　　　　（监理单位）

　　我单位已完成了＿＿＿＿＿＿＿＿＿工作，现报上该工程报检申请表，请予以审查和验收。

　　附：

承包单位（章）＿＿＿＿＿
项目经理＿＿＿＿＿
日　期＿＿＿＿＿

审查意见：

项目监理机构＿＿＿＿＿
总/专业监理工程师＿＿＿＿＿
日　期＿＿＿＿＿

　　通过返修或加固处理仍不能满足安全使用要求的分部工程、单位工程严禁验收。

2.2.2　施工准备的质量控制

2.2.2.1　施工承包单位资质的核查

　　1. 施工承包单位资质的分类

　　国务院建设行政主管部门为了维护建筑市场的正常秩序，加强管理，保障承包单位的合法权益和保证工程质量，制定了建筑业企业资质等级标准。承包单位必须在规定的范围内进行经营活动，且不得超范围经营。建设行政主管部门对承包单位的资质实行动态管理，建立相应的考核，资质升降及审查规定。

　　施工承包企业按照其承包工程能力划分为施工总承包、专业承包和劳务分包3个序列。这3个序列按照工程性质和技术特点分别划分为若干资质类别，各资质类别按照规定的条件划分为若干等级。

　　（1）施工总承包企业。获得施工总承包资质的企业，可以对工程实行施工总承包或者对主体工程实行施工承包，施工总承包企业可以将承包的工程全部自行施工，也可以将非主体工程或者劳务作业分包给具有相应专业承包资质或者劳务分包资质的其他建筑业企业。施工总承包企业的资质按专业类别共分为12个资质类别，每一个资质类别又分成特级、一级、二级、三级。

　　（2）专业承包企业。获得专业承包资质的企业，可以承接施工总承包企业分包的专业工程或者建设单位按照规定发包的专业工程。专业承包企业可以对所承接的工程全部自行施工，也可以将劳务作业分包给具有相应劳务分包资质的劳务分包企业。专业承包企业资质按专业类别共分为60个资质类别，每一个资质类别又分为一级、二级、三级。

　　（3）劳务分包企业。获得劳务分包资质的企业，可以承接施工总承包企业或者专业承包企业分包的劳务作业。劳务承包企业有13个资质类别，如木工作业、砌筑作业、钢筋作业、架线作业等。有的资质类别分成若干级，有的则不分级，如木工、砌筑、钢筋作业劳务分包企业资质分为一级、二级。油漆、架线等作业劳务分包企业则不分级。

2. 监理工程师对施工承包单位资质的审核

(1) 招投标阶段对承包单位资质的审查。

1) 根据工程的类型、规模和特点，确定参与投标企业的资质等级，并取得招投标管理部门的认可。

2) 对符合参与投标承包企业的考核。①查对《营业执照》及《建筑业企业资质证书》。并了解其实际的建设业绩、人员素质、管理水平、资金情况、技术装备等；②考核承包企业近期的表现，查对年检情况，资质升降级情况，了解其有否工程质量、施工安全、现场管理等方面的问题，企业管理的发展趋势，质量是否是上升趋势，选择向上发展的企业；③查对近期承建工程，实地参观考核工程质量情况及现场管理水平，在全面了解的基础上，重点考核与拟建工程类型、规模和特点相似或接近的工程，优先选取创出名牌优质工程的企业。

(2) 对中标进场从事项目施工的承包企业质量管理体系的核查。

1) 了解企业的质量意识，质量管理情况，重点了解企业质量管理的基础工作、工程项目管理和质量控制的情况。

2) 贯彻 ISO9000 标准、体系建立和通过认证的情况。

3) 企业领导班子的质量意识及质量管理机构落实、质量管理权限实施的情况等。

4) 审查承包单位现场项目经理部的质量管理体系。

承包单位健全的质量管理体系，对于取得良好的施工效果具有重要作用，因此，监理工程师做好承包单位质量管理体系的审查，是搞好监理工作的重要环节，也是取得好的工程质量的重要条件。审查内容包括：①承包单位向监理工程师报送项目经理部的质量管理体系的有关资料，包括组织机构、各项制度、管理人员、专职质检员、特种作业人员的资格证、上岗证、试验室；②监理工程师对报送的相关资料进行审核，并进行实地检查；③经审核，承包单位的质量管理体系满足工程质量管理的需要，总监理工程师予以确认；对于不合格人员，总监理工程师有权要求承包单位予以撤换，不健全、不完善之处要求承包单位尽快整改。

2.2.2.2 施工组织设计（质量计划）的审查

1. 质量计划与施工组织设计

质量计划是质量策划结果的一项管理文件。对工程建设而言，质量计划主要是针对特定的工程项目为完成预定的质量控制目标，编制专门规定的质量措施、资源和活动的文件。其作用是，对外作为针对特定工程项目的质量保证，对内作为针对特定工程项目质量管理的依据。根据质量管理的基本原理，质量计划包含为达到质量目标、质量要求的计划、实施、检查及处理这4个环节的相关内容，PDCA 循环。具体而言，质量计划应包括下列内容：编制依据；项目概况；质量目标；组织机构；质量控制及管理组织协调的系统描述；必要的质量控制手段，检验和试验程序等；确定关键过程和特殊过程及作业的指导书；与施工过程相适应的检验、试验、测量、验证要求；更改和完善质量计划的程序等。

(1) P——计划。计划主要是确定为达到预期的各项质量目标，通过施工组织设计文件的编制，提出作业技术活动方案，即施工方案，包括施工工艺、方法、机械设备、脚手模具等施工手段配置的技术方案和施工区段划分、施工流向、工艺顺序及劳动组织等组织方案。

（2）D——实施。进行质量计划目标和施工方案的交底，落实相关条件并按质量计划的目标所确定的程序和方法展开作业技术活动。

（3）C——检查。首先是检查有没有严格按照预定的施工方案认真执行，其次是检查实际的施工结果是否达到预定的质量要求。

（4）A——处理。对检查中发现偏离目标值的纠偏及改正，出现质量不合格的处置及不合格的预防。包括应急措施和预防措施与持续改进的途径。

国外工程项目中，承包单位要提交施工计划及质量计划。施工计划是承包单位进行施工的依据，包括施工方法、工序流程、进度安排、施工管理及安全对策、环保对策等。在我国现行的施工管理中，施工承包单位要针对每一特定工程项目进行施工组织设计，以此作为施工准备和施工全过程的指导性文件。为确保工程质量，承包单位在施工组织设计中加入了质量目标、质量管理及质量保证措施等质量计划的内容。

质量计划与现行施工管理中的施工组织设计有相同的地方，又存在着差别：

（1）对象相同。质量计划和施工组织设计都是针对某一特定工程项目而提出的。

（2）形式相同。二者均为文件形式。

（3）作用既相同又存在区别。投标时，投标单位向建设单位提供的施工组织设计或质量计划的作用是相同的，都是对建设单位作出工程项目质量管理的承诺；施工期间承包单位编制的详细的施工组织设计仅供内部使用，用于具体指导工程项目的施工，而质量计划的主要作用是向建设单位作出保证。

（4）编制的原理不同。质量计划的编制是以质量管理标准为基础的，从质量职能上对影响工程质量的各环节进行控制；而施工组织设计则是从施工部署的角度，着重于技术质量形成规律来编制全面施工管理的计划文件。

（5）在内容上各有侧重点。质量计划的内容按其功能包括：质量目标、组织结构和人员培训、采购、过程质量控制的手段和方法；而施工组织设计是建立在对这些手段和方法结合工程特点具体而灵活运用的基础上。

2. 施工组织设计的审查程序

施工组织设计已包含了质量计划的主要内容，因此，监理工程师对施工组织设计的审查也同时包括了对质量计划的审查。

（1）在工程项目开工前约定的时间内，承包单位必须完成施工组织设计的编制及内部自审批准工作，填写"施工组织设计（方案）报审表"，见表 2.19，并报送项目监理机构。

（2）总监理工程师在约定的时间内，组织专业监理工程师审查，提出意见后，由总监理工程师审核签认。需要承包单位修改时，由总监理工程师签发书面意见，退回承包单位修改后再报审，总监理工程师重新审查。

（3）已审定的施工组织设计由项目监理机构报送建设单位。

（4）承包单位应按审定的施工组织设计文件组织施工。如需对其内容做较大的变更，应在实施前将变更内容书面报送项目监理机构审核。

（5）规模大、结构复杂或属新结构、特种结构的工程，项目监理机构对施工组织设计审查后，还应报送监理单位技术负责人审查，提出审查意见后由总监理工程师签发，必要时与建设单位协商，组织有关专业部门和有关专家会审。

表2.19   施工组织设计（方案）报审表

致：

    我方已根据施工合同有关规定完成了＿＿＿＿＿＿＿＿＿＿工程施工组织设计（方案）的编制，并经我单位上级技术负责人审查批准，请予以审查。

    附：施工组织设计（方案）

承包单位（章）＿＿＿＿＿

项目经理＿＿＿＿＿

日　期＿＿＿＿＿

专业监理工程师审查意见：

专业监理工程师＿＿＿＿＿

日　期＿＿＿＿＿

总监理工程师审查意见：

项目监理机构＿＿＿＿＿

总监理工程师＿＿＿＿＿

日　期＿＿＿＿＿

（6）规模大，工艺复杂的工程、群体工程或分期出图的工程，经建设单位批准可分阶段报审施工组织设计；技术复杂或采用新技术的分项、分部工程，承包单位还应编制该分项、分部工程的施工方案，报项目监理机构审查。

3．审查施工组织设计时应掌握的原则

（1）施工组织设计的编制、审查和批准应符合规定的程序。

（2）施工组织设计应符合国家的技术政策，充分考虑承包合同规定的条件、施工现场条件及法规条件的要求，突出"质量第一、安全第一"的原则。

（3）施工组织设计的针对性：承包单位是否了解并掌握了本工程的特点及难点，施工条件是否分析充分。

（4）施工组织设计的可操作性：承包单位是否有能力执行并保证工期和质量目标；该施工组织设计是否切实可行。

（5）技术方案的先进性：施工组织设计采用的技术方案和措施是否先进适用，技术是否成熟。

（6）质量管理和技术管理体系，质量保证措施是否健全且切实可行。

（7）安全、环保、消防和文明施工措施是否切实可行并符合有关规定。

（8）在满足合同和法规要求的前提下，对施工组织设计的审查，应尊重承包单位的自主技术决策和管理决策。

4. 施工组织设计审查的注意事项

（1）重要的分部、分项工程的施工方案，承包单位在开工前，向监理工程师提交详细说明为完成该项工程的施工方法、施工机械设备及人员配备与组织、质量管理措施以及进度安排等，报请监理工程师审查认可后方能实施。

（2）在施工顺序上应符合先地下、后地上；先土建、后设备；先主体、后围护的基本规律。所谓先地下、后地上是指地上工程开工前，应尽量把管道、线路等地下设施和土方与基础工程完成，以避免干扰，造成浪费、影响质量。此外，施工流向要合理，即平面和立面上都要考虑施工的质量保证与安全保证；考虑使用的先后和区段的划分，与材料、构配件的运输不发生冲突。

（3）施工方案与施工进度计划的一致性。施工进度计划的编制应以确定的施工方案为依据，正确体现施工的总体部署、流向顺序及工艺关系等。

（4）施工方案与施工平面图布置的协调一致。施工平面图的静态布置内容，如临时施工供水供电供热、供气管道、施工道路、临时办公房屋、物资仓库等，以及动态布置内容，如施工材料模板、工具器具等，应做到布置有序，有利于各阶段施工方案的实施。

2.2.2.3 现场施工准备的质量控制

1. 工程定位及标高基准控制

工程施工测量放线是建设工程产品由设计转化为实物的第一步。施工测量的质量好坏，直接影响工程产品的综合质量，并且制约着施工过程中有关工序的质量。例如，测量控制基准点或标高有误，会导致建筑物或结构的位置或高程出现差误，从而影响整体质量；又如长隧道采用两端或多端同时掘进时，若洞的中心线测量失准发生较大偏差，则会造成不能准确对接的质量问题；永久设备的基础预埋件定位测量失准，则会造成设备难以正确安装的质量问题等。因此，工程测量控制可以说是施工中事前质量控制的一项基础工作，它是施工准备阶段的一项重要内容。监理工程师应将其作为保证工程质量的一项重要的内容，在监理工作中，应由测量专业监理工程师负责工程测量的复核控制工作。

（1）监理工程师应要求施工承包单位，对建设单位（或其委托的单位）给定的原始基准点、基准线和标高等测量控制点进行复核，并将复测结果报监理工程师审核，经批准后施工承包单位始能据以进行准确的测量放线，建立施工测量控制网，并应对其正确性负责，同时做好基桩的保护。

（2）复测施工测量控制网。在工程总平面图上，各种建筑物或构筑物的平面位置是用施工坐标系统的坐标来表示的。施工测量控制网的初始坐标和方向，一般是根据测量控制点测定的，测定好建筑物的长向主轴线即可作为施工平面控制网的初始方向，以后在控制网加密或建筑物定位时，即不再用控制点定向，以免使建筑物发生不同的位移及偏转。复测施工测量控制网时，应抽检建筑方格网、控制高程的水准网点以及标桩埋设位置等。

2. 施工平面布置的控制

为了保证承包单位能够顺利地施工，监理工程师应督促建设单位按照合同约定并结合承包单位施工的需要，事先划定并提供给承包单位占有和使用现场有关部分的范围。如果在现场的某一区域内需要不同的施工承包单位同时或先后施工、使用，就应根据施工总进度计划的安排，规定他们各自占用的时间和先后顺序，并在施工总平面图中详细注明各工作区的位置及占用顺序，监理工程师要检查施工现场总体布置是否合理，是否有利于保证施工的正常、顺利地进行，是否有利于保证质量，特别是要对场区的道路、防洪排水、器材存放、给水及供电、混凝土供应及主要垂直运输机械设备布置等方面予以重视。

3. 材料构配件采购订货的控制

工程所需的原材料、半成品、构配件等都将构成为永久性工程的组成部分。所以，它们的质量好坏直接影响到未来工程产品的质量，因此需要事先对其质量进行严格控制。

(1) 凡由承包单位负责采购的原材料、半成品或构配件，在采购订货前应向监理工程师申报；对于重要的材料，还应提交样品，供试验或鉴定，有些材料则要求供货单位提交理化试验单（如预应力钢筋的硫、磷含量等），经监理工程师审查认可后，方可进行订货采购。

(2) 对于半成品或构配件，应按经过审批认可的设计文件和图纸要求采购订货，质量应满足有关标准和设计的要求，交货期应满足施工及安装进度安排的需要。

(3) 供货厂家是制造材料、半成品、构配件主体，所以通过考查优选合格的供货厂家，是保证采购、订货质量的前提。为此，大宗的器材或材料的采购应当实行招标采购的方式。

(4) 对于半成品和构配件的采购、订货，监理工程师应提出明确的质量要求，质量检测项目及标准；出厂合格证或产品说明书等质量文件的要求，以及是否需要权威性的质量认证等。

(5) 某些材料，诸如瓷砖等装饰材料，订货时最好一次订齐和备足货源，以免由于分批而出现色泽不一的质量问题。

(6) 供货厂方应向需方（订货方）提供质量文件，用以表明其提供的货物能够完全达到需方提出的质量要求。此外，质量文件也是承包单位（当承包单位负责采购时）将来在工程竣工时应提供的竣工文件的一个组成部分，用以证明工程项目所用的材料或构配件等的质量符合要求。质量文件主要包括：产品合格证及技术说明书；质量检验证明；检测与试验者的资格证明；关键工序操作人员资格证明及操作记录（例如大型预应力构件的张拉应力工艺操作记录）；不合格品或质量问题处理的说明及证明；有关图纸及技术资料；必要时，还应附有权威性认证资料。

4. 施工机械配置的控制

(1) 施工机械设备的选择，除应考虑施工机械的技术性能、工作效率，工作质量，可靠性及维修难易、能源消耗，以及安全、灵活等方面对施工质量的影响与保证外，还应考虑其数量配置对施工质量的影响与保证条件。例如，为保证混凝土连续浇筑，应配备有足够的搅拌机和运输设备；在一些城市建筑施工中，有防止噪声的限制，必须采用静力压桩等。此外，要注意设备型式应与施工对象的特点及施工质量要求相适应。例如，对于黏性土的压实，可以采用羊足碾进行分层碾压；但对于砂性土的压实则宜采用振动压实机等类型的机械。在选择机械性能参数方面，也要与施工对象特点及质量要求相适应，例如选择起重机械进行吊装施工时，其起重量、起重高度及起重半径均应满足吊装要求。

(2) 审查施工机械设备的数量是否足够。例如，在进行就地灌筑桩施工时，是否有备用的混凝土搅拌机和振捣设备，以防止由于机械发生故障，使混凝土浇筑工作中断，造成断桩质量事故等。

（3）审查所需的施工机械设备，是否按已批准的计划备妥；所准备的机械设备是否与监理工程师审查认可的施工组织设计或施工计划中所列者相一致；所准备的施工机械设备是否都处于完好的可用状态等。对于与批准的计划中所列施工机械不一致，或机械设备的类型、规格、性能不能保证施工质量者，以及维护修理不良，不能保证良好的可用状态者，都不准使用。

5. 分包单位资质的审核确认

保证分包单位的质量，是保证工程施工质量的一个重要环节和前提。因此，监理工程师应对分包单位资质进行严格控制。

（1）分包单位提交"分包单位资质报审表"。总承包单位选定分包单位后，应向监理工程师提交"分包单位资质报审表"，见表2.20，其内容一般应包括以下几方面：

表 2.20　　　　　　　　　　　分包单位资质报审表

工程名称：　　　　　　　　　　　　　　　　　　　　　　　　　　　编号：

致：　　　　　　　　　　　　　　　　　　　　　　　　　　　（监理单位）

　　经考察，我方认为拟选择的 ＿＿＿＿＿＿（分包单位）具有承担下列工程的施工资质和施工能力，可以保证本工程项目按合同的规定进行施工。分包后，我方仍承担总包单位的全部责任。请予以审查和批准。

　　附：1. 分包单位资质材料；
　　　　2. 分包单位业绩材料。

分包工程名称（部位）	工程数量	拟分包工程合同额	分包工程占全部工程
合　　计			

承包单位（章）＿＿＿＿＿＿

项目经理＿＿＿＿＿

日　期＿＿＿＿＿

专业监理工程师审查意见：

专业监理工程师＿＿＿＿＿

日　期＿＿＿＿＿

总监理工程师审核意见：

项目监理机构＿＿＿＿＿

总监理工程师＿＿＿＿＿

日　期＿＿＿＿＿

1) 关于拟分包工程的情况。说明拟分包工程名称（部位）、工程数量、拟分包合同额，分包工程占全部工程额的比例。

2) 关于分包单位的基本情况。包括该分包单位的企业简介；资质材料；技术实力；企业过去的工程经验与业绩；企业的财务资本状况等，施工人员的技术素质和条件。

3) 分包协议草案。包括总承包单位与分包单位之间责、权、利、分包项目的施工工艺、分包单位设备和到场时间、材料供应；总包单位的管理责任等。

（2）监理工程师审查总承包单位提交的"分包单位资质报审表"。审查时，主要是审查施工承包合同是否允许分包，分包的范围和工程部位是否可进行分包，分包单位是否具有按工程承包合同规定的条件完成分包工程任务的能力。如果认为该分包单位不具备分包条件，则不予以批准。若监理工程师认为该分包单位基本具备分包条件，则应在进一步调查后由总监理工程师予以书面确认。审查、控制的重点一般是分包单位施工组织者、管理者的资格与质量管理水平，特殊专业工种和关键施工工艺或新技术、新工艺、新材料等应用方面操作者的素质与能力。

（3）对分包单位进行调查。调查的目的是核实总承包单位申报的分包单位情况是否属实。如果监理工程师对调查结果满意，则总监理工程师应以书面形式批准该分包单位承担分包任务。总承包单位收到监理工程师的批准通知后，应尽快与分包单位签订分包协议，并将协议副本报送监理工程师备案。

6. 设计交底与施工图纸的现场核对

施工阶段，设计文件是监理工作的依据。因此，监理工程师应认真参加由建设单位主持的设计交底工作，以透彻地了解设计原则及质量要求；同时，要督促承包单位认真做好审核及图纸核对工作，对于审图过程中发现的问题，及时以书面形式报告给建设单位。

（1）监理工程师参加设计交底应着重了解的内容。

1) 有关地形、地貌、水文气象、工程地质及水文地质等自然条件方面。

2) 主管部门及其他部门（如规划、环保、农业、交通、旅游等）对本工程的要求、设计单位采用的主要设计规范、市场供应的建筑材料情况等。

3) 设计意图方面：诸如设计思想、设计方案比选的情况、基础开挖及基础处理方案、结构设计意图、设备安装和调试要求、施工进度与工期安排等。

4) 施工应注意事项方面：如基础处理的要求、对建筑材料方面的要求、主体工程设计中采用新结构或新工艺对施工提出的要求、为实现进度安排而应采用的施工组织和技术保证措施等。

（2）施工图纸的现场核对。施工图是工程施工的直接依据，为了使施工承包单位充分了解工程特点、设计要求，减少图纸的差错，确保工程质量，减少工程变更，监理工程师应要求施工承包单位做好施工图的现场核对工作。

施工图纸现场核对主要包括以下几个方面：

1) 施工图纸合法性的认定：施工图纸是否经设计单位正式签署，是否按规定经有关部门审核批准，是否得到建设单位的同意。

2) 图纸与说明书是否齐全，如分期出图，图纸供应是否满足需要。

3) 地下构筑物、障碍物、管线是否探明并标注清楚。

4）图纸中有无遗漏、差错、或相互矛盾之处（例如，漏画螺栓孔、漏列钢筋明细表；尺寸标注有错误、平面图与相应的剖面图相同部位的标高不一致；工艺管道、电气线路、设备装置等是否相互干扰、矛盾）；图纸的表示方法是否清楚和符合标准（例如，对预埋件、预留孔的表示以及钢筋构造要求是否清楚）等。

5）地质及水文地质等基础资料是否充分、可靠，地形、地貌与现场实际情况是否相符。

6）所需材料的来源有无保证，能否替代；新材料、新技术的采用有无问题。

7）所提出的施工工艺、方法是否合理，是否切合实际，是否存在不便于施工之处，能否保证质量要求。

8）施工图或说明书中所涉及的各种标准、图册、规范、规程等，承包单位是否具备。

对于存在的问题，要求承包单位以书面形式提出，在设计单位以书面形式进行解释或确认后，才能进行施工。

7. 严把开工关

（1）承包单位认为施工准备工作已完成，具备开工条件时，应向项目监理机构报送"工程开工报审表"及相关资料。

（2）项目监理机构应审查下列内容：

1）当地政府建设主管部门已签发"建设工程施工许可证"，其他有关的行政许可的手续均已办理。

2）征地拆迁工作能够满足施工进度的需要。

3）施工图纸及有关设计文件已齐备。

4）施工现场道路、水、电、通信和临时设施已能满足开工要求，地下障碍物已清除或已查明。

5）项目管理实施规划（或施工组织设计、施工方案）已经项目监理机构总监理工程师审核签认。

6）测量控制桩已经项目监理机构复验合格。

7）承包单位项目经理部管理人员按计划到位，施工人员、施工机械、设备、器具已按需要进场，主要建筑材料供应已落实，并满足开工的需要。

8）承包单位项目经理部的各项管理制度已建立。

（3）经专业监理工程师审核，具备开工条件时报总监理工程师，由总监理工程师签复"工程开工报审表"，并报建设单位审核批准后，工程可以开工。

8. 参加第一次工地会议

（1）第一次工地会议应在承包单位和项目监理机构进场后，工程开工前召开，由建设单位主持。

（2）第一次工地会议的参加人员：

1）建设单位驻现场代表及有关职能部门人员。

2）承包单位项目经理部经理及有关职能部门人员，分包单位主要负责人。

3）项目监理机构总监理工程师及各专业监理工程师、监理员、辅助工作人员。

4）可邀请有关勘察、设计人员参加。

（3）会议内容如下：

1）建设单位根据委托监理合同宣布项目监理机构总监理工程师并向其授权。

2）建设单位宣布承包单位项目经理部经理。

3）建设单位驻现场代表、项目监理机构总监理工程师及项目经理部经理分别介绍各方驻现场的组织机构、人员及其职责分工。

4）建设单位介绍工程开工准备情况。

5）承包单位项目经理汇报现场施工准备情况（人、机、料准备情况，现场"三通一平"情况等）。

6）建设单位和总监理工程师对承包单位的施工准备情况提出意见和要求。

7）总监理工程师介绍项目监理规划的主要内容。

8）研究确定各方今后在施工过程中参加工地监理例会的主要人员和会议的周期（一般情况下每周一次）、地点及主要议题。

9）其他有关事项。

（4）第一次工地会议纪要及今后历次监理例会纪要，均应由项目监理机构起草，经与会各方代表签认后，分发有关各方，并作为文件存档。

9. 监理组织内部的监控准备工作

建立并完善项目监理机构的质量监控体系，做好监控准备工作，使之能适应工程项目质量监控的需要，这是监理工程师做好质量控制的基础工作之一。例如，针对分部、分项工程的施工特点拟定监理实施细则，配备相应人员，明确分工及职责，配备所需的检测仪器设备并使之处于良好的可用状态，熟悉有关的检测方法和规程等。

2.2.3　施工过程质量控制

施工过程体现在一系列的作业活动中，作业活动的效果将直接影响到施工过程的施工质量。因此，监理工程师质量控制工作应体现在对作业活动的控制上。

为确保施工质量，监理工程师要对施工过程进行全过程全方位的质量监督、控制与检查。就整个施工过程而言，可按事前、事中、事后进行控制。就一个具体作业而言，监理工程师控制管理仍涉及事前、事中及事后。监理工程师的质量控制主要围绕影响工程施工质量的因素进行。

2.2.3.1　作业技术准备状态的控制

所谓作业技术准备状态，是指各项施工准备工作在正式开展作业技术活动前，是否按预先计划的安排落实到位的状况，包括配置的人员、材料、机具、场所环境、通风、照明、安全设施等。做好作业技术准备状况的检查，有利于实际施工条件的落实，避免计划与实际两张皮，承诺与行动相脱离，在准备工作不到位的情况下贸然施工。

作业技术准备状态的控制，应着重抓好以下环节的工作。

1. 质量控制点的设置

（1）质量控制点的概念。质量控制点是指为了保证作业过程质量而确定的重点控制对象、关键部位或薄弱环节。设置质量控制点是保证达到施工质量要求的必要前提，监理工程师在拟定质量控制工作计划时，应予以详细地考虑，并以制度来保证落实。对于质量控制点，一般要事先分析可能造成质量问题的原因，再针对原因制定对策和措施进行预控。

承包单位在工程施工前应根据施工过程质量控制的要求，列出质量控制点明细表，表中详细地列出各质量控制点的名称或控制内容、检验标准及方法等，提交监理工程师审查批准后，在此基础上实施质量预控。

（2）选择质量控制点的一般原则。可作为质量控制点的对象涉及面广，它可能是技术要求高、施工难度大的结构部位，也可能是影响质量的关键工序、操作或某一环节。总之，不论是结构部位、影响质量的关键工序、操作、施工顺序、技术、材料、机械、自然条件、施工环境等均可作为质量控制点来控制。概括地说，应当选择那些保证质量难度大的、对质量影响大的或者是发生质量问题时危害大的对象作为质量控制点。

1）施工过程中的关键工序或环节以及隐蔽工程，例如预应力结构的张拉工序，钢筋混凝土结构中的钢筋架立。

2）施工中的薄弱环节，或质量不稳定的工序、部位或对象，如地下防水层施工。

3）对后续工程施工或对后续工序质量或安全有重大影响的工序、部位或对象，如预应力结构中的预应力钢筋质量、模板的支持与固定等。

4）采用新技术、新工艺、新材料的部位或环节。

5）施工上无足够把握的、施工条件困难的或技术难度大的工序或环节，如复杂曲线模板的放样等。

显然，是否设置为质量控制点，主要是视其对质量特性影响的大小、危害程度以及其质量保证的难度大小而定。表 2.21 为建筑工程质量控制点设置的一般位置示例。

表 2.21　　　　　　　　　　质量控制点的设置位置表

分项工程	质量控制点
工程测量定位	标准轴线桩，水平桩、龙门板、定位轴线、标高
地基、基础（含设备基础）	基坑（槽）尺寸、标高、土质、地基承载力，基础垫层标高，基础位置、尺寸、标高，预留洞孔、预埋件的位置、规格、数量，基础标高、杯底弹线
砌体	砌体轴线，皮数杆，砂浆配合比，预留洞孔、预埋件位置、数量，砌块排列
模板	位置、尺寸、标高，预埋件位置，预留洞孔尺寸、位置，模板强度及稳定性，模板内部清理及润湿情况
钢筋混凝土	水泥品种、强度等级，砂石质量，混凝土配合比，外加剂比例，混凝土振捣、钢筋品种、规格、尺寸、搭接长度，钢筋焊接，预留洞、孔及预埋件规格、数量、尺寸、位置，预制构件吊装或出场（脱模）强度、吊装位置、标高、支承长度、焊缝长度
吊装	吊装设备起重能力、吊具、索具、地锚
钢结构	翻样图、放大样
焊接	焊接条件、焊接工艺
装修	视具体情况而定

（3）作为质量控制点重点控制的对象。

1）人的行为。对某些作业或操作，应以人为重点进行控制，例如高空、高温、水下、危险作业等，对人的身体素质或心理应有相应的要求；技术难度大或精度要求高的作业，如复杂模板放样、精密、复杂的设备安装以及重型构件吊装等对人的技术水平均有相应的较高要求。

2）物的质量与性能。施工设备和材料是直接影响工程质量和安全的主要因素，对某些工程尤为重要，常作为控制的重点。例如，基础的防渗灌浆，灌浆材料细度及可灌性，作业设备的质量、计量仪器的质量都是直接影响灌浆质量和效果的主要因素。

3）关键的操作。如预应力钢筋的张拉工艺操作过程及张拉力的控制，是可靠地建立预应力值和保证预应力构件质量的关键过程。

4）施工技术参数。例如，对填方路堤进行压实时，对填土含水量等参数的控制是保证填方质量的关键；对于岩基水泥灌浆，灌浆压力和吃浆率，冬季施工混凝土受冻临界强度等技术参数是质量控制的重要指标。

5）施工顺序。对于某些工作必须严格作业之间的顺序，例如，对于冷拉钢筋应当先对焊、后冷拉，否则会失去冷强；对于屋架固定一般应采取对角同时施焊，以免焊接应力使已校正的屋架发生变位等。

6）技术间歇。有些作业之间需要有必要的技术间歇时间，例如，砖墙砌筑后与抹灰工序之间，以及抹灰与粉刷或喷涂之间，均应保证有足够的间歇时间；混凝土浇筑后至拆模之间也应保持一定的间歇时间；混凝土大坝坝体分块浇筑时，相邻浇筑块之间也必须保持足够的间歇时间等。

7）新工艺、新技术、新材料的应用。由于缺乏经验，施工时可作为重点进行严格控制。

8）产品质量不稳定、不合格率较高及易发生质量通病的工序应列为重点，仔细分析严格控制。例如，防水层的铺设，供水管道接头的渗漏等。

9）易对工程质量产生重大影响的施工方法。例如，液压滑模施工中的支承杆失稳问题、升板法施工中提升差的控制等，都是一旦施工不当或控制不严，即可能引起重大质量事故问题，也应作为质量控制的重点。

10）特殊地基或特种结构。如大孔性湿陷性黄土、膨胀土等特殊土地基的处理、大跨度和超高结构等难度大的施工环节和重要部位等都应予特别重视。

总之，质量控制点的选择要准确、有效。为此，一方面需要有经验的工程技术人员来进行选择；另一方面也要集思广益，集中群体智慧由有关人员充分讨论，在此基础上进行选择。选择时要根据对重要的质量特性进行重点控制的要求，选择质量控制的重点部位、重点工序和重点的质量因素作为质量控制点，进行重点控制和预控这是进行质量控制的有效方法。

（4）质量预控对策的检查。工程质量预控就是针对所设置的质量控制点或分部、分项工程，事先分析施工中可能发生的质量问题和隐患，分析可能产生的原因，并提出相应的对策，采取有效的措施进行预先控制，以防在施工中发生质量问题。

质量预控及对策的表达方式主要有：①文字表达；②用表格形式表达；③解析图形式表达。下面举例说明。

1）钢筋电焊焊接质量的预控——文字表达。列出可能产生的质量问题，以及拟定的质量预控措施。

a. 可能产生的质量问题。焊接接头偏心弯折；焊条型号或规格不符合要求；焊缝的长、宽、厚度不符合要求；凹陷、焊瘤、裂纹、烧伤、咬边、气孔、夹渣等缺陷。

b. 质量预控措施。根据对电焊钢筋质量上可能产生的质量问题的估计，分析产生上述电焊质量问题得重要原因，有两个：第一施焊人员技术不好，第二焊条质量不符合要求，所以监理工程师可以有针对性地提出质量预控的措施如下：①检查焊接人员有无上岗合格证明，禁止无证上岗；②焊工正式施焊前，必须按规定进行焊接工艺试验；③每批钢筋焊完后，承包单位自检并按规定对焊接接头见证取样进行力学性能试验；④在检查焊接质量时，应同时抽检焊条的型号。

2）混凝土灌注桩质量预控——用表格形式表达。用简表形式分析其在施工中可能发生的主要质量问题和隐患，并针对各种可能发生的质量问题，提出相应的预控措施，见表 2.22。

表 2.22　　　　　　　　　　　混凝土灌筑桩质量预控表

可能发生的质量问题	质量预控措施
孔　　斜	督促承包单位在钻孔前对钻机认真整平
混凝土强度达不到要求	随时抽查原料质量；混凝土配合比经监理工程师审批确认；评定混凝土强度；按月向监理报送评定结果
缩颈、堵管	督促承包单位每桩测定混凝土坍落度 2 次，每 30～50cm 测定一次混凝土浇筑高度，随时处理
断　　桩	准备足够数量的混凝土供应机械（拌和机等），保证连续不断地灌筑
钢筋笼上浮	掌握泥浆比重和灌筑速度，灌筑前做好钢筋笼固定

3）混凝土工程质量预控及质量对策——用解析图的形式表示。用解析图的形式表示质量预控及措施对策是用两份图表表达的：

a. 工程质量预控图。在该图中间按该分部工程的施工各阶段划分，即从准备工作至完工后质量验收与中间检查以及最后的资料整理；右侧列出各阶段所需进行的与质量控制有关的技术工作，用框图的方式分别与工作阶段相连接；左侧列出各阶段所需进行的质量控制有关管理工作要求。图 2.13 所示为一混凝土工程的质量预控图。

b. 质量控制对策图。该图分为两部分：一部分是列出某一分部分项工程中各种影响质量的因素；另一部分是列出对应于各种质量问题影响因素所采取的对策或措施。图 2.14 为一混凝土工程的质量对策图。

2. 作业技术交底的控制

承包单位做好技术交底，是取得好的施工质量的条件之一。为此，每一分项工程开始实施前均要进行交底。作业技术交底是对施工组织设计或施工方案的具体化，是更细致、明确、更加具体的技术实施方案，是工序施工或分项工程施工的具体指导文件。为做好技术交底，项目经理部必须由主管技术人员编制技术交底书，并经项目总工程师批准。技术交底的内容包括施工方法、质量要求和验收标准，施工过程中需注意的问题，可能出现意外的措施及应急方案。技术交底要紧紧围绕和具体施工有关的操作者、机械设备、使用的材料、构配件、工艺、工法、施工环境、具体管理措施等方面进行，交底中要明确做什么、谁来做、如何做、作业标准和要求、什么时间完成等。

关键部位，或技术难度大，施工复杂的检验批，分项工程施工前，承包单位的技术交底书（作业指导书）要报监理工程师。经监理工程师审查后，如技术交底书不能保证作业活动的质量要求，承包单位要进行修改补充。没有做好技术交底的工序或分项工程，不得进入正式实施。

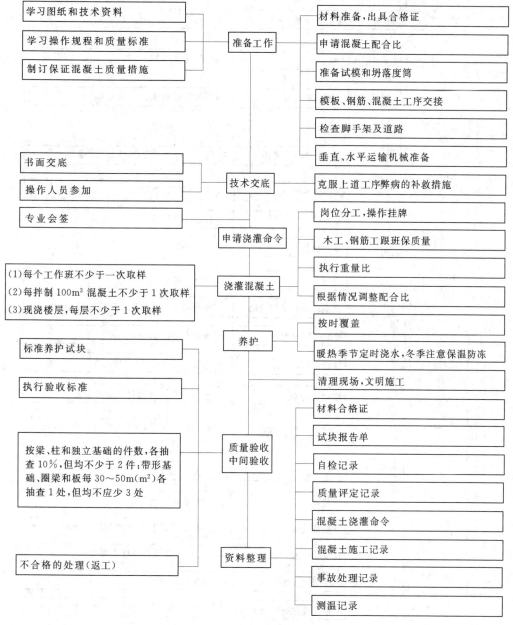

图 2.13 混凝土过程质量预控图

3.进场材料构配件的质量控制

（1）凡运到施工现场的原材料、半成品或构配件，进场前应向项目监理机构提交"工程材料/构配件/设备报审表"，见表 2.23，同时附有产品出厂合格证及技术说明书，由施工承包单位按规定要求进行检验的检验或试验报告，经监理工程师审查并确认其质量合格后，方准进场。凡是没有产品出厂合格证明及检验不合格者，不得进场。如果监理工程师认为承包单位提交的有关产品合格证明的文件以及施工承包单位提交的检验和试验报告，仍不足以说明到场产品的质量符合要求时，监理工程师可以再行组织复检或见证取样试验，确认其质量合格后方允许进场。

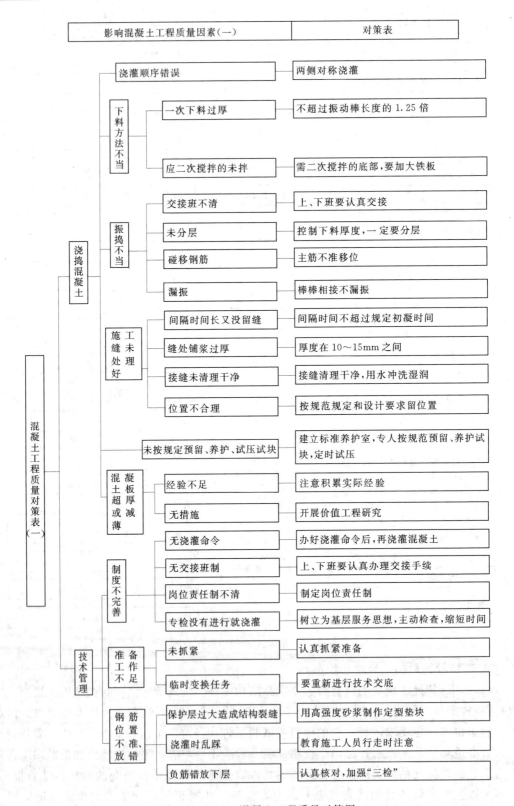

图 2.14（一） 混凝土工程质量对策图

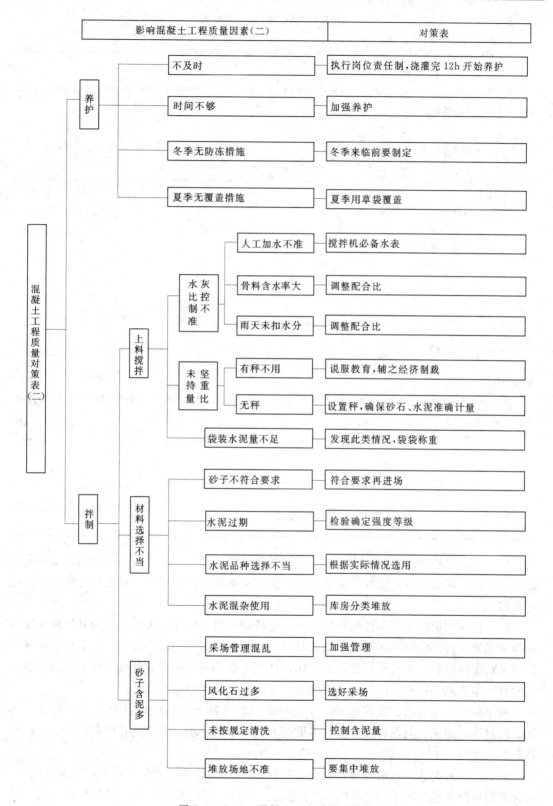

图 2.14（二）　混凝土工程质量对策图

表 2.23　　　　　　　　　　　**工程材料/构配件/设备报审表**

工程名称：　　　　　　　　　　　　　　　　　　　　　　　　　编号：

致：

　　我方于＿＿＿年＿＿＿月＿＿＿日进场的工程材料/构配件/设备数量如下（见附件）。现将质量证明文件及自检结果报上，拟用于下述部位：

请予以审核。

　　　　附件：

　　　　1. 数量清单

　　　　2. 质量证明文件

　　　　3. 自检结果

承包单位（章）＿＿＿＿＿＿

项目经理＿＿＿＿＿＿

日　　期＿＿＿＿＿＿

审查意见：

　　经检查上述工程材料/构配件/设备，符合/不符合设计文件和规范的要求，准许/不准许进场，同意/不同意使用于拟定部位。

项目监理机构＿＿＿＿＿＿

总/专业监理工程师＿＿＿＿＿＿

日　　期＿＿＿＿＿＿

　　（2）进口材料的检查、验收，应会同国家商检部门进行。如在检验中发现质量问题或数量不符合规定要求时，应取得供货方及商检人员签署的商务记录，在规定的索赔期内进行索赔。

　　（3）材料构配件存放条件的控制。质量合格的材料、构配件进场后，到其使用或安装时通常都要经过一定的时间间隔。在此时间内，如果对材料等的存放、保管不良，可能导致质量状况的恶化，如损伤、变质、损坏，甚至不能使用。因此，监理工程师对承包单位在材料、半成品、构配件的存放、保管条件及时间也应实行监控。

　　对于材料、半成品、构配件等，应当根据它们的特点、特性以及对防潮、防晒、防锈、防腐蚀、通风、隔热以及温度、湿度等方面的不同要求，安排适宜的存放条件，以保证其存放质量。

　　例如，对水泥的存放应当防止受潮，存放时间一般不宜超过 3 个月，以免受潮结块；硝铵炸药的湿度达 3％以上时即易结块、拒爆，存放时间应妥为防潮；胶质炸药（硝化甘油）冰点温度高（＋13℃以下），冻结后极为敏感易爆，存放温度应予以控制；某些化学原材料应当避光、防晒；某些金属材料及器材应防锈蚀等。

如果存放、保管条件不良，监理工程师有权要求施工承包单位加以改善并达到要求。

对于按要求存放的材料，监理工程师在存入后每隔一定时间（例如一个月）可检查一次，随时掌握它们的存放质量情况。此外，在材料、器材等使用前，也应经监理工程师对其质量再次检查确认后，方可允许使用；经检查质量不符合要求者（例如水泥存放时间超过规定期限或受潮结块、强度等级降低），则不准使用，或降低等级使用。

（4）对于某些当地材料及现场配制的制品，一般要求承包单位事先进行试验，达到要求的标准方准施工。除应达到规定的力学强度等指标外，还应注意以下方面的检验与控制：

1）材料的化学成分。例如使用开采、加工的天然卵石或碎石作为混凝土粗骨料时，其内在的化学成分至关重要，因为如果其中含有无定形氧化硅时（如蛋白石、白云石、燧石等），而水泥中的含碱（Na_2O，K_2O）量也较高（$>0.6\%$）时，则混凝土中将发生化学反应生成碱—硅酸凝胶（碱—集料反应），并吸水膨胀，从而导致混凝土开裂。

2）充分考虑到施工现场加工条件与设计、试验条件不同而可能导致的材料或半成品质量差异。例如，某工程混凝土所用的砂是由当地的河砂，经过现场加工清洗后使用，按原设计的混凝土配合比进行混凝土试配，其单位体积重量指标值达不到设计要求的标准。究其原因，是由于现场清洗加工工艺条件使加工后的砂料组成发生了较大变化，其中细砂部分流失量较大，这与设计阶段进行室内配合比试验时所用的砂组分有较大的差异，因而导致混凝土密度指标值达不到原设计要求。这样，就需要先找出原因，设法妥善解决（例如，调整配合比，改进加工工艺），经监理工程师认可后才能允许进行施工。

4. 环境状态的控制

（1）施工作业环境的控制。所谓作业环境条件主要是指诸如水、电或动力供应、施工照明、安全防护设备、施工场地空间条件和通道以及交通运输和道路条件等。这些条件是否良好，直接影响到施工能否顺利进行，以及施工质量。例如，施工照明不良，会给要求精密度高的施工操作造成困难，施工质量不易保证；交通运输道路不畅，干扰、延误多，可能造成运输时间加长，运送的混凝土中拌和料质量发生变化（如水灰比、坍落度变化）；路面条件差，可能加重所运混凝土拌和料的离析，水泥浆流失等。此外，当同一个施工现场有多个承包单位或多个工种同时施工或平行立体交叉作业时，更应注意避免它们在空间上的相互干扰，影响效率及质量、安全。

所以，监理工程师应事先检查承包单位对施工作业环境条件方面的有关准备工作是否已做好安排和准备妥当；当确认其准备可靠、有效后，方准许其进行施工。

（2）施工质量管理环境的控制。施工质量管理环境主要是指施工承包单位的质量管理体系和质量控制自检系统是否处于良好的状态；系统的组织结构、管理制度、检测制度、检测标准、人员配备等方面是否完善和明确；质量责任制是否落实；监理工程师做好承包单位施工质量管理环境的检查，并督促其落实，是保证作业效果的重要前提。

（3）现场自然环境条件的控制。监理工程师应检查施工承包单位，对于未来的施工期间，自然环境条件可能出现对施工作业质量的不利影响时，是否事先已有充分的认识并已做好充足的准备和采取了有效措施与对策以保证工程质量。例如，对严寒季节的防冻；夏季的防高温；高地下水位情况下基坑施工的排水或细砂地基防止流砂；施工场地的防洪与排水；风浪对水上打桩或沉箱施工质量影响的防范等。又如，深基础施工中主体建筑物完成后是否可能出现不正常的沉降，影响建筑的综合质量；以及现场因素对工程施工质量与安全的影响（例如，邻近有易爆、有毒气体等危险源；或邻近高层、超高层建筑，深基础施工质量及安全保证难度大等），有无应对方案及有针对性的保证质量及安全的措施等。

5. 进场施工机械设备性能及工作状态的控制

保证施工现场作业机械设备的技术性能及工作状态对施工质量有重要的影响。因此，监理工程师要做好现场控制工作，不断检查并督促承包单位，只有状态良好，性能满足施工需要的机械设备才允许进入现场作业。

（1）施工机械设备的进场检查。机械设备进场前，承包单位应向项目监理机构报送进场设备清单，列出进场机械设备的型号、规格、数量、技术性能（技术参数）、设备状况、进场时间。

机械设备进场后，根据承包单位报送的清单，监理工程师进行现场核对：是否和施工组织设计中所列的内容相符。

（2）机械设备工作状态的检查。监理工程师应审查作业机械的使用、保养记录，检查其工作状况；重要的工程机械，如大马力推土机、大型凿岩设备、路基碾压设备等，应在现场实际复验（如开动，行走等），以保证投入作业的机械设备状态良好。

监理工程师还应经常了解施工作业中机械设备的工作状况，防止带病运行。发现问题，指令承包单位及时修理，以保持良好的作业状态。

（3）特殊设备安全运行的审核。对于现场使用的塔吊及有特殊安全要求的设备，进入现场后在使用前，必须经当地劳动安全部门鉴定，符合要求并办好相关手续后方允许承包单位投入使用。

（4）大型临时设备的检查。在跨越大江大河的桥梁施工中，经常会涉及到承包单位在现场组装的大型临时设备，如轨道式龙门吊机、悬灌施工中的挂篮、架梁吊机、吊索塔架、缆索吊机等。这些设备使用前，承包单位必须取得本单位上级安全主管部门的审查批准，办好相关手续后，监理工程师方可批准投入使用。

6. 施工测量及计量器具性能、精度的控制

（1）试验室。工程项目中，承包单位应建立试验室。如确因条件限制，不能建立试验室，则应委托具有相应资质的专门试验室作为试验室。

如是新建的试验室，应按国家有关规定，经计量主管部门进行认证，取得相应资质；如是本单位中心试验室的派出部分，则应有中心试验室的正式委托书。

（2）监理工程师对试验室的检查。

1）工程作业开始前，承包单位应向项目监理机构报送试验室（或外委试验室）的资质证明文件，列出本试验室所开展的试验、检测项目、主要仪器、设备；法定计量部门对计量器具的标定证明文件；试验检测人员上岗资质证明；试验室管理制度等。

2）监理工程师的实地检查。监理工程师应检查试验室资质证明文件、试验设备、检测仪器能否满足工程质量检查要求，是否处于良好的可用状态；精度是否符合需要；法定

计量部门标定资料，合格证、率定表，是否在标定的有效期内；试验室管理制度是否齐全，符合实际；试验、检测人员的上岗资质等。经检查，确认能满足工程质量检验要求，则予以批准，同意使用，否则，承包单位应进一步完善，补充，在没得到监理工程师同意之前，试验室不得使用。

（3）工地测量仪器的检查。施工测量开始前，承包单位应向项目监理机构提交测量仪器的型号、技术指标、精度等级、法定计量部门的标定证明，测量工的上岗证明，监理工程师审核确认后，方可进行正式测量作业。在作业过程中监理工程师也应经常检查了解计量仪器、测量设备的性能、精度状况，使其处于良好的状态之中。

7. 施工现场劳动组织及作业人员上岗资格的控制

（1）现场劳动组织的控制。劳动组织涉及从事作业活动的操作者及管理者，以及相应的各种制度。

1）操作人员。从事作业活动的操作者数量必须满足作业活动的需要，相应工种配置能保证作业有序持续进行，不能因人员数量及工种配置不合理而造成停顿。

2）管理人员到位。作业活动的直接负责人（包括技术负责人），专职质检人员，安全员，与作业活动有关的测量人员、材料员、试验员必须在岗。

3）相关制度要健全。如管理层及作业层各类人员的岗位职责；作业活动现场的安全、消防规定；作业活动中环保规定；试验室及现场试验检测的有关规定；紧急情况的应急处理规定等。同时要有相应措施及手段以保证制度、规定的落实和执行。

（2）作业人员上岗资格。从事特殊作业的人员（如电焊工、电工、起重工、架子工、爆破工），必须持证上岗，对此监理工程师要进行检查与核实。

2.2.3.2 作业技术活动运行过程的控制

工程施工质量是在施工过程中形成的，而不是最后检验出来的；施工过程是由一系列相互联系与制约的作业活动所构成，因此，保证作业活动的效果与质量是施工过程质量控制的基础。

1. 承包单位自检与专检工作的监控

（1）承包单位的自检系统。承包单位是施工质量的直接实施者和责任者。监理工程师的质量监督与控制就是使承包单位建立起完善的质量自检体系并运转有效。

承包单位的自检体系表现在以下几点：

1）作业活动的作业者在作业结束后必须自检。

2）不同工序交接、转换必须由相关人员交接检查。

3）承包单位专职质检员的专检。

为实现上述三点，承包单位必须有整套的制度及工作程序；具有相应的试验设备及检测仪器，配备数量满足需要的专职质检人员及试验检测人员。

（2）监理工程师的检查。监理工程师的质量检查与验收，是对承包单位作业活动质量的复核与确认；监理工程师的检查绝不能代替承包单位的自检，而且，监理工程师的检查必须是在承包单位自检并确认合格的基础上进行的。专职质检员没检查或检查不合格不能报监理工程师，不符合上述规定，监理工程师一律拒绝进行检查。

2. 技术复核工作监控

凡涉及施工作业技术活动基准和依据的技术工作，都应该严格进行专人负责的复核性检查，以避免基准失误给整个工程质量带来难以补救的或全局性的危害。例如，工程的定位、轴线、标高，预留孔洞的位置和尺寸，预埋件，管线的坡度、混凝土配合比，变电、配电位置、高低压进出口方向、送电方向等。技术复核是承包单位应履行的技术工作责任，其复核结果应报送监理工程师复验确认后，才能进行后续相关的施工。监理工程师应把技术复验工作列入监理规划及质量控制计划中，并看作是一项经常性工作任务，贯穿于整个的施工过程中。

常见的施工测量复核有：

（1）民用建筑的测量复核。建筑物定位测量、基础施工测量、墙体皮数杆检测、楼层轴线检测、楼层间高层传递检测等。

（2）工业建筑测量复核。厂房控制网测量、桩基施工测量、柱模轴线与高程检测、厂房结构安装定位检测、动力设备基础与预埋螺栓检测。

（3）高层建筑测量复核。建筑场地控制测量、基础以上的平面与高程控制、建筑物中垂准检测、建筑物施工过程中沉降变形观测等。

（4）管线工程测量复核。管网或输配电线路定位测量、地下管线施工检测、架空管线施工检测、多管线交汇点高程检测等。

3. 见证取样送检工作的监控

见证是指由监理工程师现场监督承包单位某工序全过程完成情况的活动。见证取样则是指对工程项目使用的材料、半成品、构配件的现场取样、工序活动效果的检查实施见证。

为确保工程质量，建设部规定，在市政工程及房屋建筑工程项目中，对工程材料、承重结构的混凝土试块，承重墙体的砂浆试块、结构工程的受力钢筋（包括接头）实行见证取样。

（1）见证取样的工作程序。

1）工程项目施工开始前，项目监理机构要督促承包单位尽快落实见证取样的送检试验室。对于承包单位提出的试验室，监理工程师要进行实地考察。试验室一般是和承包单位没有行政隶属关系的第三方。试验室要具有相应的资质，经国家或地方计量、试验主管部门认证，试验项目满足工程需要，试验室出具的报告对外具有法定效果。

2）项目监理机构要将选定的试验室到负责本项目的质量监督机构备案并得到认可，同时要将项目监理机构中负责见证取样的监理工程师在该质量监督机构备案。

3）承包单位在对进场材料、试块、试件、钢筋接头等实施见证取样前要通知负责见证取样的监理工程师，在该监理工程师现场监督下，承包单位按相关规范的要求，完成材料、试块、试件等的取样过程。

4）完成取样后，承包单位将送检样品装入木箱，由监理工程师加封，不能装入箱中的试件，如钢筋样品，钢筋接头，则贴上专用加封标志，然后送往试验室。

（2）实施见证取样的要求。

1）试验室要具有相应的资质并进行备案、认可。

2）负责见证取样的监理工程师要具有材料、试验等方面的专业知识，且要取得从事理工作的上岗资格（一般由专业监理工程师负责从事此项工作）。

3）承包单位从事取样的人员一般应是试验室人员，或专职质检人员担任。

4）送往试验室的样品，要填写"送验单"，送验单要盖有"见证取样"专用章，并有见证取样监理工程师的签字。

5）试验室出具的报告一式两份，分别由承包单位和项目监理机构保存，并作为归档材料，是工序产品质量评定的重要依据。

6）见证取样的频率，国家或地方主管部门有规定的，执行相关规定；施工承包合同中如有明确规定的，执行施工承包合同的规定。见证取样的频率和数量，包括在承包单位自检范围内，一般所占比例为30％。

7）见证取样的试验费用由承包单位支付。

8）实行见证取样，绝不代替承包单位应对材料、构配件进场时必须进行的自检。自检频率和数量要按相关规范要求执行。

4. 工程变更的监控

施工过程中，由于前期勘察设计的原因，或由于外界自然条件的变化，未探明的地下障碍物、管线、文物、地质条件不符等，以及施工工艺方面的限制、建设单位要求的改变，均会涉及工程变更。做好工程变更的控制工作，也是作业过程质量控制的一项重要内容。

工程变更的要求可能来自建设单位、设计单位或施工承包单位。为确保工程质量，不同情况下，工程变更的实施、设计图纸的澄清、修改，具有不同的工作程序。

（1）施工承包单位的要求及处理。在施工过程中承包单位提出的工程变更要求可能是：①要求作某些技术修改；②要求作设计变更。

1）对技术修改要求的处理所谓技术修改，这里是指承包单位根据施工现场具体条件和自身的技术、经验和施工设备等条件，在不改变原设计图纸和技术文件的原则前提下，提出的对设计图纸和技术文件的某些技术上的修改要求，例如，对某种规格的钢筋采用替代规格的钢筋、对基坑开挖边坡的修改等。

承包单位提出技术修改的要求时，应向项目监理机构提交"工程变更单"，见表2.24，在该表中应说明要求修改的内容及原因或理由，并附图和有关文件。

技术修改问题一般可以由专业监理工程师组织承包单位和现场设计代表参加，经各方同意后签字并形成纪要，作为工程变更单附件，经总监批准后实施。

2）工程变更的要求这种变更是指施工期间，对于设计单位在设计图纸和设计文件中所表达的设计标准状态的改变和修改。

首先，承包单位应就要求变更的问题填写"工程变更单"，送交项目监理机构。总监理工程师根据承包单位的申请，经与设计、建设、承包单位研究并作出变更的决定后，签发"工程变更单"，并应附有设计单位提出的变更设计图纸。承包单位签收后按变更后的图纸施工。

总监理工程师在签发"工程变更单"之前，应就工程变更引起的工期改变及费用的增减分别与建设单位和承包单位进行协商，力求达成双方均能同意的结果。

这种变更，一般均会涉及设计单位重新出图的问题。

如果变更涉及结构主体及安全，该工程变更还要按有关规定报送施工图原审查单位进行审批，否则变更不能实施。

（2）设计单位提出变更的处理。

1）设计单位首先将"设计变更通知"及有关附件报送建设单位。

2）建设单位会同监理、施工承包单位对设计单位提交的"设计变更通知"进行研究，必要时设计单位尚需提供进一步的资料，以便对变更作出决定。

3）总监理工程师签发"工程变更单"。并将设计单位发出的"设计变更通知"作为该"工程变更单"的附件，施工承包单位按新的变更图实施。

（3）建设单位（监理工程师）要求变更的处理。

1）建设单位（监理工程师）将变更的要求通知设计单位（见表2.24），如果在要求中包括有相应的方案或建议，则应一并报送设计单位；否则，变更要求由设计单位研究解决。在提供审查的变更要求中，应列出所有受该变更影响的图纸、文件清单。

表2.24   工 程 变 更 单

工程名称   编号：

致：
　　由于 _____ 原因，兹提出 _____ 工程变更（内容见附件），请予以审批。

　　附件：

提出单位 _____

代表人 _____

日　　期 _____

一致意见：

建设单位代表	承包单位代表	项目监理机构	设计单位代表
签字：	签字：	签字：	签字：
日　期___	日　期___	日　期___	日　期___

2）设计单位对"工程变更单"进行研究。如果在"变更要求"中附有建议或解决方案时，设计单位应对建议或解决方案的所有技术方面进行审查，并确定它们是否符合设计要求和实际情况，然后书面通知建设单位，说明设计单位对该解决方案的意见，并将与该修改变更有关的图纸、文件清单返回给建设单位，说明自己的意见。

如果该"工程变更单"未附有建议的解决方案，则设计单位应对该要求进行详细的研究，并准备出自己对该变更的建议方案，提交建设单位。

3）根据建设单位的授权监理工程师研究设计单位所提交的建议设计变更方案或其对变更要求所附方案的意见，必要时会同有关的承包单位和设计单位一起进行研究，也可进一步提供资料，以便对变更作出决定。

4）建设单位作出变更的决定后由总监理工程师签发"工程变更单"，指示承包单位按变更的决定组织施工。

应当指出的是，监理工程师对于无论哪一方提出的现场工程变更要求，都应持十分谨慎的态度。除非是原设计不能保证质量要求，或确有错误，以及无法施工或非改不可之外；一般情况下，即使变更要求可能在技术经济上是合理的，也应全面考虑，将变更以后所产生的效益（质量、工期、造价）与现场变更往往会引起承包单位的索赔等所产生的损失加以比较，权衡轻重后再做出决定。因为往往这种变更并不一定能达到预期的愿望和效果。

需注意的是，在工程施工过程中，无论是建设单位或者施工及设计单位提出的工程变更或图纸修改，都应通过监理工程师审查并经有关方面研究，确认其必要性后，由总监理工程师发布变更指令方能生效予以实施。

5. 见证点的实施控制

"见证点"（Witness Point）是国际上对于重要程度不同及监督控制要求不同的质量控制点的一种区分方式。实际上它是质量控制点，只是由于它的重要性或其质量后果影响程度不同于一般质量控制点，所以在实施监督控制时的运作程序和监督要求与一般质量控制点有区别。

（1）见证点的概念。见证点监督，也称为 w 点监督。凡是列为见证点的质量控制对象，在规定的关键工序施工前，承包单位应提前通知监理人员在约定的时间内到现场进行见证和对其施工实施监督。如果监理人员未能在约定的时间内到现场见证和监督，则承包单位有权进行该 w 点的相应的工序操作和施工。

（2）见证点的监理实施程序。

1）承包单位应在某见证点施工之前一定时间，例如，24h 前，书面通知监理工程师，说明该见证点准备施工的日期与时间，请监理人员届时到达现场进行见证和监督。

2）监理工程师收到通知后，应注明收到该通知的日期并签字。

3）监理工程师应按规定的时间到现场见证。对该见证点的实施过程进行认真的监督、检查，并在见证表上详细记录该项工作所在的建筑物部位、工作内容、数量、质量及工时等后签字，作为凭证。

4）如果监理人员在规定的时间不能到场见证；承包单位可以认为已获监理工程师默认，可有权进行该项施工。

5）如果在此之前监理人员已到过现场检查，并将有关意见写在"施工记录"上，则承包单位应在该意见旁写明他根据该意见已采取的改进措施，或者写明他的某些具体意见。

在实际工程实施质量控制时，通常是由施工承包单位在分项工程施工前制定施工计划时，就选定设置质量控制点，并在相应的质量计划中再进一步明确哪些是见证点。承包单位应将该施工计划及质量计划提交监理工程师审批。如监理工程师对上述计划及见证点的设置有不同的意见，应书面通知承包单位，要求予以修改，修改后再上报监理工程师审批后执行。

6. 级配管理质量监控

建设工程中，均会涉及材料的级配，不同材料的混合拌制。如混凝土工程中，砂、石骨料本身的组分级配，混凝土拌制的配合比；交通工程中路基填料的级配、配合及拌制；路面工程中沥青摊铺料的级配配比。由于不同原材料的级配，配合及拌制后的产品对最终工程质量有重要的影响。因此，监理工程师要做好相关的质量控制工作。

（1）拌和原材料的质量控制。使用的原材料除材料本身质量要符合规定要求外，材料本身的级配也必须符合相关规定，如粗骨料的粒径级配，细集料的级配曲线要在规定的范围内。

（2）材料配合比的审查。根据设计要求，承包单位首先进行理论配合比设计，进行试配试验后，确认 2~3 个能满足要求的理论配合比提交监理工程师审查。报送的理论配合比必须附有原材料的质量证明资料（现场复验及见证取样试验报告）现场试块抗压强度报告及其他必须的资料。

监理工程师经审查后确认其符合设计及相关规范的要求后，予以批准。以混凝土配合比审查为例，应重点审查水泥品种，水泥最大用量；粉煤灰掺入量，水灰比，坍落度，配制强度；使用的外加剂、砂的细度模数、粗骨料的最大粒径限制等。

（3）现场作业的质量控制。

1）拌和设备状态及相关拌和料计量装置，称重衡器的检查。

2）投入使用的原材料（如水泥、砂、外加剂、水、粉煤灰、粗骨料）的现场检查，是否与批准的配合比一致。

3）现场作业实际配合比是否符合理论配合比，作业条件发生变化是否及时进行了调整。例如，混凝土工程中，雨后开盘生产混凝土，砂的含水率发生了变化，对水灰比是否及时进行调整等。

4）对现场所做的调整应按技术复核的要求和程序执行。

5）在现场实际投料拌制时，应做好看板管理。

7. 计量工作质量监控

计量是施工作业过程的基础工作之一，计量作业效果对施工质量有重大影响。监理工程师对计量工作的质量监控包括以下内容：

（1）施工过程中使用的计量仪器，检测设备、称重衡器的质量控制。

（2）从事计量作业人员技术水平资格的审核：尤其是现场从事施工测量的测量工，从事试验、检验的试验工。

（3）现场计量操作的质量控制。作业者的实际作业质量直接影响到作业效果，计量作业现场的质量控制主要是检查其操作方法是否得当。如对仪器的使用，数据的判读，数据的处理及整理方法，及对原始数据的检查，如检查测量司镜手的测量手簿，检查试验的原始数据，检查现场检测的原始记录等。在抽样检测中，现场检测取点、检测仪器的布置是否正确、合理，检测部位是否有代表性，能否反映真实的质量状况，也是审核的内容，如路基压实度检查中，如果检查点只在路基中部选取，就不能如实反映实际而必须在路肩、路基中部均有检测点。

8. 质量记录资料的监控

质量资料是施工承包单位进行工程施工或安装期间，实施质量控制活动的记录，还包括监理工程师对这些质量控制活动的意见及施工承包单位对这些意见的答复，它详细地记录了工程施工阶段质量控制活动的全过程。因此，它不仅在工程施工期间对工程质量的控制有重要作用，而且在工程竣工和投入运行后，对于查询和了解工程建设的质量情况以及工程维修和管理也能提供大量有用的资料和信息。

质量记录资料包括以下三方面内容：

（1）施工现场质量管理检查记录资料。主要包括承包单位现场质量管理制度，质量责任制；主要专业工种操作上岗证书；分包单位资质及总包单位对分包单位的管理制度；施工图审查核对资料（记录），地质勘察资料；施工组织设计、施工方案及审批记录；施工技术标准；工程质量检验制度；混凝土搅拌站（级配填料拌和站）及计量设置；现场材料、设备存放与管理等。

（2）工程材料质量记录。主要包括进场工程材料、半成品、构配件、设备的质量证明资料；各种试验检验报告（如力学性能试验、化学成分试验、材料级配试验等）；各种合格证；设备进场维修记录或设备进场运行检验记录。

（3）施工过程作业活动质量记录资料。施工或安装过程可按分项、分部、单位工程建立相应的质量记录资料。在相应质量记录资料中应包含有关图纸的图号、设计要求；质量自检资料；监理工程师的验收资料；各工序作业的原始施工记录；检测及试验报告；材料、设备质量资料的编号、存放档案卷号；此外，质量记录资料还应包括不合格项的报告、通知以及处理及检查验收资料等。

质量记录资料应在工程施工或安装开始前，由监理工程师和承包单位一起，根据建设单位的要求及工程竣工验收资料组卷归档的有关规定，研究列出各施工对象的质量资料清单。以后，随着工程施工的进展，承包单位应不断补充和填写关于材料、构配件及施工作业活动的有关内容，记录新的情况。当每一阶段（如检验批，一个分项或分部工程）施工或安装工作完成后，相应的质量记录资料也应随之完成，并整理组卷。

施工质量记录资料应真实、齐全、完整，相关各方人员的签字齐备、字迹清楚、结论明确，与施工过程的进展同步。在对作业活动效果的验收中，如缺少资料和资料不全，监理工程师应拒绝验收。

9. 工地例会的管理

工地例会是施工过程中参加建设项目各方沟通情况，解决分歧，达成共识，做出决定的主要渠道，也是监理工程师进行现场质量控制的重要场所。

通过工地例会，监理工程师检查分析施工过程的质量状况，指出存在的问题，承包单位提出整改的措施，并作出相应的保证。

由于参加工地例会的人员较多，层次也较高，会上容易就问题的解决达成共识。

除了例行的工地例会外，针对某些专门质量问题，监理工程师还应组织专题会议，集中解决较重大或普遍存在的问题。实践表明采用这样的方式比较容易解决问题，使质量状况得到改善。

为开好工地例会及质量专题会议，监理工程师要充分了解情况，判断要准确，决策要正确。此外，要讲究方法，协调处理各种矛盾，不断提高会议质量，使工地例会真正起到解决质量问题的作用。

10. 停、复工令的实施

（1）工程暂停指令的下达。为了确保作业质量。根据委托监理合同中建设单位对监理工程师的授权，出现下列情况需要停工处理时，应下达停工指令：

1）施工作业活动存在重大隐患，可能造成质量事故或已经造成质量事故。

2）承包单位未经许可擅自施工或拒绝项目监理机构管理。

3）在出现下列情况时，总监理工程师有权行使质量控制权，下达停工令，及时进行质量控制：①施工中出现质量异常情况，经提出后，承包单位未采取有效措施，或措施不力未能扭转异常情况者；②隐蔽作业未经依法查验确认合格，而擅自封闭者；③已发生质量问题迟迟未按监理工程师要求进行处理，或者是已发生质量缺陷或问题，如不停工则质量缺陷或问题将继续发展的情况下；④未经监理工程师审查同意，而擅自变更设计或修改图纸进行施工者；⑤未经技术资质审查的人员或不合格人员进入现场施工；⑥使用的原材料、构配件不合格或未经检查确认者；或擅自采用未经审查认可的代用材料者；⑦擅自使用未经项目监理机构审查认可的分包单位进场施工。

总监理工程师在签发工程暂停令时，应根据停工原因的影响范围和影响程度，确定工程项目停工范围。

（2）恢复施工指令的下达。承包单位经过整改具备恢复施工条件时，承包单位向项目监理机构报送复工申请及有关材料，证明造成停工的原因已消失。经监理工程师现场复查，认为已符合继续施工的条件，造成停工的原因确已消失，总监理工程师应及时签署工程复工报审表，指令承包单位继续施工。

（3）总监下达停工令及复工指令，宜事先向建设单位报告。

2.2.3.3　作业技术活动结果的控制

1. 作业技术活动结果的控制内容

作业活动结果，泛指作业工序的产出品、分项分部工程的已完施工及已完准备交验的单位工程等。

作业技术活动结果的控制是施工过程中间产品及最终产品质量控制的方式，只有作业活动的中间产品质量都符合要求，才能保证最终单位工程产品的质量，主要内容如下。

（1）基槽（基坑）验收。基槽开挖是基础施工中的一项内容，由于其质量状况对后续工程质量影响大，故均作为一个关键工序或一个检验批进行质量验收。基槽开挖质量验收主要涉及地基承载力的检查确认；地质条件的检查确认；开挖边坡的稳定及支护状况的检查确认。由于部位的重要，基槽开挖验收均要有勘察设计单位的有关人员参加，并请当地或主管质量监督部门参加，经现场检查，测试（或平行检测）确认其地基承载力是否达到设计要求，地质条件是否与设计相符。如相符，则共同签署验收资料，如达不到设计要求或与勘察设计资料不符，则应采取措施进一步处理或工程变更，由原设计单位提出处理方案，经承包单位实施完毕后重新验收。

（2）隐蔽工程验收。隐蔽工程是指将被其后工程施工所隐蔽的分项、分部工程，在隐蔽前所进行的检查验收。它是对一些已完分项、分部工程质量的最后一道检查，由于检查对象就要被其他工程覆盖，给以后的检查整改造成障碍，故显得尤为重要，它是质量控制的一个关键过程。

1）工作程序。

a. 隐蔽工程施工完毕，承包单位按有关技术标准、施工图纸先进行自检，自检合格后，填写"报验申请表"，附上相应的工程检查证（或隐蔽工程检查记录）及有关材料证明，试验报告，复试报告等，报送项目监理机构。

b. 监理工程师收到报验申请后首先对质量证明资料进行审查，并在合同规定的时间内到现场检查（检测或核查），承包单位的专职质检员及相关施工人员应随同一起到现场。

c.经现场检查，如符合质量要求，监理工程师在"报验申请表"及工程检查证（或隐蔽工程检查记录）上签字确认，准予承包单位隐蔽、覆盖，进入下一道工序施工。

如经现场检查发现不合格，监理工程师签发"不合格项目通知"，指令承包单位整改，整改后自检合格再报监理工程师复查。

2）隐蔽工程检查验收的质量控制要点。以工业及民用建筑为例，下述工程部位进行隐蔽检查时必须重点控制，防止出现质量隐患：①基础施工前对地基质量的检查，尤其要检测地基承载力；②基坑回填土前对基础质量的检查；③混凝土浇筑前对钢筋的检查（包括模板检查）；④混凝土墙体施工前，对敷设在墙内的电线管质量检查；⑤防水层施工前对基层质量的检查；⑥建筑幕墙施工挂板之前对龙骨系统的检查；⑦屋面板与屋架（梁）埋件的焊接检查；⑧避雷引下线及接地引下线的连接；⑨覆盖前对直埋于楼地面的电缆、封闭前对敷设于暗井道、吊顶、楼板垫层内的设备管道；⑩易出现质量通病的部位。

3）作为示例，以下介绍钢筋隐蔽工程验收要点：①按施工图核查绑扎成型的钢筋骨架，检查钢筋品种、直径、数量、间距、形状；②骨架外形尺寸，其偏差是否超过规定，检查保护层厚度，构造筋是否符合构造要求；③锚固长度，箍筋加密区及加密间距；④检查钢筋接头：如是绑扎搭接，要检查搭接长度，接头位置和数量（错开长度、接头百分率）；焊接接头或机械连接，要检查外观质量，取样试件力学性能试验是否达到要求，接头位置（相互错开）数量（接头百分率）。

（3）工序交接验收。工序是指作业活动中一种必要的技术停顿，作业方式的转换及作业活动效果的中间确认。上道工序应满足下道工序的施工条件和要求。对相关专业工序之间也是如此。通过工序间的交接验收，使各工序间和相关专业工程之间形成一个有机整体。

（4）检验批、分项、分部工程的验收。检验批的质量应按主控项目和一般项目验收。

一检验批（分项、分部工程）完成后，承包单位应首先自行检查验收，确认符合设计文件，相关验收规范的规定，然后向监理工程师提交申请，由监理工程师予以检查、确认。监理工程师按合同文件的要求，根据施工图纸及有关文件、规范、标准等，从外观、几何尺寸、质量控制资料以及内在质量等方面进行检查、审核。如确认其质量符合要求，则予以确认验收。如有质量问题则指令承包单位进行处理，待质量合乎要求后再予以检查验收。对涉及结构安全和使用功能的重要分部工程应进行抽样检测。

（5）联动试车或设备的试运转（参阅其他相关书籍）。

（6）单位工程或整个工程项目的竣工验收。在一个单位工程完工后或整个工程项目完成后，施工承包单位应先进行竣工自检，自验合格后，向项目监理机构提交"工程竣工报验单"，见表2.25，总监理工程师组织专业监理工程师进行竣工初验，其主要工作包括以下几方面：

1）审查施工承包单位提交的竣工验收所需的文件资料，包括各种质量控制资料、试验报告以及各种有关的技术性文件等。若所提交的验收文件、资料不齐全或有相互矛盾和不符之处，应指令承包单位补充、核实及改正。

2）审核承包单位提交的竣工图，并与已完工程、有关的技术文件（如设计图纸、工程变更文件、施工记录及其他文件）对照进行核查。

表 2.25　　　　　　　　　　　　　　　工 程 竣 工 报 验 单

工程名称：　　　　　　　　　　　　　　　　　　　　　　　　　　　　编号：

致：

　　我方已按合同要求完成了＿＿＿＿＿＿＿＿工程，经自检合格，请予以检查和验收

　　附件：

承包单位（章）＿＿＿＿＿＿

项目经理＿＿＿＿＿＿

日　　期＿＿＿＿＿＿

审查意见：

　　经初步验收，该工程

　　1. 符合/不符合我国现行法律，法规要求；

　　2. 符合/不符合我国现行工程建设标准；

　　3. 符合/不符合设计文件要求；

　　4. 符合/不符合施工合同要求。

　　综上所述，该工程初步验收合格/不合格，可以/不可以组织正式验收。

项目监理机构＿＿＿＿＿＿

总监理工程师＿＿＿＿＿＿

日　　期＿＿＿＿＿＿

　　3）总监理工程师组织专业监理工程师对拟验收工程项目的现场进行检查，如发现质量问题应指令承包单位进行处理。

　　4）对拟验收项目初验合格后，总监理工程师对承包单位的"工程竣工报验单"予以签认，并上报建设单位。同时提出"工程质量评估报告"。"工程质量评估报告"是工程验收中的重要资料，它由项目总监理工程师和监理单位技术负责人签署。主要包括以下主要内容：①工程项目建设概况介绍，参加各方的单位名称、负责人；②工程检验批、分项、分部、单位工程的划分情况；③工程质量验收标准，各检验批、分项、分部工程质量验收情况；④地基与基础分部工程中，涉及桩基工程的质量检测结论，基槽承载力检测结论；涉及结构安全及使用功能的检测结论；建筑物沉降观测资料；⑤施工过程中出现的质量事故及处理情况，验收结论；⑥结论。本工程项目（单位工程）是否达到合同约定；是否满足设计文件要求；是否符合国家强制性标准及条款的规定。

　　5）参加由建设单位组织的正式竣工验收。

　　（7）不合格的处理。上道工序不合格，不准进入下道工序施工，不合格的材料、构配件、半成品不准进入施工现场且不允许使用，已经进场的不合格品应及时做出标识、记录，指定专人看管，避免用错，并限期清除出现场；不合格的工序或工程产品，不予计价。

　　（8）成品保护。

　　1）成品保护的要求。所谓成品保护一般是指在施工过程中，有些分项工程已经完成，

而其他一些分项工程尚在施工；或者是在其分项工程施工过程中，某些部位已完成，而其他部位正在施工。在这种情况下，承包单位必须负责对已完成部分采取妥善措施予以保护，以免因成品缺乏保护或保护不善而造成操作损坏或污染，影响工程整体质量。因此，监理工程师应对承包单位所承担的成品保护工作的质量与效果进行经常性的检查。对承包单位进行成品保护的基本要求是：在承包单位向建设单位提出其工程竣工验收申请或向监理工程师提出分部、分项工程的中间验收时，其提请验收工程的所有组成部分均应符合与达到合同文件规定的或施工图纸等技术文件所要求的质量标准。

2）成品保护的一般措施。根据需要保护的建筑产品的特点不同，可以分别对成品采取"防护"、"覆盖"、"封闭"等保护措施，以及合理安排施工顺序来达到保护成品的目的。具体如下所述。

a. 防护。就是针对被保护对象的特点采取各种防护的措施。例如，对清水楼梯踏步，可以采取护棱角铁上下连接固定；对于进出口台阶可垫砖或方木搭脚手板供人通过的方法来保护台阶；对于门口易碰部位，可以钉上防护条或槽形盖铁保护；门扇安装后可加楔固定等。

b. 包裹。就是将被保护物包裹起来，以防损伤或污染。例如，对镶面大理石柱可用立板包裹捆扎保护；铝合金门窗可用塑料布包扎保护等。

c. 覆盖。就是用表面覆盖的办法防止堵塞或损伤。例如，对地漏、落水口排水管等安装后可以覆盖，以防止异物落入而被堵塞；预制水磨石或大理石楼梯可用木板覆盖加以保护；地面可用锯末、苫布等覆盖以防止喷浆等污染；其他需要防晒、防冻、保温养护等项目也应采取适当的防护措施。

d. 封闭。就是采取局部封闭的办法进行保护。例如，垃圾道完成后，可将其进口封闭起来，以防止建筑垃圾堵塞通道；房间水泥地面或地面砖完成后，可将该房间局部封闭，防止人们随意进入而损害地面；室内装修完成后，应加锁封闭，防止人们随意进入而受到损伤等。

e. 合理安排施工顺序。主要是通过合理安排不同工作间的施工顺序先后以防止后道工序损坏或污染已完施工的成品或生产设备。例如，采取房间内先喷浆或喷涂而后装灯具的施工顺序可防止喷浆污染、损害灯具；先做顶棚装修，而后做地坪，也可避免顶棚及装修施工污染、损害地坪。

2. 作业技术活动结果检验程序与方法

(1) 检验程序。按一定的程序对作业活动结果进行检查，其根本目的是要体现作业者要对作业活动结果负责，同时也是加强质量管理的需要。

作业活动结束，应先由承包单位的作业人员按规定进行自检，自检合格后与下一工序的作业人员交接检查，如满足要求则由承包单位专职质检员进行检查，以上自检、交检、专检均符合要求后则由承包单位向监理工程师提交"报验申请表"，监理工程师收到通知后，应在合同规定的时间内及时对其质量进行检查，确认其质量合格后予以签认验收。

作业活动结果的质量检查验收主要是对质量性能的特征指标进行检查，即采取一定的检测手段，进行检验，根据检验结果分析、判断该作业活动的质量（效果）。

1）实测。即采用必要的检测手段，对实体进行的几何尺寸测量、测试或对抽取的样品进行检验，测定其质量特性指标（例如混凝土的抗压强度）。

2）分析。即是对检测所得数据进行整理、分析、找出规律。

3）判断。根据对数据分析的结果，判断该作业活动效果是否达到了规定的质量标准；如果未达到，应找出原因。

4）纠正或认可。如发现作业质量不符合标准规定，应采取措施纠正；如果质量符合要求则予以确认。

重要的工程部位、工序和专业工程，或监理工程师对承包单位的施工质量状况未能确信者，以及主要材料，半成品、构配件的使用等等，还需由监理人员亲自进行现场验收试验或技术复核。例如路基填土压实的现场抽样检验等；涉及结构安全的试块，试件以及有关材料，应按规定进行见证取样检测、抽样检验。

（2）质量检验的主要方法。对于现场所用原材料、半成品、工序过程或工程产品质量进行检验的方法，一般可分为三类，即目测法、检测工具量测法以及试验法。

1）目测法。即凭借感官进行检查，也可以叫做观感检验。这类方法主要是根据质量要求，采用看、摸、敲、照等手法对检查对象进行检查。"看"就是根据质量标准要求进行外观检查；如清水墙表面是否洁净，喷涂的密实度和颜色是否良好、均匀，工人的施工操作是否正常，混凝土振捣是否符合要求等。所谓"摸"，就是通过触摸手感进行检查、鉴别，如油漆的光滑度，浆活是否牢固、不掉粉等。所谓"敲"，就是运用敲击方法进行音感检查；如对拼镶木地板、墙面瓷砖、大理石镶贴、地砖铺砌等的质量均可通过敲击检查，根据声音虚实、脆闷判断有无空鼓等质量问题。所谓"照"，就是通过人工光源或反射光照射，仔细检查难以看清的部位。

2）检测工具量测法。就是利用量测工具或计量仪表，通过实际量测结果与规定的质量标准或规范的要求相对照，从而判断质量是否符合要求。量测的手法可归纳为靠、吊、量、套。所谓"靠"，是用直尺检查诸如地面、墙面的平整度等。所谓"吊"，是指用托线板线锤检查垂直度。所谓"量"，是指用量测工具或计量仪表等检查断面尺寸、轴线、标高、温度、湿度等数值并确定其偏差，例如大理石板拼缝尺寸与超差数量，摊铺沥青拌和料的温度等。所谓"套"，是指以方尺套方辅以塞尺，检查诸如踏角线的垂直度、预制构件的方正，门窗口及构件的对角线等。

3）试验法。指通过进行现场试验或试验室试验等理化试验手段，取得数据，分析判断质量情况。包括：

a. 理化试验工程中常用的理化试验包括各种物理力学性能方面的检验和化学成分及含量的测定等两个方面。力学性能的检验如各种力学指标的测定，像抗拉强度、抗压强度、抗弯强度、抗折强度、冲击韧性、硬度、承载力等。各种物理性能方面的测定如密度、含水量、凝结时间、安定性、抗渗、耐磨、耐热等。各种化学方面的试验如化学成分及其含量的测定（如钢筋中的磷、硫含量、混凝土粗骨料中的活性氧化硅成分测定等），以及耐酸、耐碱、抗腐蚀等。此外，必要时还可在现场通过诸如对桩或地基的现场静载试验或打试桩，确定其承载力；对混凝土现场取样，通过试验室的抗压强度试验，确定混凝土达到的强度等级；以及通过管道压水试验判断其耐压及渗漏情况等。

b. 无损测试或检验借助专门的仪器、仪表等手段探测结构物或材料、设备内部组织结构或损伤状态。这类检测仪器如：超声波探伤仪、磁粉探伤仪、γ射线探伤、渗透液探伤等。它们一般可以在不损伤被探测物的情况下了解被探测物的质量情况。

（3）质量检验程度的种类。按质量检验的程度，即检验对象被检验的数量划分，可有以下几类：

1）全数检验。也叫做普遍检验，它主要是用于关键工序部位或隐蔽工程，以及那些在技术规程、质量检验验收标准或设计文件中有明确规定应进行全数检验的对象。总之，对于诸如规格、性能指标对工程的安全性、可靠性起决定作用的施工对象；质量不稳定的工序；质量水平要求高，对后继工序有较大影响的施工对象，不采取全数检验不能保证工程质量时，均需采取全数检验。例如，对安装模板的稳定性、刚度、强度、结构物轮廓尺寸等；对于架立的钢筋规格、尺寸、数量、间距、保护层；以及绑扎或焊接质量等。

2）抽样检验。对于主要的建筑材料、半成品或工程产品等，由于数量大，通常大多采取抽样检验，即从一批材料或产品中，随机抽取少量样品进行检验，并根据对其数据经统计分析的结果，判断该批产品的质量状况。与全数检验相比较，抽样检验具有如下优点：①检验数量少，比较经济；②适合于需要进行破坏性试验（如混凝土抗压强度的检验）的检验项目；③检验所需时间较少。

3）免检。就是在某种情况下，可以免去质量检验过程。对于已有足够证据证明质量有保证的一般材料或产品；或实践证明其产品质量长期稳定、质量保证资料齐全者；或是某些施工质量只有通过在施工过程中的严格质量监控，而质量检验人员很难对产品内在质量再作检验的，均可考虑采取免检。

（4）质量检验必须具备的条件。监理单位对承包单位进行有效的质量监督控制是以质量检验为基础的，为了保证质量检验的工作质量，必须具备一定的条件。

1）监理单位要具有一定的检验技术力量。配备所需的具有相应水平和资格的质量检验人员。必要时，还应建立可靠的对外委托检验关系。

2）监理单位应建立一套完善的管理制度，包括建立质量检验人员的岗位责任制；检验设备质量保证制度；检验人员技术核定与培训制度；检验技术规程与标准实施制度以及检验资料档案管理等方面。

3）配备一定数量符合标准及满足检验工作需要的检验和测试手段。

4）质量检验所需的技术标准，如国际标准、国家标准、行业及地方标准等。

（5）质量检验计划。工程项目的质量检验工作具有流动性、分散性及复杂性的特点。为使监理人员能有效地实施质量检验工作和对承包单位进行有效的质量监控，监理单位应当制定质量检验计划，通过质量检验计划这种书面文件，可以清楚地向有关人员表明应当检验的对象是什么，应当如何检验，检验的评价标准如何，以及其他要求等。

质量检验计划的内容可以包括：

1）项工程名称及检验部位。

2）检验项目，即应检验的性能特征，以及其重要性级别。

3）检验程度和抽检方案。

4）应采用的检验方法和手段。

5）检验所依据的技术标准和评价标准。

6）认定合格的评价条件。

7）质量检验合格与否的处理。

8）对检验记录及签发检验报告的要求。

9）检验程序或检验项目实施的顺序。

2.2.3.4　施工阶段质量控制手段

1．审核技术文件、报告和报表

这是对工程质量进行全面监督、检查与控制的重要手段。审核的具体内容包括以下几方面：

（1）审查进入施工现场的分包单位的资质证明文件，控制分包单位的质量。

（2）审批施工承包单位的开工申请书，检查、核实与控制其施工准备工作质量。

（3）审批承包单位提交的施工方案、质量计划、施工组织设计或施工计划，控制工程施工质量有可靠的技术措施保障。

（4）审批施工承包单位提交的有关材料、半成品和构配件质量证明文件（出厂合格证、质量检验或试验报告等），确保工程质量有可靠的物质基础。

（5）审核承包单位提交的反映工序施工质量的动态统计资料或管理图表。

（6）审核承包单位提交的有关工序产品质量的证明文件（检验记录及试验报告）、工序交接检查（自检）、隐蔽工程检查、分部分项工程质量检查报告等文件、资料，以确保和控制施工过程的质量。

（7）审批有关工程变更、修改设计图纸等，确保设计及施工图纸的质量。

（8）审核有关应用新技术、新工艺、新材料、新结构等的技术鉴定书，审批其应用申请报告，确保新技术应用的质量。

（9）审批有关工程质量事故或质量问题的处理报告，确保质量事故或质量问题处理的质量。

（10）审核与签署现场有关质量技术签证、文件等。

2．指令文件与一般管理文书

指令文件是监理工程师运用指令控制权的具体形式，它是表达监理工程师对施工承包单位提出指示或命令的书面文件，属于要求强制性执行的文件。一般情况下是监理工程师从全局利益和目标出发，对某项施工作业或管理问题经过充分调研、沟通和决策之后，必须要求承包人严格按监理工程师的意图和主张实施的工作。对此，承包人负有全面正确执行指令的责任，监理工程师负有监督指令实施效果的责任，因此，它是一种非常慎用而严肃的管理手段。监理工程师的各项指令都应是书面的或有文件记载方为有效，并作为技术文件资料存档。如因时间紧迫，来不及做出正式的书面指令，也可以用口头指令的方式下达给承包单位，但随即应按合同规定，及时补充书面文件对口头指令予以确认。

指令文件一般均以监理工程师通知的方式下达，在监理指令中，开工指令、工程暂停指令及工程恢复施工指令也属指令文件，但由于其地位的特殊，在施工过程的质量控制相关章节已做了介绍。

一般管理文书，如监理工程师函、备忘录、会议纪要、发布有关信息、通报等，主要是对承包商工作状态和行为提出建议、希望和劝阻等，不属强制性要求执行，仅供承包人自主决策参考。

3．现场监督和检查

（1）现场监督检查的内容。

1）开工前的检查。主要是检查开工前准备工作的质量，能否保证正常施工及工程施工质量。

2）工序施工中的跟踪监督、检查与控制。主要是监督、检查在工序施工过程中，人员、施工机械设备、材料、施工方法及工艺或操作以及施工环境条件等是否均处于良好的状态，是否符合保证工程质量的要求，若发现有问题及时纠偏和加以控制。

3）对于重要的和对工程质量有重大影响的工序和工程部位，还应在现场进行施工过程的旁站监督与控制，确保使用材料及工艺过程质量。

（2）现场监督检查的方式。

1）旁站与巡视。旁站是指在关键部位或关键工序施工过程中由监理人员在现场进行的监督活动。

在施工阶段，很多工程的质量问题是由于现场施工或操作不当或不符合规程、标准所致，有些施工操作不符合要求的工程质量，虽然在表面上似乎影响不大，或外表上看不出来，但却隐蔽着潜在的质量隐患与危险。例如，浇筑混凝土时振捣时间不够或漏振，都会影响混凝土的密实度和强度，而只凭抽样检验并不一定能完全反映出实际情况。此外，抽样方法和取样操作如果不符合规程及标准的要求，其检验结果也同样不能反映实际情况。上述这类不符合规程或标准要求的违章施工或违章操作，只有通过监理人员的现场旁站监督与检查，才能发现问题并得到控制。旁站的部位或工序要根据工程特点，也应根据承包单位内部质量管理水平及技术操作水平决定。一般而言，混凝土灌筑、预应力张拉过程及压浆、基础工程中的软基处理、复合地基施工（如搅拌桩、悬喷桩、粉喷桩）、路面工程的沥青拌和料摊铺、沉井过程、桩基的打桩过程、防水施工、隧道衬砌施工中超挖部分的回填、边坡喷锚打锚杆等要实施旁站。

巡视是指监理人员对正在施工的部位或工序现场进行的定期或不定期的监督活动，巡视是一种"面"上的活动，它不限于某一部位或过程，而旁站则是"点"的活动，它是针对某一部位或工序。因此，在施工过程中，监理人员必须加强对现场的巡视、旁站监督与检查，及时发现违章操作和不按设计要求、不按施工图纸或施工规范、规程或质量标准施工的现象，对不符合质量要求的要及时进行纠正和严格控制。

2）平行检验。监理工程师利用一定的检查或检测手段在承包单位自检的基础上，按照一定的比例独立进行检查或检测的活动。它是监理工程师质量控制的一种重要手段，在技术复核及复验工作中采用，是监理工程师对施工质量进行验收，做出自己独立判断的重要依据之一。

4．规定质量监控工作程序

规定双方必须遵守的质量监控工作程序，按规定程序工作，也是进行质量监控的必要手段。例如，未提交开工申请单并得到监理工程师的审查、批准，不得开工；未经监理工程师签署质量验收单并予以质量确认，不得进行下道工序；工程材料未经监理工程师批准，不得在工程上使用等。

此外，还应具体规定交桩复验工作程序，设备、半成品、构配件材料进场检验工作程序，隐蔽工程验收、工序交接验收工作程序，检验批、分项、分部工程质量验收工作程序等。通过程序化管理，使监理工程师的质量控制工作进一步落实，做到科学、规范的管理和控制。

5．利用支付手段

利用支付手段是国际上较通用的一种重要的控制手段，也是建设单位或合同中赋予监理工程师的支付控制权。从根本上讲，国际上对合同条件的管理主要是采用经济手段和法律手段。因此，质量监理是以计量支付控制权为保障手段的。支付控制权就是对施工承包单位支付任何工程款项，均需由总监理工程师审核签认支付证明书，没有总监理工程师签署的支付证书，建设单位不得向承包单位进行支付工程款。工程款支付的条件之一就是工程质量要达到规定的要求和标准。如果承包单位的工程质量达不到要求的标准，监理工程师有权采取拒绝签署支付证书的手段，停止对承包单位支付部分或全部工程款，由此造成的损失由承包单位负责。显然，这是十分有效的控制和约束手段。

【例 2.3】 某 27 层大型商住楼工程项目，建设单位 A。将其实施阶段的工程监理任务委托给 B 监理公司进行监理，并通过招标决定将施工承包合同授予施工单位 C。在施工准备阶段，由于资金紧缺，建设单位向设计单位提出修改设计方案、降低设计标准，以便降低工程造价和投资的要求。设计单位为此将基础工程及装饰工程设计标准降低，减少了原设计方案的基础厚度。问：

(1) 通常对于设计变更，监理工程师应如何控制？注意些什么问题？

(2) 针对上述设计变更情况，监理工程师应如何控制？

解 知识要点：本题主要涉及施工阶段建设单位要求工程变更情况下的处理程序和要求。

解题思路：工程变更可分为三种情况，即施工单位要求的工程变更、设计单位要求的工程变更和建设单位要求的工程变更。工程变更的要求者不同，其变更的处理程序也有所不同。本题涉及的变更是属于建设单位要求的工程变更。可以参考教材《建设工程质量控制》第三章第三节中关于"建设单位（监理工程师）要求变更的处理"部分的内容以及《建设工程监理规范》6.2 中的有关条款。（复习时，应同时掌握其他各方要求时的程序。）

解题时，可首先根据教材或规范，说明监理工程师应按什么程序和要求处理工程变更，应注意什么问题。然后，再以此为基础，结合本题情况，说明监理工程师应如何控制。

参考答案如下。

(1) 应注意以下问题：

1) 不论谁提出的设计变更要求，都必须征得建设单位同意并办理书面变更手续。

2) 涉及施工图审查内容的设计变更必须报原审查机构审查后再批准实施。

3) 注意随时掌握国家政策法规的变化及有关规程、标准的变化，并及时将信息通知设计单位与建设单位，避免产生潜在的设计变更及因素。

4) 加强对设计阶段的质量控制，特别是施工图设计文件的审核。

5) 对设计变更要求进行统筹考虑，确定其必要性及对工期、费用等的影响。

6) 严格控制对设计变更的签批手续，明确责任，减少索赔。

(2) 对上述设计变更，监理工程师应进行严格控制：①应对建设单位提出的变更要求进行统筹考虑，确定其必要性，并将变更对工程工期的影响及安全使用的影响通报建设单位，如必须变更，应采取措施尽量减少对工程的不利影响；②坚持变更必须符合国家强制性标准，不得违背；③必须报请原审查机构审查批准后才实施变更。

【例 2.4】　某商业大厦建设工程项目，建设单位通过招标选定某施工单位承担该建设工程项目的施工任务。建设单位与施工单位签订的建设工程施工合同约定，该施工项目为优良工程。

工程竣工时，施工单位经过初验，认为已按合同约定的等级完成施工，提请做竣工验收。由于场地狭小，施工单位仍占用部分房屋作为办公用房。根据对竣工验收资料的要求，施工单位已将全部质量保证资料复印齐全供审核。

经质量监督机构初步抽验，观感质量评价结论为"一般"。质量保证资料未能通过并提出了整改通知单。但是由于已竣工，所有脚手架已被拆除。问：

（1）根据实际情况能否提出竣工验收？为什么？

（2）你认为质量监督机构的意见是否正确？为什么？

（3）外观是否需整改？为什么？如何整改？

（4）若施工单位按照质量监督机构的要求整改完毕，那么首先要通过谁进行评估、验收？

当通过后，组织竣工验收会，该会由谁主持？要有哪些单位参加？会议的程序和内容如何？

解　针对所提出的问题，逐项解答如下：

（1）根据竣工验收规定，工程项目仍被施工单位占用的，不能提请竣工验收，整改好后必须搬出。

（2）质量监督机构的意见是正确的。因为质量保证资料未通过，施工单位占用房屋未搬出。

（3）外观需整改，以便能使观感质量评定结论达到"好"的要求（优良工程的要求）。但脚手架已拆除，可采用吊脚手进行整改。

（4）若整改完毕，首先要通过监理单位进行复验，并提出评估报告。当通过后组织竣工验收会，由业主主持，监理单位协助。施工单位、设计单位、监理单位及其他有关单位参加。会议的程序和内容是：先由施工单位介绍，然后各单位发表意见，并按合同中各项内容要求进行检查，看是否满足要求。

学习情境 2.3　建筑给排水工程项目施工投资控制

2.3.1　施工阶段投资目标控制

监理工程师在施工阶段进行投资控制的基本原理是把计划投资额作为投资控制的目标值，在工程施工过程中定期地进行投资实际值与目标值的比较，通过比较发现并找出实际支出额与投资控制目标值之间的偏差，分析产生偏差的原因，并采取有效措施加以控制，以保证投资控制目标的实现。

2.3.1.1　施工阶段投资控制的工作流程

建设工程施工阶段涉及的面很广，涉及的人员很多，与投资控制有关的工作也很多，我们不能逐一加以说明，只能对实际情况加以适当简化。图 2.15 为施工阶段投资控制的工作流程图。

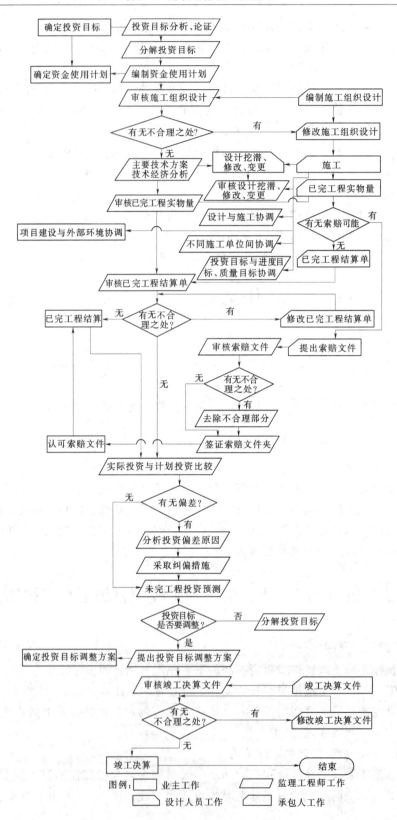

图 2.15　施工阶段投资控制的工作流程图

2.3.1.2 资金使用计划的编制

投资控制的目的是为了确保投资目标的实现。因此，监理工程师必须编制资金使用计划，合理地确定投资控制目标值，包括投资的总目标值、分目标值、各详细目标值。如果没有明确的投资控制目标，就无法进行项目投资实际支出值与目标值的比较，不能进行比较也就不能找出偏差，不知道偏差程度，就会使控制措施缺乏针对性。在确定投资控制目标时，应有科学的依据。如果投资目标值与人工单价、材料预算价格、设备价格及各项有关费用和各种取费标准不相适应，那么投资控制目标便没有实现的可能，则控制也是徒劳。

由于人们对客观事物的认识有个过程，而且人们在一定时间内所占有的经验和知识有限，因此，对工程项目的投资控制目标应辩证地对待，既要维护投资控制目标的严肃性，也要允许对脱离实际的既定投资控制目标进行必要的调整，调整并不意味着可以随意改变项目投资目标值，而必须按照有关的规定和程序进行。

1. 投资目标的分解

编制资金使用计划过程中最重要的步骤，就是项目投资目标的分解。根据投资控制目标和要求的不同，投资目标的分解可以分为按投资构成、按子项目、按时间分解三种类型。

（1）按投资构成分解的资金使用计划。工程项目的投资主要分为建筑安装工程投资、设备工器具购置投资及工程建设其他投资。由于建筑工程和安装工程在性质上存在着较大差异，投资的计算方法和标准也不尽相同，因此，在实际操作中往往将建筑工程投资和安装工程投资分解开来。这样，工程项目投资的总目标就可以按图 2.16 分解。

图 2.16 中的建筑工程投资、安装工程投资、工器具购置投资可以进一步分解。另外，在按项目投资构成分解时，可以根据以往的经验和建立的数据库来确定适当的比例，必要时也可以做一些适当的调整。例如，如果估计所购置的设备大多包括安装费，则可将安装工程投资和设备购置投资作为一个整体来确定它们所占的比例，然后再根据具体情况决定细分或不细分。按投资的构成来分解的方法比较适合于有大量经验数据的工程项目。

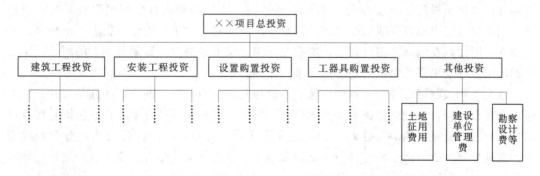

图 2.16 按投资构成分解目标

（2）按子项目分解的资金使用计划。大中型的工程项目通常是由若干单项工程构成的，而每个单项工程包括了多个单位工程，每个单位工程又是由若干个分部分项工程构成的，因此，首先要把项目总投资分解到单项工程和单位工程中，如图 2.17 所示。

一般来说，由于概算和预算大都是按照单项工程和单位工程来编制的，所以将项目总

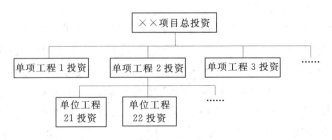

图 2.17 按子项目分解投资目标

投资分解到各单项工程和单位工程比较容易。需要注意的是，按照这种方法分解项目总投资，不能只是分解建筑工程投资、安装工程投资和设备工器具购置投资，还应该分解项目的其他投资。但项目其他投资所包含的内容既与具体单项工程或单位工程直接有关，也与整个项目建设有关，因此必须采取适当的方法将项目其他投资合理地分解到各个单项工程和单位工程中。最常用的也是最简单的方法就是按照单项工程的建筑安装工程投资和设备工器具购置投资之和的比例分摊，但其结果可能与实际支出的投资相差甚远。因此实践中一般应对工程项目的其他投资的具体内容进行分析，将其中确实与各单项工程和单位工程有关的投资分离出来，按照一定比例分解到相应的工程内容上。其他与整个项目有关的投资则不分解到各单项工程和单位工程上。

另外，对各单位工程的建筑安装工程投资还需要进一步分解，在施工阶段一般可分解到分部分项工程。

（3）按时间进度分解的资金使用计划。工程项目的投资总是分阶段、分期支出的，资金应用是否合理与资金的时间安排有密切关系。为了编制项目资金使用计划，并据此筹措资金，尽可能减少资金占用和利息支出，有必要将项目总投资按其使用时间进行分解。

编制按时间进度的资金使用计划通常可以利用控制项目进度的网络图进一步扩充而得。即在建立网络图时，一方面确定完成各项工作所需花费的时间，另一方面同时确定完成这一工作的合适的投资支出预算。在实践中，将工程项目分解为既能方便地表示时间，又能方便地表示投资支出预算的工作是不容易的，通常如果项目分解程度对时间控制合适，则对投资支出预算可能分配过细，以至于不可能对每项工作确定其投资支出预算。反之亦然。因此，在编制网络计划时，应在充分考虑进度控制对项目划分要求的同时，还要考虑确定投资支出预算对项目划分的要求，做到二者兼顾。

以上三种编制资金使用计划的方法并不是相互独立的，在实践中，往往是将这几种方法结合起来使用，从而达到扬长避短的效果。例如，将按子项目分解项目总投资与按投资构成分解项目总投资两种方法相结合，横向按子项目分解，纵向按投资构成分解，或相反。这种分解方法有助于检查各单项工程和单位工程投资构成是否完整，有无重复计算或缺项；同时还有助于检查各项具体的投资支出的对象是否明确或落实，并且可以从数字上校核分解的结果有无错误。或者还可将按子项目分解项目总投资目标与按时间分解项目总投资目标结合起来，一般是纵向按子项目分解，横向按时间分解。

2．资金使用计划的形式

（1）按子项目分解得到的资金使用计划表。在完成工程项目投资目标分解之后，接下来就要具体地分配投资，编制工程分项的投资支出计划，从而得到详细的资金使用计划表。其内容一般包括：①工程分项编码；②工程内容；③计量单位；④工程数量；⑤计划综合单价；⑥本分项总计。

在编制投资支出计划时，要在项目总的方面考虑总的预备费，也要在主要的工程分项中安排适当的不可预见费，避免在具体编制资金使用计划时，可能发现个别单位工程或工程量表中某项内容的工程量计算有较大出入，使原来的投资预算失实，并在项目实施过程中对其尽可能地采取一些措施。

（2）时间—投资累计曲线。通过对项目投资目标按时间进行分解，在网络计划基础上，可获得项目进度计划的横道图。并在此基础上编制资金使用计划。其表示方式有两种：一种是在总体控制时标网络图上表示，如图 2.18 所示；另一种是利用时间—投资曲线（S 形曲线）表示，如图 2.19 所示。

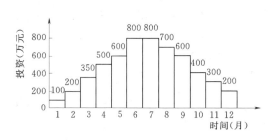

图 2.18　时标网络图上按月编制的资金使用计划

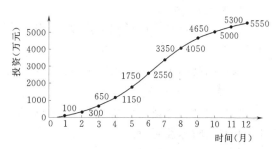

图 2.19　时间投资累计曲线（S 形曲线）

时间—投资累计曲线的绘制步骤如下：

1）确定工程项目进度计划，编制进度计划的横道图。

2）根据每单位时间内完成的实物工程量或投入的人力、物力和财力，计算单位时间（月或旬）的投资，在时标网络图上按时间编制投资支出计划，如图 2.18 所示。

3）计算规定时间 t 计划累计完成的投资额，其计算方法为：各单位计划完成的投资额累加求和，可按下式计算

$$Q_t = \sum_{n=1}^{t} q_n \qquad (2-6)$$

式中：Q_t 为某时间 t 计划累计完成投资额；q_n 为单位时间 n 的计划完成投资额；t 为某规定计划时刻。

4）按各规定时间的 Q_t 值，绘制 S 形曲线，如图 2.19 所示。

每一条 S 形曲线都对应某一特定的工程进度计划。因为在进度计划的非关键路线中存在许多有时差的工序或工作，因而 S 形曲线（投资计划值曲线）必然包络在由全部工作都按最早开始时间开始和全部工作都按最迟必须开始时间开始的曲线所组成的"香蕉图"内。建设单位可根据编制的投资支出预算来合理安排资金，同时建设单位也可以根据筹措的建设资金来调整 S 形曲线，即通过调整非关键路线上的工作的最早或最迟开工时间，力争将实际的投资支出控制在计划的范围内。

一般而言，所有工作都按最迟开始时间开始，对节约建设单位的建设资金贷款利息是有利的，但同时，也降低了项目按期竣工的保证率。因此，监理工程师必须合理地确定投资支出计划，达到既节约投资支出，又能控制项目工期的目的。

（3）综合分解资金使用计划表。将投资目标的不同分解方法相结合，会得到比前者更为详尽、有效的综合分解资金使用计划表。综合分解资金使用计划表一方面有助于检查各单项工程和单位工程的投资构成是否合理，有无缺陷或重复计算；另一方面也可以检查各项具体的投资支出的对象是否明确和落实，并可校核分解的结果是否正确。

2.3.1.3　施工阶段投资控制的措施

众所周知，建设工程的投资主要发生在施工阶段，在这一阶段需要投入大量的人力、物力、资金等，是工程项目建设费用消耗最多的时期，浪费投资的可能性比较大。因此，精心地组织施工，挖掘各方面潜力，节约资源消耗，仍可以收到节约投资的明显效果。对施工阶段的投资控制应给予足够的重视，仅仅靠控制工程款的支付是不够的，应从组织、经济、技术、合同等多方面采取措施，控制投资。

1. 组织措施

（1）在项目管理班子中落实从投资控制角度进行施工跟踪的人员、任务分工和职能分工。

（2）编制本阶段投资控制工作计划和详细的工作流程图。

2. 经济措施

（1）编制资金使用计划，确定、分解投资控制目标。对工程项目造价目标进行风险分析，并制定防范性对策。

（2）进行工程计量。

（3）复核工程付款账单，签发付款证书。

（4）在施工过程中进行投资跟踪控制，定期地进行投资实际支出值与计划目标值的比较；发现偏差，分析产生偏差的原因，采取纠偏措施。

（5）协商确定工程变更的价款。审核竣工结算。

（6）对工程施工过程中的投资支出作好分析与预测，经常或定期向建设单位提交项目投资控制及其存在问题的报告。

3. 技术措施

（1）对设计变更进行技术经济比较，严格控制设计变更。

（2）继续寻找通过设计挖潜节约投资的可能性。

（3）审核承包商编制的施工组织设计，对主要施工方案进行技术经济分析。

4. 合同措施

（1）做好工程施工记录，保存各种文件图纸，特别是注有实际施工变更情况的图纸，注意积累素材，为正确处理可能发生的索赔提供依据，参与处理索赔事宜。

（2）参与合同修改、补充工作，着重考虑它对投资控制的影响。

2.3.2　工程计量

1. 工程计量的重要性

（1）计量是控制项目投资支出的关键环节。工程计量是指根据设计文件及承包合同中关于工程量计算的规定，项目监理机构对承包商申报的已完成工程的工程量进行的核验。合同条件中明确规定工程量表中开列的工程量是该工程的估算工程量，不能作为承包商应予完成的实际和确切的工程量。因为工程量表中的工程量是在编制招标文件时，在图纸和规范的基础上估算的工作量，不能作为结算工程价款的依据，而必须通过项目监理机构对已完的工程进行计量。经过项目监理机构计量所确定的数量是向承包商支付任何款项的凭证。

（2）计量是约束承包商履行合同义务的手段。计量不仅是控制项目投资支出的关键环节，同时也是约束承包商履行合同义务、强化承包商合同意识的手段。FIDIC 合同条件规定，业主对承包商的付款，是以工程师批准的付款证书为凭据的，工程师对计量支付有充分的批准权和否决权。对于不合格的工作和工程，工程师可以拒绝计量。同时，工程师通过按时计量，可以及时掌握承包商工作的进展情况和工程进度。当工程师发现工程进度严重偏离计划目标时，可要求承包商及时分析原因、采取措施、加快进度。因此，在施工过程中，项目监理机构可以通过计量支付手段，控制工程按合同进行。

2. 工程计量的程序

（1）施工合同（示范文本）约定的程序。按照施工合同（示范文本）规定，工程计量的一般程序是：承包人应按专用条款约定的时间，向工程师提交已完工程量的报告，工程师接到报告后 7d 内按设计图纸核实已完工程量，并在计量前 24h 通知承包人，承包人为计量提供便利条件并派人参加。承包人收到通知后不参加计量，计量结果有效，作为工程价款支付的依据。工程师收到承包人报告后 7d 内未进行计量，从第 8d 起，承包人报告中开列的工程量即视为已被确认，作为工程价款支付的依据。工程师不按约定时间通知承包人，使承包人不能参加计量，计量结果无效。对承包人超出设计图纸范围和因承包人原因造成返工的工程量，工程师不予计量。

（2）建设工程监理规范规定的程序。

1）承包单位统计经专业监理工程师质量验收合格的工程量，按施工合同的约定填报工程量清单和工程款支付申请表。

2）专业监理工程师进行现场计量，按施工合同的约定审核工程量清单和工程款支付申请表，并报总监理工程师审定。

3）总监理工程师签署工程款支付证书，并报建设单位。

（3）FIDIC 施工合同约定的工程计量程序。按照 FIDIC 施工合同约定，当工程师要求测量工程的任何部分时，应向承包商代表发出合理通知，承包商代表应：

1）及时亲自或另派合格代表，协助工程师进行测量。

2）提供工程师要求的任何具体材料。

如果承包商未能到场或派代表，工程师（或其代表）所作测量应作为准确予以认可。除合同另有规定外，凡需根据记录进行测量的任何永久工程，此类记录应由工程师准备。承包商应根据约定或被提出要求时，到场与工程师对记录进行检查和协商，达成一致后应在记录上签字。如承包商未到场，应认为该记录准确，予以认可。如果承包商检查后不同意该记录，和（或）不签字表示同意，承包商应向工程师发出通知，说明认为该记录不准确的部分。工程师收到通知后，应审查该记录，进行确认或更改。如果承包商被要求检查记录 14d 内没有发出此类通知，该记录应作为准确予以认可。

3. 工程计量的依据

计量依据一般有质量合格证书，工程量清单前言，技术规范中的"计量支付"条款和设计图纸。也就是说，计量时必须以这些资料为依据。

（1）质量合格证书。对于承包商已完的工程，并不是全部进行计量，而只是质量达到合同标准的已完工程才予以计量。所以工程计量必须与质量监理紧密配合，经过专业工程师检验，工程质量达到合同规定的标准后，由专业工程师签署报验申请表（质量合格证书），只有质量合格的工程才予以计量。所以说质量监理是计量监理的基础，计量又是质量监理的保障，通过计量支付，强化承包商的质量意识。

（2）工程量清单前言和技术规范。工程量清单前言和技术规范是确定计量方法的依据。因为工程量清单前言和技术规范的"计量支付"条款规定了清单中每一项工程的计量方法，同时还规定了按规定的计量方法确定的单价所包括的工作内容和范围。

例如，某高速公路技术规范计量支付条款规定：所有道路工程、隧道工程和桥梁工程中的路面工程按各种结构类型及各层不同厚度分别汇总以图纸所示或工程师指示为依据，按经工程师验收的实际完成数量，以 m² 为单位分别计量。计量方法是根据路面中心线的长度乘图纸所表明的平均宽度，再加单独测量的岔道、加宽路面、喇叭口和道路交叉处的面积，以 m² 为单位计量。除工程师书面批准外，凡超过图纸所规定的任何宽度、长度、面积或体积均不予计量。

（3）设计图纸。单价合同以实际完成的工程量进行结算，但被工程师计量的工程数量，并不一定是承包商实际施工的数量。计量的几何尺寸要以设计图纸为依据，工程师对承包商超出设计图纸要求增加的工程量和自身原因造成返工的工程量，不予计量。例如，在京津塘高速公路施工监理中，灌筑桩的计量支付条款中规定按照设计图纸以延米计量，其单价包括所有材料及施工的各项费用，根据这个规定，如果承包商做了 35m，而桩的设计长度为 30m，则只计量 30m，业主按 30m 付款。承包商多做了 5m 灌筑桩所消耗的钢筋及混凝土材料，业主不予补偿。

4. 工程计量的方法

工程师一般只对以下三方面的工程项目进行计量：①工程量清单中的全部项目；②合同文件中规定的项目；③工程变更项目。

根据 FIDIC 合同条件的规定，一般可按照以下方法进行计量：

（1）均摊法。均摊法就是对清单中某些项目的合同价款，按合同工期平均计量。例如，为监理工程师提供宿舍，保养测量设备，保养气象记录设备，维护工地清洁和整洁等。这些项目都有一个共同的特点，即每月均有发生。所以可以采用均摊法进行计量支付。例如，保养气象记录设备，每月发生的费用是相同的，如本项合同款额为 2000 元，合同工期为 20 个月，则每月计量、支付的款额为 2000 元/20 月＝100 元/月。

（2）凭据法。凭据法就是按照承包商提供的凭据进行计量支付。如建筑工程险保险费、第三方责任险保险费、履约保证金等项目，一般按凭据法进行计量支付。

（3）估价法。估价法就是按合同文件的规定，根据工程师估算的已完成的工程价值支付。如为工程师提供办公设施和生活设施，为工程师提供用车，为工程师提供测量设备、天气记录设备、通信设备等项目。这类清单项目往往要购买几种仪器设备，当承包商对于某一项清单项目中规定购买的仪器设备不能一次购进时，则需采用估价法进行计量支付。其计量过程如下：

1）按照市场的物价情况，对清单中规定购置的仪器设备分别进行估价。

2）按下式计量支付金额

$$F = A\frac{B}{D} \tag{2-7}$$

式中：F 为计算支付的金额；A 为清单所列该项的合同金额；B 为该项实际完成的金额（按估算价格计算）；D 为该项全部仪器设备的总估算价格。

从式（2-7）可知：①该项实际完成金额 B 必须按估算各种设备的价格计算，它与承包商购进的价格无关；②估算的总价与合同工程量清单的款额无关。

当然，估价的款额与最终支付的款额无关，最终支付的款额总是合同清单中的款额。

（4）断面法。断面法主要用于取土坑或填筑路堤土方的计量。对于填筑土方工程，一般规定计量的体积为原地面线与设计断面所构成的体积。采用这种方法计量，在开工前承包商需测绘出原地形的断面，并需经工程师检查，作为计量的依据。

（5）图纸法。在工程量清单中，许多项目采取按照设计图纸所示的尺寸进行计量。如混凝土构筑物的体积，钻孔桩的桩长等。

（6）分解计量法。分解计量法就是将一个项目，根据工序或部位分解为若干子项，对完成的各子项进行计量支付。这种计量方法主要是为了解决一些包干项目或较大的工程项目的支付时间过长，影响承包商的资金流动等问题。

2.3.3　工程变更价款的确定

在工程项目的实施过程中，由于多方面的情况变更，经常出现工程量变化、施工进度变化，以及发包方与承包方在执行合同中的争执等许多问题。这些问题的产生，一方面是由于勘察设计工作不细，以致在施工过程中发现许多招标文件中没有考虑或估算不准确的工程量，因而不得不改变施工项目或增减工程量；另一方面，是由于发生不可预见的事件，如自然或社会原因引起的停工或工期拖延等。由于工程变更所引起的工程量的变化、承包商的索赔等，都有可能使项目投资超出原来的预算投资，监理工程师必须严格予以控制，密切注意其对未完工程投资支出的影响及对工期的影响。

1. 项目监理机构对工程变更的管理

项目监理机构应按下列程序处理工程变更：

（1）设计单位对原设计存在的缺陷提出的工程变更，应编制设计变更文件；建设单位或承包单位提出的变更，应提交总监理工程师，由总监理工程师组织专业监理工程师审查。审查同意后，应由建设单位转交原设计单位编制设计变更文件。当工程变更涉及安全、环保等内容时，应按规定经有关部门审定。

（2）项目监理机构应了解实际情况和收集与工程变更有关的资料。

（3）总监理工程师必须根据实际情况、设计变更文件和其他有关资料，按照施工合同的有关款项，在指定专业监理工程师完成下列工作后，对工程变更的费用和工期做出评估：

1）确定工程变更项目与原工程项目之间的类似程度和难易程度。

2）确定工程变更项目的工程量。

3）确定工程变更的单价或总价。

（4）总监理工程师应就工程变更费用及工期的评估情况与承包单位和建设单位进行协调。

（5）总监理工程师签发工程变更单。工程变更单应包括工程变更要求、工程变更说明、工程变更费用和工期、必要的附件等内容，有设计变更文件的工程变更应附设计变更文件。

（6）项目监理机构根据项目变更单监督承包单位实施。在建设单位和承包单位未能就工程变更的费用等方面达成协议时，项目监理机构应提出一个暂定的价格，作为临时支付工程款的依据。该工程款最终结算时，应以建设单位与承包单位达成的协议为依据。在总监理工程师签发工程变更单之前，承包单位不得实施工程变更。未经总监理工程师审查同意而实施的工程变更，项目监理机构不得予以计量。

2. 我国现行工程变更价款的确定方法

《建设工程施工合同（示范文本）》约定的工程变更价款的确定方法如下：①合同中已有适用于变更工程的价格，按合同已有的价格变更合同价款；②合同中只有类似于变更工程的价格，可以参照类似价格变更合同价款；③合同中没有适用或类似于变更工程的价格，由承包人提出适当的变更价格，经工程师确认后执行。

（1）采用合同中工程量清单的单价和价格。合同中工程量清单的单价和价格由承包商投标时提供，用于变更工程，容易被业主、承包商及监理工程师所接受，从合同意义上讲也是比较公平的。

采用合同中工程量清单的单价或价格有几种情况：①直接套用，即从工程量清单上直接拿来使用；②间接套用，即依据工程量清单，通过换算后采用；③部分套用，即依据工程量清单，取其价格中的某一部分使用。

例如，某合同钻孔桩的工程情况是，直径为 1.0m 的共计长 1501m；直径为 1.2m 的共计长 8178m；直径为 1.3m 的共计长 2017m。原合同规定选择直径为 1.0m 的钻孔桩做静载破坏试验。显然，如果选择直径为 1.2m 的钻孔桩做静载破坏试验对工程更具有代表性和指导意义。因此，监理工程师决定变更。但在原工程量清单中仅有直径为 1.0m 静载破坏试验的价格，没有直接或其他可套用的价格供参考。经过认真分析，监理工程师认为，钻孔桩做静载破坏试验的费用主要由两部分构成，一部分为试验费用，另一部分为桩本身的费用，而试验方法及设备并未因试验桩直径的改变而发生变化。因此，可认为试验费用没有增减，费用的增减主要来自由钻孔桩直径变化而引起的桩本身的费用的变化。直径为 1.2m 的普通钻孔桩的单价在工程量清单中就可以找到，且地理位置和施工条件相近。因此，采用直径为 1.2m 的钻孔桩做静载破坏试验的费用为：直径为 1.0m 静载破坏试验费＋直径为 1.2m 的钻孔桩的清单价格。

（2）协商单价和价格。协商单价和价格是基于合同中没有或者有但不合适的情况而采取的一种方法。

例如，某合同路堤土方工程完成后，发现原设计在排水方面考虑不周，为此业主同意在适当位置增设排水管涵。在工程量清单上有 100 多道类似管涵，但承包商却拒绝直接从中选择适合的作为参考依据。理由是变更设计提出时间较晚，其土方已经完成并准备开始路面施工，新增工程不但打乱了其进度计划，而且二次开挖土方难度较大，特别是重新开挖用石灰土处理过的路堤，与开挖天然表土不能等同。监理工程师认为承包商的意见可以接受，不宜直接套用清单中的管涵价格。经与承包商协商，决定采用工程量清单上的几何尺寸、地理位置等条件相近的管涵价格作为新增工程的基本单价，但对其中的"土方开挖"一项在原报价基础上按某个系数予以适当提高，提高的费用叠加在基本单价上，构成新增工程价格。

3.FIDIC 合同条件下工程的变更与估价

（1）工程变更。

1）变更权。根据 FIDIC 施工合同条件（1999 年第 1 版）的约定，在颁发工程接收证书前的任何时间，工程师可通过发布指示或要求承包商提交建议书的方式，提出变更。承包商应遵守并执行每项变更，除非承包商立即向工程师发出通知，说明（附详细根据）承包商难以取得变更所需的货物。工程师接到此类通知后，应取消、确认或改变原指示。每项变更可包括：①合同中包括的任何工作内容的数量的改变（但此类改变不一定构成变更）；②任何工作内容的质量或其他特性的改变；③任何部分工程的标高、位置和（或）尺寸的改变；④任何工作的删减，但要交他人实施的工作除外；⑤永久工程所需的任何附加工作、生产设备、材料或服务，包括任何有关的竣工试验、钻孔和其他试验和勘探工作；⑥实施工程的顺序或时间安排的改变。

除非并直到工程师指示或批准了变更，承包商不得对永久工程作任何改变和（或）修改。

2）变更程序。如果工程师在发出变更指示前要求承包商提出一份建议书，承包商应尽快做出书面回应，或提出他不能照办的理由（如果情况如此），或提交：①对建议要完成的工作的说明，以及实施的进度计划；②根据进度计划和竣工时间的要求，承包商对进度计划做出必要修改的建议书；③承包商对变更估价的建议书。

工程师收到此类建议书后，应尽快给予批准、不批准、或提出意见的回复。在等待答复期间，承包商不应延误任何工作。应由工程师向承包商发出执行每项变更并附做好各项费用纪录的任何要求的指示，承包商应确认收到该指示。

（2）工程变更的估价。除非合同中另有规定，工程师应通过 FIDIC（1999 年第 1 版）第 12.1 款和第 12.2 款商定或确定的测量方法和适宜的费率和价格，对各项工作的内容进行估价，再按照 FIDIC 第 3.5 款，商定或确定合同价格。

各项工作内容的适宜费率或价格应为合同对此类工作内容规定的费率或价格，如合同中无某项内容，应取类似工作的费率或价格。但在以下情况下，宜对有关工作内容采用新的费率或价格。

第一种情况：

1）如果此项工作实际测量的工程量比工程量表或其他报表中规定的工程量的变动大于 10%。

2）工程量的变化与该项工作规定的费率的乘积超过了中标的合同金额的 0.01%。

3）由此工程量的变化直接造成该项工作单位成本的变动超过 1%。

4）这项工作不是合同中规定的"固定费率项目"。

第二种情况：

1）此工作是根据变更与调整的指示进行的。

2）合同没有规定此项工作的费率或价格。

3）由于该项工作与合同中的任何工作没有类似的性质或不在类似的条件下进行，故没有一个规定的费率或价格适用。

每种新的费率或价格应考虑以上描述的有关事项对合同中相关费率或价格加以合理，

调整后得出。如果没有相关的费率或价格可供推算新的费率或价格，应根据实施该工作的合理成本和合理利润，并考虑其他相关事项后得出。

工程师应在商定或确定适宜费率或价格前，确定用于期中付款证书的临时费率或价格。

2.3.4 索赔控制

索赔是工程承包合同履行中，当事人一方因对方不履行或不完全履行既定的义务，或者由于对方的行为使权利人受到损失时，要求对方补偿损失的权利。索赔是工程承包中经常发生并随处可见的正常现象。由于施工现场条件、气候条件的变化，施工进度的变化，以及合同条款、规范、标准文件和施工图纸的变更、差异、延误等因素的影响，使得工程承包中不可避免地出现索赔，进而导致项目的投资发生变化。因此索赔的控制是建设工程施工阶段投资控制的重要手段。

2.3.4.1 常见的索赔内容

1. 承包商向业主的索赔

（1）不利的自然条件与人为障碍引起的索赔。不利的自然条件是指施工中遭遇到的实际自然条件比招标文件中所描述的更为困难和恶劣，是一个有经验的承包商无法预测的不利的自然条件与人为障碍，导致了承包商必须花费更多的时间和费用，在这种情况下，承包商可以向业主提出索赔要求。

1）地质条件变化引起的索赔。一般来说，在招标文件中规定，由业主提供有关该项工程的勘察所取得的水文及地表以下的资料。但在合同中往往写明承包商在提交投标书之前，已对现场和周围环境及与之有关的可用资料进行了考察和检查，包括地表以下条件及水文和气候条件。承包商应对他自己对上述资料的解释负责。但合同条件中经常还有另外一条：在工程施工过程中，承包商如果遇到了现场气候条件以外的外界障碍或条件，在他看来这些障碍和条件是一个有经验的承包商也无法预见到的，则承包商应就此向监理工程师提供有关通知，并将一份副本呈交业主。收到此类通知后，如果监理工程师认为这类障碍或条件是一个有经验的承包商无法合理预见到的，在与业主和承包商适当协商以后，应给予承包商延长工期和费用补偿的权利，但不包括利润。以上两条并存的合同文件，往往是承包商同业主及监理工程师各执一端争议的缘由所在。

例如，某承包商投标获得一项铺设管道工程，根据标书中介绍的情况算标。工程开工后，当挖掘深 7.5m 的坑时，遇到了严重的地下渗水，不得不安装抽水系统，并开动了达 35d 之久，承包商对不可预见的额外成本要求索赔。但监理工程师根据承包商投标时业已承认考察过现场并了解现场情况，包括地表地下条件和水文条件等，认为安装抽水机是承包商自己的事，拒绝补偿任何费用。承包商则认为这是业主提供的地质资料不实造成的。监理工程师则解释为，地质资料是真实的，钻探是在 5 月中旬进行，这意味着是在旱季季尾。而承包商的挖掘工程是在雨季中期进行。承包商应预先考虑到会有一较高的水位，这种风险不是不可预见的，因此，拒绝索赔。

2）工程中人为障碍引起的索赔。在施工过程中，如果承包商遇到了地下构筑物或文物，如地下电缆、管道和各种装置等，只要是图纸上并未说明的，承包商应立即通知监理工程师，并共同讨论处理方案。如果导致工程费用增加（如原计划是机械挖土，现在不得不改为人工挖土），承包商即可提出索赔。这种索赔发生争议较少。由于地下构筑物和文物等确属是有经验的承包商难以合理预见的人为障碍，一般情况下，因遭遇人为障碍而要求索赔的数额并不太大，但闲置机器而引起的费用是索赔的主要部分。如果要减少突然发生的障碍的影响，监理工程师应要求承包商详细编制其工作计划，以便在必须停止一部分工作时，仍有其他工作可做。当未预知的情况所产生的影响是不可避免时，监理工程师应立即与承包商就解决问题的办法和有关费用达成协议，给予工期延长和成本补偿。如果办不到的话，可发出变更命令，并确定合适的费率和价格。

（2）工程变更引起的索赔。在工程施工过程中，由于工地上不可预见的情况，环境的改变，或为了节约成本等，在监理工程师认为必要时，可以对工程或其任何部分的外形、质量或数量做出变更。任何此类变更，承包商均不应以任何方式使合同作废或无效。但如果监理工程师确定的工程变更单价或价格不合理，或缺乏说服承包商的依据，则承包商有权就此向业主进行索赔。

（3）工期延期的费用索赔。工期延期的索赔通常包括两个方面：一是承包商要求延长工期；二是承包商要求偿付由于非承包商原因导致工程延期而造成的损失。一般情况下，这两方面的索赔报告要求分别编制，因为工期和费用索赔并不一定同时成立。例如，由于特殊恶劣气候等原因承包商可以要求延长工期，但不能要求补偿；也有些延误时间并不影响关键路线的施工，承包商可能得不到延长工期的承诺。但是，如果承包商能提出证据说明其延误造成的损失，就有可能有权获得这些损失的补偿，有时两种索赔可能混在一起，既可以要求延长工期，又可以获得对其损失的补偿。

1）工期索赔。承包商提出工期索赔，通常是由于下述原因：①合同文件的内容出错或互相矛盾；②监理工程师在合理的时间内未曾发出承包商要求的图纸和指示；③有关放线的资料不准；④不利的自然条件；⑤在现场发现化石、钱币、有价值的物品或文物；⑥额外的样本与试验；⑦业主和监理工程师命令暂停工程；⑧业主未能按时提供现场；⑨业主违约；⑩业主风险；⑪不可抗力。

以上这些原因要求延长工期，只要承包商能提出合理的证据，一般可获得监理工程师及业主的同意，有的还可索赔损失。

2）延期产生的费用索赔。以上提出的工期索赔中，凡属于客观原因造成的延期，属于业主也无法预见到的情况，如特殊反常天气等，承包商可得到延长工期，但得不到费用补偿。凡纯属业主方面的原因造成拖期，不仅应给承包商延长工期，还应给予费用补偿。

（4）加速施工费用的索赔。一项工程可能遇到各种意外的情况或由于工程变更而必须延长工期。但由于业主的原因（例如：该工程已经出售给买主，需按议定时间移交给买主），坚持不给延期，迫使承包商加班赶工来完成工程，从而导致工程成本增加，如何确定加速施工所发生的附加费用，合同双方可能差距很大。因为影响附加费用款额的因素很多，如投入的资源量、提前的完工天数、加班津贴、施工新单价等。解决这一问题建议采用"奖金"的办法，鼓励承包商克服困难，加速施工，即规定当某一部分工程或分部工程每提前完工 1 天，发给承包商奖金若干。这种支付方式的优点是：不仅促使承包商早日建成工程，早日投入运行，而且计价方式简单，避免了计算加速施工、延长工期、调整单价等许多容易扯皮的繁琐计算和讨论。

（5）业主不正当地终止工程而引起的索赔。由于业主不正当地终止工程，承包商有权要求补偿损失，其数额是承包商在被终止工程中的人工、材料、机械设备的全部支出，以及各项管理费用、保险费、贷款利息、保函费用的支出（减去已结算的工程款），并有权要求赔偿其盈利损失。

（6）物价上涨引起的索赔。物价上涨是各国市场的普遍现象，尤其在一些发展中国家。由于物价上涨，使人工费和材料费不断增长，引起了工程成本的增加。如何处理物价上涨引起的合同价调整问题，常用的办法有以下三种：

1）对固定总价合同不予调整。这适用于工期短、规模小的工程。

2）按价差调整合同价。在工程结算时，对人工费及材料费的价差，即现行价格与基础价格的差值，由业主向承包商补偿。即：①材料价调整数＝（现行价－基础价）×材料数量；②人工费调整数＝（现时工资－基础工资）×（实际工作小时数＋加班工作小时数×加班工资增加率）；③对管理费及利润不进行调整。

3）用调价公式调整合同价。在每月结算工程进度款时，利用合同文件中的调价公式，计算人工、材料等的调整数。

（7）法律、货币及汇率变化引起的索赔。

1）法律改变引起的索赔。如果在基准日期（投标截止日期前的 28d）以后，由于业主国家或地方的任何法规、法令、政令或其他法律或规章发生了变更，导致了承包商成本增加。对承包商由此增加的开支，业主应予补偿。

2）货币及汇率变化引起的索赔。如果在基准日期以后，工程施工所在国政府或其授权机构对支付合同价格的一种或几种货币实行货币限制或货币汇兑限制，则业主应补偿承包商因此而受到的损失。

如果合同规定将全部或部分款额以一种或几种外币支付给承包商，则这项支付不应受上述指定的一种或几种外币与工程施工所在国货币之间的汇率变化的影响。

（8）拖延支付工程款的索赔。如果业主在规定的应付款时间内未能按工程师的任何证书向承包商支付应支付的款额，承包商可在提前通知业主的情况下，暂停工作或减缓工作速度，并有权获得任何误期的补偿和其他额外费用的补偿（如利息）。FIDIC 合同规定利息以高出支付货币所在国中央银行的贴现率加 3％的年利率进行计算。

（9）业主的风险。

1）FIDIC 合同条件对业主风险的定义。业主的风险是指：①战争、敌对行动（不论宣战与否）、入侵、外敌行动；②工程所在国内的叛乱、恐怖主义、革命、暴动、军事政变或篡夺政权，或内战；③承包商人员及承包商和分包商的其他雇员以外的人员在工程所在国内的暴乱、骚动或混乱；④工程所在国内的战争军火、爆炸物资、电离辐射或放射性引起的污染，但可能由承包商使用此类军火、炸药、辐射或放射性引起的除外；⑤由音速或超音速飞行的飞机或飞行装置所产生的压力波；⑥除合同规定以外业主使用或占有的永久工程的任何部分；⑦由业主人员或业主对其负责的其他人员所做的工程任何部分的设计；⑧不可预见的或不能合理预期一个有经验的承包商已采取适宜预防措施的任何自然力的作用。

2）业主风险的后果。如果上述业主风险列举的任何风险达到对工程、货物，或承包商文件造成损失或损害的程度，承包商应立即通知工程师，并应按照工程师的要求，修正此类损失或损害。

如果因修正此类损失或损害使承包商遭受延误和（或）招致增加费用，承包商应进一步通知工程师，并根据承包商的索赔的规定，有权要求：①根据竣工时间的延长的规定，如果竣工已经或将受到延误，对任何此类延误给予延长期；②任何此类成本应计入合同价格，给予支付。如有业主的风险的⑥和⑦项的情况还应包括合理的利润。

（10）不可抗力。

1）FIDIC 合同条件对不可抗力的定义。不可抗力系指某种异常事件或情况：①一方无法控制的；②该方在签订合同前，不能对之进行合理准备的；③发生后，该方不能合理避免或克服的；④不能主要归因他方的。

只要满足上述①～②项的条件，不可抗力可以包括但不限于下列各种异常事件或情况：①战争、敌对行动（不论宣战与否）、入侵、外敌行为；②叛乱、恐怖主义、革命、暴动、军事政变或篡夺政权，或内战；③承包商人员和承包商的其他雇员以外的人员的骚动、喧闹、混乱、罢工或停工；④战争军火、爆炸物资、电离辐射或放射性污染，但可能因承包商使用此类军火、炸药、辐射或放射性引起的除外；⑤自然灾害，如地震、飓风、台风或火山活动。

2）不可抗力的后果。如果承包商因不可抗力，妨碍其履行合同规定的任何义务，使其遭受延误和（或）招致增加费用，承包商有权根据"承包商的索赔"的规定要求：①根据竣工时间的延长的规定，如果竣工已经或将受到延误，对任何此类延误给予延长期；②如果是不可抗力的定义中第①～④项所述的事件或情况，并且②～④项所述事件或发生在工程所在国时，对任何此类费用给予支付。

表 2.26 为 FIDIC《施工合同条件》1999 年第 1 版中承包商可引用的索赔条款。

表 2.26　FIDIC《施工合同条件》1999 年第 1 版中承包商可引用的索赔条款

序　号	合同条款	条款主要内容	索赔内容
1	1.3	通信交流	$T+C+P$
2	1.5	文件的优先次序	$T+C+P$
3	1.8	文件有缺陷或技术性错误	$T+C+P$
4	1.9	延误的图纸或指示	$T+C+P$
5	1.13	遵守法律	$T+C+P$
6	2.1	业主未能提供现场	$T+C+P$
7	2.3	业主人员引起的延误、妨碍	$T+C$
8	3.3	工程师的指示	$T+C+P$
9	4.7	因工程师数据差错，放线错误	$T+C+P$
10	4.10	业主应提供现场数据	$T+C+P$
11	4.12	不可预见的物质条件	$T+C$
12	4.20	业主设备和免费供应的材料	$T+C$
13	4.24	发现化石、硬币或有价值的文物	$T+C$
14	5.2	指定分包商	$T+C+P$
15	7.4	工程师改变规定试验细节或附加试验	$T+C+P$
16	8.3	进度计划	$T+C+P$
17	8.4	竣工时间的延长	$T（+C+P）$

序　号	合同条款	条款主要内容	索赔内容
18	8.5	当局造成的延长	T
19	8.9	暂停施工	$T+C$
20	10.2	业主接受或使用部分工程	$C+P$
21	10.3	工程师对竣工试验干扰	$T+C+P$
22	11.8	工程师指令承包商调查	$C+P$
23	12.3	工作测出的数量超过工程量表的10％	$T+C+P$
24	12.4	删减	C
25	13	工程变更	$T+C+P$
26	13.7	法规改变	$T+C$
27	13.8	成本的增减	C
28	14.8	延误的付款	$T+C+P$
29	15.5	业主终止合同	$C+P$
30	16.1	承包商暂停工作的权利	$T+C+P$
31	16.4	终止时的付款	$T+C+P$
32	17.4	业主的风险	$T+C（+P）$
33	18.1	当业主为应投保方而未投保时	C
34	19.4	不可抗力	$T+C$
35	20.1	承包商的索赔	$T+C+P$

注　T—工期；C—成本；P—利润。

2. 业主向承包商的索赔

由于承包商不履行或不完全履行约定的义务，或者由于承包商的行为使业主受到损失时，业主可向承包商提出索赔。

（1）工期延误索赔。在工程项目的施工过程中，由于多方面的原因，往往使竣工日期拖后，影响到业主该对工程的利用，给业主带来经济损失，按惯例，业主有权对承包商进行索赔，即由承包商支付误期损害赔偿费。承包商支付误期损害赔偿费的前提是：这一工期延误的责任属于承包商方面。施工合同中的误期损害赔偿费通常是由业主在招标文件中确定的。业主在确定误期损害赔偿费的费率时，一般要考虑以下因素：

1）业主盈利损失。

2）由于工程拖期而引起的贷款利息增加。

3）工程拖期带来的附加监理费。

4）由于工程拖期不能使用，继续租用原建筑物或租用其他建筑物的租赁费。

至于误期损害赔偿费的计算方法，在每个合同文件中均有具体规定。一般按每延误一天赔偿一定的款额计算，累计赔偿额一般不超过合同总额的5％～10％。

（2）质量不满足合同要求索赔。当承包商的施工质量不符合合同的要求，或使用的设备和材料不符合合同规定，或在缺陷责任期未满以前未完成应该负责修补的工程时，业主有权向承包商追究责任，要求补偿所受的经济损失。如果承包商在规定的期限内未完成缺陷修补工作，业主有权雇佣他人来完成工作，发生的成本和利润由承包商负担。如果承包商自费修复，则业主可索赔重新检验费。

（3）承包商不履行的保险费用索赔。如果承包商未能按照合同条款指定的项目投保，并保证保险有效，业主可以投保并保证保险有效，业主所支付的必要的保险费可在应付给承包商的款项中扣回。

（4）对超额利润的索赔。如果工程量增加很多，使承包商预期的收入增大，因工程量增加承包商并不增加任何固定成本，合同价应由双方讨论调整，收回部分超额利润。

由于法规的变化导致承包商在工程实施中降低了成本，产生了超额利润，应重新调整合同价格，收回部分超额利润。

（5）对指定分包商的付款索赔。在承包商未能提供已向指定分包商付款的合理证明时，业主可以直接按照监理工程师的证明书，将承包商未付给指定分包商的所有款项（扣除保留金）付给这个分包商，并从应付给承包商的任何款项中如数扣回。

（6）业主合理终止合同或承包商不正当地放弃工程的索赔。如果业主合理地终止承包商的承包，或者承包商不合理放弃工程，则业主有权从承包商手中收回由新的承包商完成工程所需的工程款与原合同未付部分的差额。

2.3.4.2　索赔费用的计算

1. 索赔费用的组成

索赔费用的主要组成部分同工程款的计价内容相似。按我国现行规定，建安工程合同价包括直接工程费、间接费、计划利润和税金。我国的这种规定，同国际上通行的做法还不完全一致。按国际惯例，建安工程合同价一般包括直接费、间接费和利润。直接费包括人工费、材料费和机械使用费；间接费包括工地管理费、保险费、利息、总部管理费等。一般承包商可索赔的具体费用内容如图2.20所示。

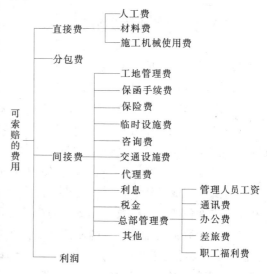

图2.20　可索赔费用的组成部分

从原则上说，承包商有索赔权利的工程成本增加，都是可以索赔的费用。这些费用都是承包商为了完成额外的施工任务而增加的开支。但是，对于不同原因引起的索赔，承包商可索赔的具体费用内容是不完全一样的。哪些内容可索赔，要按照各项费用的特点、条件进行分析论证。现概述如下。

（1）人工费。人工费包括施工人员的基本工资、工资性质的津贴、加班费、奖金以及法定的安全福利等费用。对于索赔费用中的人工费部分而言，人工费是指完成合同之外的额外工作所花费的人工费用；由于非承包商责任的工效降低所增加的人工费用；超过法定工作时间加班劳动；法定人工费增长以及非承包商责任工程延误导致的人员窝工费和工资上涨费等。

【例 2.5】　人工费索赔款额的计算。

某承包商对一项 10000 延米的木窗帘盒装修工程进行承包,在他的报价书中指明,计划用工 2498 工日,即工效为 2498 工日/10000m＝0.2498 工日/m。每工日工资按 40 元计,共计报价人民币 99920 元。

在装修过程中,由于业主供应木料不及时,影响了承包商的工作效率,完成 10000 延米的木窗帘盒的装修工作实际用 2700 工日,由于工期拖延,导致工资上涨,实际支付工资按 43 元/工日计,共实际支付 116100 元。

在这项承包工程中,承包商遇到了非承包商原因造成的工期延长和工资提高的损失。在索赔报告中,人工费的索赔分析计算如图 2.21 所示。

图 2.21　承包商成本增加分析

这项成本增加是业主方面原因造成的,故业主同意予以补偿。

(2) 材料费。材料费的索赔包括:

1) 由于索赔事项材料实际用量超过计划用量而增加的材料费。

2) 由于客观原因材料价格大幅度上涨。

3) 由于非承包商责任工程延误导致的材料价格上涨和超期储存费用。

材料费中应包括运输费、仓储费,以及合理的损耗费用。如果由于承包商管理不善,造成材料损坏失效,则不能列入索赔计价。

(3) 施工机械使用费。施工机械使用费的索赔包括:

1) 由于完成额外工作增加的机械使用费。

2) 非承包商责任工效降低增加的机械使用费。

3) 由于业主或监理工程师原因导致机械停工的窝工费。窝工费的计算,如是租赁设备,一般按实际租金和调进调出费的分摊计算;如是承包商自有设备,一般按台班折旧费计算,而不能按台班费计算,因台班费中包括了设备使用费。

(4) 分包费用。分包费用索赔指的是分包商的索赔费,一般也包括人工、材料、机械使用费的索赔。分包商的索赔应如数列入总承包商的索赔款总额以内。

(5) 工地管理费。索赔款中的工地管理费是指承包商完成额外工程、索赔事项工作以及工期延长期间的工地管理费,包括管理人员工资、办公费、交通费等。但如果对部分工人窝工损失索赔时,因其他工程仍然进行,可能不予计算工地管理费索赔。

(6) 利息。在索赔款额的计算中,经常包括利息。利息的索赔通常发生于下列情况:

1) 拖期付款的利息。

2）由于工程变更和工程延期增加投资的利息。

3）索赔款的利息。

4）错误扣款的利息。

至于这些利息的具体利率应是多少，在实践中可采用不同的标准，主要有这样几种：

1）按当时的银行贷款利率。

2）按当时的银行透支利率。

3）按合同双方协议的利率。

4）按中央银行贴现率加3％。

（7）总部管理费。索赔款中的总部管理费主要指的是工程延误期间所增加的管理费。这项索赔款的计算，目前没有统一的方法。在国际工程施工索赔中总部管理费的计算有以下几种：

1）按照投标书中总部管理费的比例（3％～8％）计算

总部管理费＝合同中总部管理费比率（％）×（直接费索赔款额＋工地管理费索赔款额等）

2）按照公司总部统一规定的管理费比率计算

总部管理费＝公司管理费比率（％）×（直接费索赔款额＋工地管理费索赔款额等）

3）以工程延期的总天数为基础，计算总部管理费的索赔额，计算步骤如下

$$对某一工程提取的管理费＝\frac{同期内公司的总管理费×该工程的合同额}{同期内公司的总合同额}$$

$$该工程的每日管理费＝\frac{该工程想总部上缴的管理费}{合同实施天数}$$

$$索赔的总部管理费＝该工程的每日管理费×工程延期的天数$$

（8）利润。一般来说，由于工程范围的变更、文件有缺陷或技术性错误、业主未能提供现场等引起的索赔，承包商可以列入利润。但对于工程暂停的索赔，由于利润通常是包括在每项实施的工程内容的价格之内的，而延误工期并未影响削减某些项目的实施，而导致利润减少。所以，一般监理工程师很难同意在工程暂停的费用索赔中加进利润损失。

索赔利润的款额计算通常是与原报价单中的利润百分率保持一致。即在成本的基础上，增加原报价单中的利润率，作为该项索赔款的利润。

2. 索赔费用的计算方法

（1）实际费用法。实际费用法是工程索赔计算时最常用的一种方法。这种方法的计算原则是，以承包商为某项索赔工作所支付的实际开支为根据，向业主要求费用补偿。用实际费用法计算时，在直接费的额外费用部分的基础上，再加上应得的间接费和利润，即是承包商应得的索赔金额。由于实际费用法所依据的是实际发生的成本记录或单据，所以，在施工过程中，系统而准确地积累记录资料是非常重要的。

（2）总费用法。总费用法即总成本法，就是当发生多次索赔事件以后，重新计算该工程的实际总费用，实际总费用减去投标报价时的估算总费用，即为索赔金额，即

$$索赔金额＝实际总费用－投标报价估算总费用 \qquad (2-8)$$

不少人对采用该方法计算索赔费用持批评态度，因为实际发生的总费用中可能包括了承包商的原因，如施工组织不善而增加的费用，同时投标报价估算的总费用却因为想中标

而过低。所以这种方法只有在难以采用实际费用法时才应用。

（3）修正的总费用法。修正的总费用法是对总费用法的改进，即在总费用计算的原则上，去掉一些不合理的因素，使其更合理。

修正的内容如下：

1）将计算索赔款的时段局限于受到外界影响的时间，而不是整个施工期。

2）只计算受影响时段内的某项工作所受影响的损失，而不是计算该时段内所有施工工作所受的损失。

3）与该项工作无关的费用不列入总费用中。

4）对投标报价费用重新进行核算：按受影响时段内该项工作的实际单价进行核算，乘以实际完成的该项工作的工程量，得出调整后的报价费用。

按修正后的总费用计算索赔金额的公式如下

$$索赔金额＝某项工作调整后的实际总费用－该项工作调整后的报价费用 \quad (2-9)$$

修正的总费用法与总费用法相比，有了实质性的改进，它的准确程度已接近于实际费用法。

【例2.6】　某高速公路由于业主高架桥修改设计，监理工程师下令承包商工程暂停1个月。试分析在这种情况下，承包商可索赔哪些费用？

解　可索赔如下费用。

（1）人工费：对于不可辞退的工人，索赔人工窝工费，应按人工工日成本计算；对于可以辞退的工人，可索赔人工上涨费。

（2）材料费：可索赔超期储存费用或材料价格上涨费。

（3）施工机械使用费：可索赔机械窝工费或机械台班上涨费。自有机械窝工费一般按台班折旧费索赔；租赁机械一般按实际租金和调进调出的分摊费计算。

（4）分包费用：是指由于工程暂停分包商向总包索赔的费用。总包向业主索赔应包括分包商向总包索赔的费用。

（5）工地管理费：由于全面停工，可索赔增加的工地管理费。可按日计算，也可按直接成本的百分比计算。

（6）保险费：可索赔延期1个月的保险费，按保险公司保险费率计算。

（7）保函手续费：可索赔延期1个月的保函手续费，按银行规定的保函手续费率计算。

（8）利息：可索赔延期1个月增加的利息支出，按合同约定的利率计算。

（9）总部管理费：由于全面停工，可索赔延期增加的总部管理费，可按总部规定的百分比计算。如果工程只是部分停工，监理工程师可能不同意总部管理费的索赔。

2.3.5　工程结算

2.3.5.1　工程价款的结算

1.工程价款的主要结算方式

按现行规定，工程价款结算可以根据不同情况采取多种方式。

（1）按月结算。即先预付工程备料款，在施工过程中按月结算工程进度款，竣工后进行竣工结算。我国现行建筑安装工程价款结算中，相当一部分是实行这种按月结算方式。

（2）竣工后一次结算。建设项目或单项工程全部建筑安装工程建设期在12个月以内，或者工程承包合同价值在 100 万元以下的，可以实行工程价款每月月中预支，竣工后一次结算。

（3）分段结算。即当年开工，当年不能竣工的单项工程或单位工程按照工程形象进度，划分不同阶段进行结算。分段结算可以按月预支工程款。

实行竣工后一次结算和分段结算的工程，当年结算的工程款应与分年度的工作量一致，年终不另清算。

（4）结算双方约定的其他结算方式。

2. 工程预付款

工程预付款是建设工程施工合同订立后由发包人按照合同约定，在正式开工前预先支付给承包人的工程款。它是施工准备和所需要材料、结构件等流动资金的主要来源，国内习惯上又称为预付备料款。预付工程款的具体事宜由发承包双方根据建设行政主管部门的规定，结合工程款、建设工期和包工包料情况在合同中约定。《建设工程施工合同（示范文本）》中，有关工程预付款作了如下约定："实行工程预付款的，双方应当在专用条款内约定发包人向承包人预付工程款的时间和数额，开工后按约定的时间和比例逐次扣回。预付时间应不迟于约定的开工日期前 7d。发包人不按约定预付，承包人在约定预付时间 7d 后向发包人发出要求预付的通知，发包人收到通知后仍不能按要求预付，承包人可在发出通知后 7d 停止施工，发包人应从约定应付之日起向承包人支付应付款的贷款利息，并承担违约责任。

工程预付款额度，各地区、各部门的规定不完全相同，主要是保证施工所需材料和构件的正常储备。一般是根据施工工期、建安工作量、主要材料和构件费用占建安工作量的比例以及材料储备周期等因素经测算来确定。

（1）在合同条件中约定。发包人根据工程的特点、工期长短、市场行情、供求规律等因素，招标时在合同条件中约定工程预付款的百分比。

（2）公式计算法。公式计算法是根据主要材料（含结构件等）占年度承包工程总价的比重，材料储备定额天数和年度施工天数等因素，通过公式计算预付备料款额度的一种方法。

其计算公式是：

$$工程预付款数额 = \frac{工程总价 \times 材料比重（\%）\times 材料储备定额天数}{年度施工天数} \qquad (2-10)$$

$$工程预付款比率 = \frac{工程预付款数额}{工程总价} \times 100\% \qquad (2-11)$$

其中，年度施工天数按 365d 日历天计算；材料储备定额天数由当地材料供应的在途天数、加工天数、整理天数、供应间隔天数、保险天数等因素决定。

3. 工程预付款的扣回

发包人支付给承包人的工程预付款其性质是预支。随着工程进度的推进，拨付的工程进度款数额不断增加，工程所需主要材料、构件的用量逐渐减少，原已支付的预付款应以抵扣的方式予以陆续扣回。扣款的方法有：

（1）由发包人和承包人通过洽商用合同的形式予以确定，采用等比率或等额扣款的方式。也可针对工程实际情况具体处理，如有些工程工期较短、造价较低，就无需分期扣还；

有些工期较长，如跨年度工程，其备料款的占用时间很长，根据需要可以少扣或不扣。

（2）从未施工工程尚需的主要材料及构件的价值相当于工程预付款数额时扣起，从每次中间结算工程价款中，按材料及构件比重扣抵工程价款，至竣工之前全部扣清。因此确定起扣点是工程预付款起扣的关键。

确定工程预付款起扣点的依据是：未完施工工程所需主要材料和构件的费用，等于工程预付款的数额。

工程预付款起扣点可按下式计算

$$T=P-\frac{M}{N} \qquad (2-12)$$

式中：T 为起扣点，即工程预付款开始扣回的累计完成工程金额；P 为承包工程合同总额；M 为工程预付款数额；N 为主要材料，构件所占比重。

【例 2.7】　某工程合同总额 200 万元，工程预付款为 24 万元，主要材料、构件所占比重为 60%，问：起扣点为多少万元？

解　按起扣点计算公式

$$T=P-\frac{M}{N}=200-\frac{24}{60\%}=160 \text{（万元）}$$

则当工程完成 160 万元时，本项工程预付款开始起扣。

4．工程进度款

（1）工程进度款的计算。《建设工程施工合同（示范文本）》关于工程款的支付也作出了相应的约定："在确认计量结果后 14d 内，发包人应向承包人支付工程款（进度款）"。"发包人超过约定的支付时间不支付工程款（进度款），承包人可向发包人发出要求付款的通知，发包人接到承包人通知后仍不能按要求付款，可与承包人协商签订延期付款协议，经承包人同意后可延期支付。协议应明确延期支付的时间和从计量结果确认后第 15d 起计算应付款的贷款利息"。"发包人不按合同约定支付工程款（进度款），双方又未达成延期付款协议，导致施工无法进行，承包人可停止施工，由发包人承担违约责任"。

工程进度款的计算，主要涉及两个方面：一是工程量的计量；二是单价的计算方法。

单价的计算方法主要根据由发包人和承包人事先约定的工程价格的计价方法决定。目前在我国，工程价格的计价方法可以分为工料单价和综合单价两种方法。工料单价法是指单位工程分部分项的单价为直接成本单价，按现行计价定额的人工、材料、机械的消耗量及其预算价格确定，其他直接成本、间接成本、利润、税金等按现行计算方法计算。综合单价法是指单位工程分部分项工程量的单价是全部费用单价，既包括直接成本，也包括间接成本、利润、税金等一切费用。二者在选择时，既可采取可调价格的方式，即工程价格在实施期间可随价格变化而调整，也可采取固定价格的方式，即工程价格在实施期间不因价格变化而调整，在工程价格中已考虑价格风险因素并在合同中明确了固定价格所包括的内容和范围。实践中采用较多的是可调工料单价法和固定综合单价法，现结合实例进行介绍和计算工程进度款。

1）可调工料单价法的表现形式。以某办公楼结构工程报价单为例，见表 2.27。

2）固定综合单价法的表现形式。仍以某办公楼结构工程工程量清单为例，其形式见表 2.28。

表 2.27　　　　　　　　　　　　　可 调 工 料 单 价 法

序号	分项编号	项 目 名 称	计量单位	工程量	工料单价（元）	合价（元）
1	1—1	人工挖土方一、二类	100m³	1.50	540.00	810.00
2	1—46	室内外回填土夯填	100m³	17.20	1140.00	19608.00
3	1—49	人工运土方 20m 内	100m³	1.50	600.00	900.00
4	1—55	支木挡土板	100m²	0.70	2100.00	1470.00
5	1—149	反铲挖掘机挖土深度 2.5m 内	100m³	2.40	5245.00	12588.00
6	1—213	自卸汽车运土方 8t 5km 内	1000m³	4.12	12500.00	51500.00
7	2—1	轨道式柴油打桩机打预制方桩 12m 内二类	10m³	15.00	11500.00	172500.00
8	3—7	外脚手架钢管双排 24m 内	100m²	27.20	950.00	25840.00
9	3—41	安全网立挂式	100m²	27.20	410.00	11152.00
10	4—1	普通黏土砖砖基础	10m³	13.60	2250.00	30600.00
11	4—10	普通黏土砖混水砖墙一砖	10m³	48.50	2450.00	118825.00
12	5—9	钢筋混凝土带型基础组合钢模板钢支撑	100m²	9.76	1450.00	14152.00
13	5—34	混凝土基础垫层木模板	100m²	1.38	1200.00	1656.00
14	5—58	矩形柱组合钢模板钢支撑	100m²	29.80	1780.00	53044.00
15	5—74	连续梁组合钢模板钢支撑	100m²	37.50	1890.00	70875.00
16	5—100	有梁板组合钢模板钢支撑	100m²	54.30	1575.00	85523.00
17	5—119	楼梯直形木模板支撑	10m²	4.70	320.00	1504.00
18	5—121	雨篷悬挑板直形木模板支撑	10m²	1.10	216.00	238.00
19	5—296	圆钢筋 φ2 以内	t	3.20	3100.00	9920.00
20	5—312	螺纹钢筋 φ20 以内	t	131.00	3600.00	471600.00
21	5—316	螺纹钢筋 φ30 以内	t	96.00	3400.00	326400.00
22	5—356	箍筋 φ8 以内	t	12.00	3300.00	39600.00
23	5—394	带型基础混凝土 C20	10m³	48.00	3500.00	168000.00
24	5—401	矩形柱混凝土 C25	10m³	29.80	4200.00	125160.00
25	5—405	连续梁混凝土 C25	10m³	37.50	4300.00	161250.00
26	5—417	有梁板混凝土 C20	10m³	85.50	3900.00	333450.00
27	5—421	楼梯直形混凝土 C20	10m²	4.70	1080.00	5076.00
28	5—423	悬挑板混凝土 C20	10m²	1.10	600.00	660.00
29	13—26	办公楼现浇框架垂直运输费	100m²	55.00	1500.00	82500.00
30	说明	机械场外运输安拆费	元	1.00	5000.00	5000.00
	（一）	直接费小计	元			2401401.00
	（二）	其他直接费 （一）×3%	元			72042.00
	（三）	现场经费 （一）×5%	元			120070.95
	（四）	间接费 [（一）+（二）+（三）]×10%	元			259351.31
	（五）	利润 [（一）+（二）+（三）+（四）]×5%	元			142643.22
	（六）	税金 [（一）+（二）+（三）+（四）+（五）]×3.41%	元			102146.81
	（七）	总计	元			3097654.39

表 2.28　　　　　　　　　　　　固定综合单价法示例

序号	分项编号	项　目　名　称	计量单位	工程量	综合单价（元）	合价（元）
1	1—1	人工挖土方一、二类	100m³	1.50	702.00	1053.00
2	1—46	室内外回填土夯填	100m³	17.20	1482.00	25490.00
3	1—49	人工运土方 20m 内	100m³	1.50	780.00	1170.00
4	1—55	支木挡土板	100m²	0.70	2730.00	1911.00
5	1—149	反铲挖掘机挖土深度 2.5m	100m³	2.40	6819.00	16366.00
6	1—213	自卸汽车运土方 8t 5km 内	1000m³	4.12	16250.00	66950.00
7	2—1	轨道式柴油打桩机打预制方桩 12m 内二类	10m³	15.00	14820.00	222300.00
8	3—7	外脚手架钢管双排 24m 内	100m²	27.20	1235.00	33592.00
9	3—41	安全网立挂式	100m²	27.20	533.00	14498.00
10	4—1	普通黏土砖砖基础	10m³	13.60	2925.00	39780.00
11	4—10	普通黏土砖混水砖墙一砖	10m³	48.50	3185.00	154473.00
12	5—9	钢筋混凝土带型基础组合钢模板钢支撑	100m²	9.76	1885.00	18398.00
13	5—34	混凝土基础垫层木模板	100m²	1.38	1560.00	2153.00
14	5—58	矩形柱组合钢模板钢支撑	100m²	29.80	2314.00	68957.00
15	5—74	连续梁组合钢模板钢支撑	100m²	37.50	2457.00	92138.00
16	5—100	有梁板组合钢模板钢支撑	100m²	54.30	2048.00	111206.00
17	5—119	楼梯直形木模板支撑	10m²	4.70	416.00	1955.00
18	5—121	雨篷悬挑板直形木模板支撑	10m²	1.10	281.00	309.00
19	5—296	圆钢筋φ12 以内	t	3.20	4030.00	12896.00
20	5—312	螺纹钢φ20 以内	t	131.00	4680.00	613080.00
21	5—316	螺纹钢φ30 以内	t	96.00	4420.00	424320.00
22	5—356	箍筋φ8 以内	t	12.00	4290.00	51480.00
23	5—394	带型基础混凝土 C20	10m³	48.00	4550.00	218400.00
24	5—401	矩形柱混凝土 C25	10m³	29.80	5460.00	162708.00
25	5—405	连续梁混凝土 C25	10m³	37.50	5590.00	209625.00
26	5—417	有梁板混凝土 C20	10m³	85.50	5070.00	433485.00
27	5—421	楼梯直形混凝土 C20	10m²	4.70	1404.00	6599.00
28	5—423	悬挑板混凝土 C20	10m²	1.10	780.00	858.00
29	13—26	办公楼现浇框架垂直运输费	100m²	55.00	1950.00	107250.00
30	说明	机械场外运输安拆费	元	1.00	6500.00	6500.00
		总计	元			3119900.00

　　3）工程价格的计价方法。可调工料单价法和固定综合单价法在分项编号、项目名称、计量单位、工程量计算方面是一致的，都可按照国家或地区的单位工程分部分项进行划分、排列，包含了统一的工作内容，使用统一的计量单位和工程量计算规则。所不同的是，可调工料单价法将工、料、机再配上预算价作为直接成本单价，其他直接成本、间接

成本、利润、税金分别计算；因为价格是可调的，其材料等费用在竣工结算时按工程造价管理机构公布的竣工调价系数或按主材计算差价或主材用抽料法计算，次要材料按系数计算差价而进行调整；固定综合单价法是包含了风险费用在内的全费用单价，故不受时间价值的影响。由于两种计价方法的不同，因此工程进度款的计算方法也不同。

4）工程进度款的计算。当采用可调工料单价法计算工程进度款时，在确定已完工程量后，可按以下步骤计算工程进度款：①根据已完工程量的项目名称、分项编号、单价得出合价；②将本月所完全部项目合价相加，得出直接费小计；③按规定计算其他直接费、现场经费、间接费、利润；④按规定计算主材差价或差价系数；⑤按规定计算税金；⑥累计本月应收工程进度款。

【例 2.8】　上述办公楼开工第一个月末，已全部完成工程的打桩、人工挖、运土、支木挡土板、机械挖土、垫层模板、混凝土工程量，完成了 50% 的钢筋混凝土基础工程量，完成土方外运 $2400m^3$。

解　当月的工程进度款应按以下步骤计算。

第一步：计算直接费。

打预制方桩：$150m^3 \times 1150$ 元$/m^3 = 172500$（元）

人工挖土：$150m^3 \times 5.40$ 元$/m^3 = 810$（元）

人工运土方：$150m^3 \times 6$ 元$/m^3 = 900$（元）

支木挡土板：$70m^2 \times 21$ 元$/m^2 = 1470$（元）

机械挖土：$2400m^3 \times 50245$ 元$/m^3 = 12588$（元）

自卸汽车外运土方：$2400m^3 \times 12.5$ 元$/m^3 = 30000$（元）

钢筋混凝土带型基础模板：$488m^2 \times 14.50$ 元$/m^2 = 7076$（元）

混凝土垫层木模板：$138m^2 \times 12$ 元$/m^2 = 1656$（元）

螺纹钢筋 Φ20 以内：$4.8t \times 3600$ 元$/t = 17280$（元）

螺纹钢筋 Φ30 以内：$7.6t \times 3400$ 元$/t = 25840$（元）

螺纹钢筋 Φ8 以内：$1.2t \times 3300$ 元$/t = 3960$（元）

混凝土浇捣 C20：$270m^3 \times 350$ 元$/m^3 = 94500$（元）

第二步：计算其他直接费、现场经费、间接费、利润（按报价单计算顺序）。

其他直接费：$368580 \times 3\% = 11057.4$（元）

现场经费：$368580 \times 5\% = 18429$（元）

间接费：$398066 \times 10\% = 39806.6$（元）

利润：$437872.6 \times 5\% = 21893.6$（元）

以上费用小计 91186.6 元。

第三步：计算主材差价和次要材料差价系数。

按可调工料单价法规定，中间结算和竣工结算，应以结算当时的价格进行价差调整。本例次要材料差价系数依规定以直接费为基数按 1% 计算，主材按实际完成工程量和当月公布的价格进行调整，经测算计算如下：

主材差价：

螺纹钢筋 Φ20 以内：$4.8t \times (3700 - 3600)$ 元$/t = 480$（元）

普通硅酸盐 32.5 级水泥：$95t \times (360 - 345)$ 元$/t = 1425$（元）

木材：$3.5\mathrm{m}^3\times(1600-1800)$ 元$/\mathrm{m}^3=-700$ （元）

次要材料差价系数：368580 元$\times1\%=3686$ （元）

以上主次材料差价小计 4891 元。

第四步：计算税金（以上费用合计）。

$$464656.6\times3.41\%=15844.8 （元）$$

第五步：累计本月应收款。

$$368580+91186.6+4891+15844.8=480502.4 （元）$$

则本月应收工程进度款为 480501.4 元。

用固定综合单价法计算工程进度款比用可调工料单价法更方便、省事，工程量得到确认后，只要将工程量与综合单价相乘得出合价，再累加即可完成本月工程进度款的计算工作。

（2）工程进度款的支付。工程进度款的支付一般按当月实际完成工程量进行结算，工程竣工后办理竣工结算。在工程竣工前，承包人收取的工程预付款和进度款的总额一般不超过合同总额（包括工程合同签订后经发包人签证认可的增减工程款）的 95%，其余 5% 尾款，在工程竣工结算时除保修金外一并清算。

【例 2.9】 某建筑工程承包合同总额为 600 万元，主要材料及结构件金额占合同总额 62.5%，预付备料款额度为 25%，预付款扣款的方法是以未施工工程尚需的主要材料及构配件的价值相当于预付款数额时起扣，从每次中间结算工程价款中，按材料及构件比重抵扣工程价款。保留金为合同总额的 5%。2002 年上半年各月实际完成合同价值见表 2.29（单位：万元）。问如何按月结算工程款。

表 2.29　　　　　　　　　　　　　各月完成合同价值　　　　　　　　　　单位：万元

月　份	2	3	4	5（竣工）
完成价值	100	140	180	180

解　（1）预付备料款$=600\times25\%=150$（万元）

（2）求预付备料款的起扣点。即

开始扣回预付备料款时的合同价值$=600-150/62.5\%=600-240=360$（万元）

当累计完成合同价值为 360 万元后，开始扣预付款。

（3）2 月完成合同价值 100 万元，结算 100 万元。

（4）3 月完成合同价值 140 万元，结算 140 万元，累计结算工程款 240 万元。

（5）4 月完成合同价值 180 万元，到四月份累计完成合同价值 420 万元，超过了预付备料款的起扣点。

4 月应扣回的预付备料款$=(420-360)\times62.5\%=37.5$（万元）

4 月结算工程款$=180-37.5=142.5$（万元），累计结算工程款 382.5 万元。

（6）5 月完成合同价值 180 万元，应扣回预付备料款$=180\times62.5\%=112.5$（万元）；应扣 5% 的预留款$=600\times5\%=30$（万元）。

5 月结算工程款$=180-112.5-30=37.5$（万元），累计结算工程款 420 万元，加上预付备料款 150 万元，共结算 570 万元。预留合同总额的 5% 作为保留金。

5. 竣工结算

工程竣工验收报告经发包人认可后 28d 内，承包人向发包人递交竣工结算报告及完整的结算资料，双方按照协议书约定的合同价款及专用条款约定的合同价款调整内容，进行工程竣工结算。专业监理工程师审核承包人报送的竣工结算报表；总监理工程师审定竣工结算报表；与发包人、承包人协商一致后，签发竣工结算文件和最终的工程款支付证书。

发包人收到承包人递交的竣工结算报告结算资料后 28d 内进行核实，给予确认或者提出修改意见。发包人确认竣工结算报告后通知经办银行向承包人支付竣工结算价款。承包人收到竣工结算价款后 14d 内将竣工工程交付发包人。

发包人收到竣工结算报告及结算资料后 28d 内无正当理由不支付工程竣工结算价款，从第 29d 起按承包人同期向银行贷款利率支付拖欠工程价款的利息，并承担违约责任。

发包人收到竣工结算报告及结算资料后 28d 内无正当理由不支付工程竣工结算价款，承包人可以催告发包人支付结算价款。发包人在收到竣工结算报告及结算资料后 56d 内仍不支付的，承包人可以与发包人协议将该工程折价，也可以由承包人申请法院将该工程依法拍卖，承包人就该工程折价或者拍卖的价款优先受偿。

工程竣工验收报告经发包人认可后 28d 内，承包人未能向发包人递交竣工结算报告及完整的结算资料，造成工程竣工结算不能正常进行或工程竣工结算价款不能及时支付，发包人要求交付工程的，承包人应当交付；发包人不要求交付工程的，承包人承担保管责任。

竣工结算要有严格的审查，一般从以下几个方面入手：

(1) 核对合同条款。首先，应核对竣工工程内容是否符合合同条件要求，工程是否竣工验收合格，只有按合同要求完成全部工程并验收合格才能竣工结算；其次，应按合同规定的结算方法、计价定额、取费标准、主材价格和优惠条款等，对工程竣工结算进行审核，若发现合同开口或有漏洞，应请建设单位与施工单位认真研究，明确结算要求。

(2) 检查隐蔽验收纪录。所有隐蔽工程均需进行验收，2 人以上签证；实行工程监理的项目应经监理工程师签证确认。审核竣工结算时应核对隐蔽工程施工记录和验收签证，手续完整，工程量与竣工图一致方可列入结算。

(3) 落实设计变更签证。设计修改变更应有原设计单位出具设计变更通知单和修改的设计图纸、校审人员签字并加盖公章，经建设单位和监理工程师审查同意、签证；重大设计变更应经原审批部门审批，否则不应列入结算。

(4) 按图核实工程数量。竣工结算的工程量应依据竣工图、设计变更单和现场签证等进行核算，并按国家统一规定的计算规则计算工程量。

(5) 执行定额单价。结算单价应按合同约定或招标规定的计价定额与计价原则执行。

(6) 防止各种计算误差。工程竣工结算子目多、篇幅大，往往有计算误差，应认真核算，防止因计算误差多计或少算。

6. 保修金的返还

工程保修金一般为施工合同价款的 3%，在专用条款中具体规定。发包人在质量保修期后 14d 内，将剩余保修金和利息返还承包商。

2.3.5.2　FIDIC 合同条件下工程费用的支付

1. 工程支付的范围和条件

（1）工程支付的范围。FIDIC 合同条件所规定的工程支付的范围主要包括两部分，如图 2.22 所示。

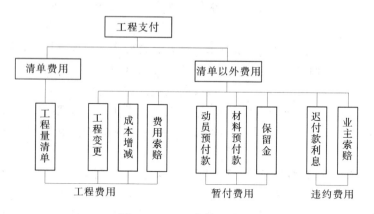

图 2.22　工程支付的范围

一部分费用是工程量清单中的费用，这部分费用是承包商在投标时，根据合同条件的有关规定提出的报价，并经业主认可的费用。

另一部分费用是工程量清单以外的费用，这部分费用虽然在工程量清单中没有规定，但是在合同条件中却有明确的规定。因此它也是工程支付的一部分。

（2）工程支付的条件。

1）质量合格是工程支付的必要条件。支付以工程计量为基础，计量必须以质量合格为前提。所以，并不是对承包商已完的工程全部支付，而只支付其中质量合格的部分，对于工程质量不合格的部分一律不予支付。

2）符合合同条件。一切支付均需要符合合同约定的要求，例如，动员预付款的支付款额要符合标书附录中规定的数量，支付的条件应符合合同条件的规定，即承包商提供履约保函和动员预付款保函之后才予以支付动员预付款。

3）变更项目必须有工程师的变更通知。没有工程师的指示承包商不得作任何变更。如果承包商没有收到指示就进行变更的话，他无理由就此类变更的费用要求补偿。

4）支付金额必须大于期中支付证书规定的最小限额。合同条件约定，如果在扣除保留金和其他金额之后的净值少于投标书附录中规定的期中支付证书的最小限额时，工程师没有义务开具任何支付证书。不予支付的金额将按月结转，直到达到或超过最低限额时才予以支付。

5）承包商的工作使工程师满意。为了确保工程师在工程管理中的核心地位，并通过经济手段约束承包商履行合同中规定的各项责任和义务，合同条件充分赋予了工程师有关支付方面的权力。对于承包商申请支付的项目，即使达到以上所述的支付条件，但承包商其他方面的工作未能使工程师满意，工程师可通过任何期中支付证书对他所签发过的任何原有的证书进行任何修正或更改，也有权在任何期中支付证书中删去或减少该工作的价值。

2. 工程支付的项目

（1）工程量清单项目。工程量清单项目分为一般项目的支付、暂列金额和计日工作三种。

1）一般项目的支付。一般项目是指工程量清单中除暂列金额和计日工作以外的全部项目。这类项目的支付是以经过监理工程师计量的工程数量为依据，乘以工程量清单中的单价，其单价一般是不变的。这类项目的支付占了工程费用的绝大部分，工程师应给予足够的重视。但这类支付的程序比较简单，一般通过签发期中支付证书支付进度款。

2）暂列金额。"暂列金额"是指包括在合同中，供工程任何部分的施工，或提供货物、材料、设备或服务，或提供不可预料事件之费用的一项金额。这项金额按照工程师的指示可能全部或部分使用，或根本不予动用。没有工程师的指示，承包商不能进行暂列金额项目的任何工作。

承包商按照工程师的指示完成的暂列金额项目的费用若能按工程量表中开列的费率和价格估价则按此估价，否则承包商应向工程师出示与暂列金额开支有关的所有报价单、发票、凭证、账单或收据。工程师根据上述资料，按照合同的约定，确定支付金额。

3）计日工作。计日工作是指承包商在工程量清单的附件中，按工种或设备填报单价的日工劳务费和机械台班费，一般用于工程量清单中没有合适项目，且不能安排大批量的流水施工的零星附加工作。只有当工程师根据施工进展的实际情况，指示承包商实施以日工计价的工作时，承包商才有权获得用日工计价的付款。使用计日工费用的计算一般采用下述方法：

a. 按合同中包括的计日工作计划表中所定项目和承包商在其投标书中所确定的费率和价格计算。

b. 对于清单中没有定价的项目，应按实际发生的费用加上合同中规定的费率计算有关的费用。承包商应向工程师提供可能需要的证实所付款额的收据或其他凭证，并且在订购材料之前，向工程师提交订货报价单供他批准。

对这类按计日工作制实施的工程，承包商应在该工程持续进行过程中，每天向工程师提交从事该工作的承包人员的姓名、职业和工时的确切清单，一式两份，以及表明所有该项工程所用的承包商设备和临时工程的标识、型号、使用时间和所用的生产设备和材料的数量和型号。

应当说明，由于承包商在投标时，计日工作的报价不影响他的评标总价，所以，一般计日工作的报价较高。在工程施工过程中，监理工程师应尽量少用或不用计日工这种形式，因为大部分采用计日工作形式实施的工程，也可以采用工程变更的形式。

（2）工程量清单以外项目。

1）动员预付款。当承包商按照合同约定提交一份保函后，业主应支付一笔预付款，作为用于动员的无息贷款。预付款总额、分期预付的次数和时间安排（如次数多于一次），及使用的货币和比例，应按投标书附录中的规定。

工程师收到承包商期中付款证书申请规定的报表，以及业主收到：①按照履约担保要求提交的履约担保；②由业主批准的国家（或其他司法管辖区）的实体，以专用条款所附格式或业主批准的其他格式签发的，金额和货币种类与预付款一致的保函后，应发出期中付款证书，作为首次分期预付款。在还清预付款前，承包商应确保此保函一直有效并可执行，但其总额可根据付款证书列明的承包商付还的金额逐渐减少。如果保函条款中规定了期满日期，而在期满日期前28d预付款未还清时，承包商应将保函有效期延至预付款还清为止。

预付款应通过付款证书中按百分比扣减的方式付还。除非投标书附录中规定其他百分比。扣减应从确认的期中付款（不包括预付款、扣减款和保留金的付还）累计额超过中标合同金额减去暂列金额后余额的10％时的付款证书开始；扣减应按每次付款证书中的金额（不包括预付款、扣减额和保留金的付还）的25％的摊还比率，并按预付款的货币和比例计算，直到预付款还清为止。

如果在颁发工程接收证书前，或按照由业主终止、由承包商暂停和终止，或不可抗力的规定终止前，预付款尚未还清，则全部余额应立即成为承包商对业主的到期付款。

2）材料设备预付款。材料、设备预付款一般是指运至工地尚未用于工程的材料设备预付款。对承包商买进并运至工地的材料、设备，业主应支付无息预付款，预付款按材料设备的某一比例（通常为发票价的80％）支付。在支付材料设备预付款时，承包商需提交材料、设备供应合同或订货合同的影印件，要注明所供应材料的性质和金额等主要情况；材料已运到工地并经工程师认可其质量和储存方式。

材料、设备预付款按合同中的规定从承包商应得的工程款中分批扣除。扣除次数和各次扣除金额随工程性质不同而异，一般要求在合同规定的完工日期前至少3个月扣清，最好是材料设备一用完，该材料设备的预付款即扣还完毕。

3）保留金。保留金是为了确保在施工阶段，或在缺陷责任期间，由于承包商未能履行合同义务，由业主（或工程师）指定他人完成应由承包商承担的工作所发生的费用。保留金的限额一般为合同总价的5％，从第一次付款证书开始，按投标函附录中标明的保留金百分率乘以当月末已实施的工程价值加上工程变更、法律改变和成本改变应增加的任何款额，直到累计扣留达到保留金的限额为止。

根据FIDIC施工合同条件（1999年第1版）第14.9款规定，当已颁发工程接收证书时，工程师应确认将保留金的前一半支付给承包商。如果某分项工程或部分工程颁发了接收证书，保留金应按一定比例予以确认和支付。此比例应是该分项工程或部分工程估算的合同价值，除以估算的最终合同价格所得比例的40％。

在各缺陷通知期限的最末一个期满日期后，工程师应立即对付给承包商保留金未付的余额加以确认。如对某分项工程颁发了接收证书，保留金后一半的比例额在该分项工程的缺陷通知期限期满日期后，应立即予以确认和支付。此比例应是该分项工程的估算合同价值，除以估算的最终合同价格所得比例的40％。

但如果在此时尚有任何工作要做，工程师应有权在这些工作完成前，暂不颁发这些工作估算费用的证书。

在计算上述的各百分比时，无需考虑法规改变和成本改变所进行的任何调整。

4）工程变更的费用。工程变更也是工程支付中的一个重要项目。工程变更费用的支付依据是工程变更令和工程师对变更项目所确定的变更费用，支付时间和支付方式也是列入期中支付证书予以支付。

5）索赔费用。索赔费用的支付依据是工程师批准的索赔审批书及其计算而得的款额；支付时间则随工程月进度款一并支付。

6）价格调整费用。价格调整费用按照合同条件规定的计算方法计算调整的款额。包括因法律改变和成本改变的调整。

7）迟付款利息。如果承包商没有在按照合同规定的时间收到付款，承包商应有权就未付款额按月计算复利，收取延误期的融资费用。该延误期应认为从按照合同规定的支付日期算起，而不考虑颁发任何期中付款证书的日期。除非专用条件中另有规定，上述融资费用应以高出支付货币所在国中央银行的贴现率加3%的年利率进行计算，并应用同种货币支付。

承包商应有权得到上述付款，无需正式通知或证明，且不损害他的任何其他权利或补偿。

8）业主索赔。业主索赔主要包括拖延工期的误期损害赔偿费和缺陷工程损失等。这类费用可从承包商的保留金中扣除，也可从支付给承包商的款项中扣除。

3. 工程费用支付的程序

（1）承包商提出付款申请。工程费用支付的一般程序是首先由承包商提出付款申请，填报一系列工程师指定格式的月报表，说明承包商认为这个月他应得的有关款项。

（2）工程师审核，编制期中付款证书。工程师在28d内对承包商提交的付款申请进行全面审核，修正或删除不合理的部分，计算付款净金额。计算付款净金额时，应扣除该月应扣除的保留金、动员预付款、材料设备预付款、违约金等。若净金额小于合同规定的期中支付的最小限额时，则工程师不需开具任何付款证书。

（3）业主支付。业主收到工程师签发的付款证书后，按合同规定的时间支付给承包商。

4. 工程支付的报表与证书

（1）月报表。月报表是指对每月完成的工程量的核算、结算和支付的报表。承包商应在每个月末后，按工程师批准的格式向工程师递交一式六份月报表，详细说明承包商自己认为有权得到的款额，以及包括按照进度报告的规定编制的相关进度报告在内的证明文件。该报表应包括下列项目：

1）截止到月末已实施的工程和已提出的承包商文件的估算合同价值〔包括各项变更，但不包括以下2）～7）项所列项目〕。

2）按照合同中因法律改变的调整和因成本改变的调整的有关规定，应增减的任何款额。

3）至业主提取的保留金额达到投标书附录中规定的保留金限额（如果有）以前，用投标书附录中规定的保留金百分比计算的，对上述款项总额应减少的任何保留金额，即保留金＝〔1）＋2）〕×保留金百分率。

4）按照合同中预付款的规定，因预付款的支付和付还，应增加和减少的任何款额。

5）按照合同中拟用于工程的生产设备和材料的规定，因生产设备和材料应增减的任何款额。

6）根据合同或包括索赔、争端与仲裁等其他规定，应付的任何其他增加或减少额。

7）所有以前付款证书中确认的减少额。

工程师应在收到上述月报表28d内向业主递交一份期中付款证书，并附详细说明。但是在颁发工程接收证书前，工程师无需签发金额（扣减保留金和其他应扣款项后）低于投标书附录中期中付款证书的最低额（如果有）的期中付款证书。在此情况下，工程师应通知承包商。工程师可在任一次付款证书中，对以前任何付款证书作出应有的任何改正或修改。付款证书不应被视为工程师接收、批准、同意或满意的表示。

（2）竣工报表。承包商在收到工程的接收证书后 84d 内，应向工程师送交竣工报表（一式六份），该报表应附有按工程师批准的格式所编写的证明文件，并应详细说明以下几点：

1）截止到工程接收证书载明的日期，按合同要求完成的所有工作的价值。

2）承包商认为应支付的任何其他款项，如所要求的索赔款等。

3）承包商认为根据合同规定应付给他的任何其他款项的估计款额。估计款额在竣工报表中应单独列出。

工程师应根据对竣工工程量的核算，对承包商其他支付要求的审核，确定应支付而尚未支付的金额，上报业主批准支付。

（3）最终报表和结清单。承包商在收到履约证书后 56d 内，应向工程师提交按照工程师批准的格式编制的最终报表草案并附证明文件，一式六份，详细列出：

1）根据合同应完成的所有工作的价值。

2）承包商认为根据合同或其他规定应支付给他的任何其他款额。

如承包商和工程师之间达成一致意见后，则承包商可向工程师提交正式的最终报表，承包商同时向业主提交一份书面结清单，进一步证实最终报表中按照合同应支付给承包商的总金额。如承包商和工程师未能达成一致，则工程师可对最终报表草案中没有争议的部分向业主签发期中支付证书。争议留待裁决委员会裁决。

（4）最终付款证书。工程师在收到正式最终报表及结清单之后 28d 内，应向业主递交一份最终付款证书，说明：

1）工程师认为按照合同最终应支付给承包商的款额。

2）业主以前所有应支付和应得到的款额的收支差额。

如果承包商未申请最终付款证书，工程师应要求承包商提出申请。如果承包商未能在 28d 期限内提交此类申请，工程师应按其公正决定的应支付的此类款额颁发最终付款证书。

在最终付款证书送交业主 56d 内，业主应向承包商进行支付，否则应按投标书附录中的规定支付利息。如果 56d 期满之后再超过 28d 不支付，就构成业主违规。承包商递交最终付款证书后，就不能再要求任何索赔了。

（5）履约证书。履约证书应由工程师在整个工程的最后一个区段缺陷通知期限期满之后 28d 内颁发，这说明承包商已尽其义务完成施工和竣工并修补了其中的缺陷，达到了使工程师满意的程度。至此，承包商与合同有关的实际业务业已完成，但如业主或承包商任一方有未履行的合同义务时，合同仍然有效。履约证书发出后 14d 内业主应将履约保证退还给承包商。

2.3.5.3　工程价款的动态结算

工程价款的动态结算就是要把各种动态因素渗透到结算过程中，使结算大体能反映实际的消耗费用。下面介绍几种常用的动态结算办法。

1. 按实际价格结算法

在我国，由于建筑材料需市场采购的范围越来越大，有些地区规定对钢材、木材、泥等三大材的价格采取按实际价格结算的办法。工程承包商可凭发票按实报销。这种方法方便，但由于是实报实销，因而承包商对降低成本不感兴趣，为了避免副作用，造价管理部门要定期公布最高结算限价，同时合同文件中应规定建设单位或监理工程师有权要求承包商选择更廉价的供应来源。

2. 按主材计算价差

发包人在招标文件中列出需要调整价差的主要材料表及其基期价格（一般采用当时当地工程价格管理机构公布的信息价或结算价），工程竣工结算时按竣工当时当地工程价格管理机构公布的材料信息价或结算价，与招标文件中列出的基期价比较计算材料差价。

3. 主料按抽料计算价差，其他材料按系数计算价差

主要材料按施工图预算计算的用量和竣工当月当地工程价格管理机构公布的材料结算价或信息价与基价对比计算差价。其他材料按当地工程价格管理机构公布的竣工调价系数计算方法计算差价。

4. 竣工调价系数法

按工程价格管理机构公布的竣工调价系数及调价计算方法计算差价。

5. 调值公式法（又称动态结算公式法）

根据国际惯例，对建设工程已完成投资费用的结算，一般采用此法。事实上，绝大多数情况是发包方和承包方在签订的合同中就明确规定了调值公式。

（1）利用调值公式进行价格调整的工作程序及监理工程师应做的工作价格调整的计算工作比较复杂，其程序是：

1）确定计算物价指数的品种，一般地说，品种不宜太多，只确立那些对项目投资影响较大的因素，如设备、水泥、钢材、木材和工资等。这样便于计算。

2）要明确以下两个问题：①合同价格条款中，应写明经双方商定的调整因素，在签订合同时要写明考核几种物价波动到何种程度才进行调整，一般都在±10%左右；②考核的地点和时点，地点一般在工程所在地，或指定的某地市场价格；时点指的是某月某日的市场价格。这里要确定两个时点价格，即基准日期的市场价格（基础价格）和与特定付款证书有关的期间最后一天的 49d 前的时点价格。这两个时点就是计算调值的依据。

3）确定各成本要素的系数和固定系数，各成本要素的系数要根据各成本要素对总造价的影响程度而定。各成本要素系数之和加上固定系数应该等于1。

在实行国际招标的大型合同中，监理工程师应负责按下述步骤编制价格调值公式：①分析施工中必需的投入，并决定选用一个公式，还是选用几个公式；②估计各项投入占工程总成本的相对比重，以及国内投入和国外投入的分配，并决定对国内成本与国外成本是否分别采用单独的公式；③选择能代表主要投入的物价指数；④确定合同价中固定部分和不同投入因素的物价指数的变化范围；⑤规定公式的应用范围和用法；⑥如有必要，规定外汇汇率的调整。

（2）建筑安装工程费用的价格调值公式。建筑安装工程费用价格调值公式与货物及设备的调值公式基本相同，它包括固定部分、材料部分和人工部分三项。但因建筑安装工程的规模和复杂性增大，公式也变得更长更复杂。典型的材料成本要素有钢筋、水泥、木

材、钢构件、沥青制品等，同样，人工可包括普通工和技术工。调值公式一般为

$$P = P_0 \left(a_0 + a_1 \frac{A}{A_0} + a_2 \frac{B}{b_0} + a_3 \frac{C}{C_0} + a_4 \frac{D}{D_0} \right) \qquad (2-13)$$

式中：P 为调值后合同价款或工程实际结算款；P_0 为合同价款中工程预算进度款；a_0 为固定要素，代表合同支付中不能调整的部分；a_1、a_2、a_3、a_4 为代表有关成本要素（如人工费用、钢材费用、水泥费用、运输费等）在合同总价中所占的比重，$a_0 + a_1 + a_2 + a_3 + a_4 = 1$；$A_0$、$B_0$、$C_0$、$D_0$ 为基准日期与 a_1、a_2、a_3、a_4 对应的各项费用的基期价格指数或价格；A、B、C、D 为与特定付款证书有关的期间最后一天的 49d 前与 a_1、a_2、a_3、a_4 对应的各成本要素的现行价格指数或价格。

各部分成本的比重系数在许多标书中要求承包方在投标时即提出，并在价格分析中予以论证。但也有的是由发包方在标书中即规定一个允许范围，由投标人在此范围内选定。因此，监理工程师在编制标书中，尽可能要确定合同价中固定部分和不同投入因素的比重系数和范围，招标时以给投标人留下选择的余地。

【例 2.10】 某工程合同总价为 100 万美元。其组成为：土方工程费 10 万美元，占 10%，砌体工程费 40 万美元，占 40%；钢筋混凝土工程费 50 万美元，占 50%。这 3 个组成部分的人工费和材料费占工程价款 85%，人工材料费中各项费用比例如下：

（1）土方工程：人工费 50%，机具折旧费 26%，柴油 24%。

（2）砌体工程：人工费 53%，钢材 5%，水泥 20%，骨料 5%，空心砖 12%，柴油 5%。

（3）钢筋混凝土工程：人工费 53%，钢材 22%，水泥 10%，骨料 7%，木材 4%，柴油 4%。

解 该工程其他费用，即不调值的费用占工程价款的 15%，计算出各项参加调值的费用占工程价款比例如下：

人工费：$(50\% \times 10\% + 53\% \times 40\% + 53\% \times 50\%) \times 85\% \approx 45\%$

钢　材：$(5\% \times 40\% + 22\% \times 50\%) \times 85\% \approx 11\%$

水　泥：$(20\% \times 40\% + 10\% \times 50\%) \times 85\% \approx 11\%$

骨　料：$(5\% \times 40\% + 7\% \times 50\%) \times 85\% \approx 5\%$

柴　油：$(24\% \times 10\% + 5\% \times 40\% + 4\% \times 50\%) \times 85\% \approx 5\%$

机具折旧：$26\% \times 10\% \times 85\% \approx 2\%$

空心砖：$12\% \times 40\% \times 85\% \approx 4\%$

木　材：$4\% \times 50\% \times 85\% \approx 2\%$

不调值费用占工程价款的比例为 15%。

具体的人工费及材料费的调值公式为

$$P = P_0 \left(0.15 + 0.45 \frac{A}{A_0} + 0.11 \frac{B}{B_0} + 0.11 \frac{C}{C_0} + 0.05 \frac{D}{D_0} + 0.05 \frac{E}{E_0} \right.$$
$$\left. + 0.02 \frac{F}{F_0} + 0.04 \frac{G}{G_0} + 0.02 \frac{H}{H_0} \right) \qquad (2-14)$$

假定该合同的基准日期为 2001 年 1 月 4 日，2001 年 9 月完成的工程价款占合同总价的 10%，有关月报的工资、材料物价指数见表 2.30。（注：A、B、C、D 等应采用 8 月的物价指数）

表2.30   工 资、物 价 指 数 表

费用名称	代　号	2001年1月指数	代　号	2001年8月指数
人工费	A_0	100.0	A	116.0
钢材	B_0	153.4	B	187.6
水泥	C_0	154.8	C	175.0
骨料	D_0	132.6	D	169.3
柴油	E_0	178.3	E	192.8
机具折旧	F_0	154.4	F	162.5
空心砖	G_0	160.1	G	162.0
木材	H_0	142.7	H	159.5

则2001年9月的工程款经过调值后为

$$P = 10\% \times P_0 \left(0.15 + 0.45\frac{A}{A_0} + +0.11\frac{B}{B_0} + +0.11\frac{C}{C_0} + 0.05\frac{D}{D_0} + 0.05\frac{E}{E_0} \right.$$

$$\left. + 0.02\frac{F}{F_0} + 0.04\frac{G}{G_0} + 0.02\frac{H}{H_0} \right)$$

$$= 10\% \times 100 \times \left(0.15 + 0.45 \times \frac{116}{100} + 0.11 \times \frac{187.6}{153.4} + 0.11 \times \frac{175.0}{154.8} \right.$$

$$+ 0.05 \times \frac{169.3}{132.6} + 0.05 \times \frac{192.8}{178.3} + 0.02 \times \frac{162.5}{154.4}$$

$$\left. + 0.04 \times \frac{162.0}{160.1} + 0.02 \times \frac{159.5}{142.7} \right)$$

$$= 11.33(万美元)$$

由此可见，经过调值，2001年9月实得工程款比原价多了1.33万美元。

2.3.6 投资偏差分析

在确定了投资控制目标之后，为了有效地进行投资控制，监理工程师就必须定期地进行投资计划值与实际值的比较，当实际值偏离计划值时，分析产生偏差的原因，采取适当的纠偏措施，以使投资超支尽可能小。

2.3.6.1 投资偏差的概念

在投资控制中，把投资的实际值与计划值的差异叫做投资偏差，即

$$投资偏差＝已完工程实际投资－已完工程计划投资 \qquad (2-15)$$

结果为正，表示投资超支；结果为负，表示投资节约。但是，必须特别指出，进度偏差对投资偏差分析的结果有重要影响，如果不加考虑就不能正确反映投资偏差的实际情况。如某一阶段的投资超支，可能是由于进度超前导致的，也可能由于物价上涨导致。所以，必须引入进度偏差的概念。

$$进度偏差1＝已完工程实际时间－已完工程计划时间 \qquad (2-16)$$

为了与投资偏差联系起来，进度偏差也可表示为

$$进度偏差2＝拟完工程计划投资－已完工程计划投资 \qquad (2-17)$$

所谓拟完工程计划投资，是指根据进度计划安排在某一确定时间内所应完成的工程内容的计划投资。即

$$拟完工程计划投资＝拟完工程量(计划工程量)×计划单价 \qquad (2-18)$$

进度偏差为正值，表示工期拖延；结果为负值，表示工期提前。但是用式（2-17）来表示进度偏差，其思路是可以接受的，但表达并不十分严格。在实际应用时，为了便于工期调整，还需将用投资差额表示的进度偏差转换为所需要的时间。

另外，在进行投资偏差分析时，还要考虑以下几组投资偏差参数。

1. 局部偏差和累计偏差

局部偏差有两层含义：一是对于整个项目而言，指各单项工程、单位工程及分部分项工程的投资偏差；另一含义是对于整个项目已经实施的时间而言，是指每一控制周期所发生的投资偏差。累计偏差是一个动态的概念，其数值总是与具体的时间联系在一起，第一个累计偏差在数值上等于局部偏差，最终的累计偏差就是整个项目的投资偏差。

局部偏差的引入，可使项目投资管理人员清楚地了解偏差发生的时间、所在的单项工程，这有利于分析其发生的原因。而累计偏差所涉及的工程内容较多、范围较大，且原因也较复杂，因而累计偏差分析必须以局部偏差分析为基础。从另一方面来看，因为累计偏差分析是建立在对局部偏差进行综合分析的基础上，所以其结果更能显示出代表性和规律性，对投资控制工作在较大范围内具有指导作用。

2. 绝对偏差和相对偏差

绝对偏差是指投资实际值与计划值比较所得到的差额，绝对偏差的结果很直观，有助于投资管理人员了解项目投资出现偏差的绝对数额，并依此采取一定措施，制定或调整投资支付计划和资金筹措计划。但是，绝对偏差有其不容忽视的局限性。如同样是1万元的投资偏差，对于总投资1000万元的项目和总投资10万元的项目而言，其严重性显然是不同的。因此又引入相对偏差这一参数。

$$相对偏差＝绝对偏差/投资计划值＝\frac{(投资实际值－投资计划值)}{投资计划值} \qquad (2-19)$$

与绝对偏差一样，相对偏差可正可负，且二者同号。正值表示投资超支，反之表示投资节约。二者都只涉及投资的计划值和实际值，既不受项目层次的限制，也不受项目实施时间的限制，因而在各种投资比较中均可采用。

3. 偏差程度

偏差程度是指投资实际值对计划值的偏离程度，其表达式为

$$投资偏差程度＝\frac{投资实际值}{投资计划值} \qquad (2-20)$$

偏差程度可参照局部偏差和累计偏差分为局部偏差程度和累计偏差程度。注意累计偏差程度并不等于局部偏差程度的简单相加。以月为一控制周期，则二者公式为

$$投资局部偏差程度＝\frac{当月投资实际值}{当月投资计划值} \qquad (2-21)$$

$$投资累计偏差程度＝\frac{累计投资实际值}{累计投资计划值} \qquad (2-22)$$

将偏差程度与进度结合起来，引入进度偏差程度的概念，则可得到以下公式

$$进度偏差程度＝\frac{已完工程实际时间}{已完工程计划时间} \qquad (2-23)$$

或

$$进度偏差程度 = \frac{拟完工程计划投资}{已完工程计划投资} \qquad (2-24)$$

上述各组偏差和偏差程度变量都是投资比较的基本内容和主要参数。投资比较的程度越深，为下一步的偏差分析提供的支持就越有力。

2.3.6.2　偏差分析的方法

偏差分析可采用不同的方法，常用的有横道图法、表格法和曲线法。

1. 横道图法

用横道图法进行投资偏差分析，是用不同的横道标识已完工程计划投资、拟完工程计划投资和已完工程实际投资，横道的长度与其金额成正比例，如图 2.23 所示。

横道图法具有形象、直观、一目了然等优点，它能够准确表达出投资的绝对偏差，而且能一眼感受到偏差的严重性。但是，这种方法反映的信息量少，一般在项目的较高管理层应用。

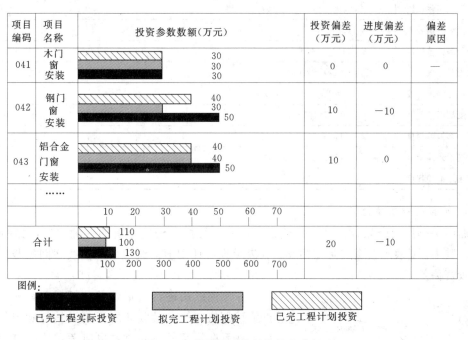

图 2.23　横道图法的投资偏差分析

2. 表格法

表格法是进行偏差分析最常用的一种方法。它将项目编号、名称、各投资参数以及投资偏差数综合归纳入一张表格中，并且直接在表格中进行比较。由于各偏差参数都在表中列出，使得投资管理者能够综合地了解并处理这些数据。

用表格法进行偏差分析具有以下优点：

（1）灵活、适用性强。可根据实际需要设计表格，进行增减项。

（2）信息量大。可以反映偏差分析所需的资料，从而有利于投资控制人员及时采取针对性措施，加强控制。

（3）表格处理法可借助于计算机，从而节约大量数据处理所需的人力，并大大提高速度。表 2.31 是用表格法进行偏差分析的例子。

表 2.31　　　　　　　　　　　投 资 偏 差 分 析 表

基 目 编 码	(1)	041	042	043
项目名称	(2)	木门窗安装	钢门窗安装	铝合金门窗安装
单位	(3)			
计划单价	(4)			
拟完工程量	(5)			
拟完工程计划投资	(6)=(4)×(5)	30	30	40
已完工程量	(7)			
已完工程计划投资	(8)=(4)×(7)	30	40	40
实际单价	(9)			
其他款项	(10)			
已完工程实际投资	(11)=(7)×(9)+(10)	30	50	50
投资局部偏差	(12)=(11)-(8)	0	10	10
投资局部偏差程度	(13)=(11)÷(8)	1	1.25	1.25
投资累计偏差	(14)=∑(12)			
投资累计偏差程度	(15)=∑(11)÷∑(8)			
进度局部偏差	(16)=(6)-(8)	0	-10	0
进度局部偏差程度	(17)=(6)÷(8)	1	0.75	1
进度累计偏差	(18)=∑(16)			
进度累计偏差程度	(19)=∑(6)÷∑(8)			

3. 曲线法（赢值法）

曲线法是用投资累计曲线（S 形曲线）来进行投资偏差分析的一种方法，如图 2.24 所示。其中，a 表示投资实际值曲线，p 表示投资计划值曲线，两条曲线之间的竖向距离表示投资偏差。

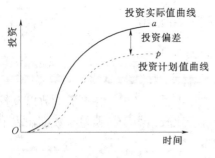

图 2.24　投资计划值与实际值曲线

在用曲线法进行投资偏差分析时，首先要确定投资计划值曲线。投资计划值曲线是与确定的进度计划联系在一起的。同时，也应考虑实际进度的影响，应当引入三条投资参数曲线，即已完工程实际投资曲线 a，已完工程计划投资曲线 b 和拟完工程计划投资曲线 p，如图 2.25 所示。图中曲线 a 与曲线 b 的竖向距离表示投资偏差，曲线 b 与曲线 p 的水平距离表示进度偏差。

图 2.25 所示反映的偏差为累计偏差。用曲线法进行偏差分析同样具有形象、直观的特点，但这种方法很难直接用于定量分析，只能对定量分析起一定的指导作用。

【例 2.11】　某工程项目施工合同于 2000 年 12 月签订，约定的合同工期为 20 个月，

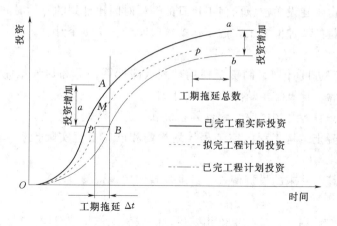

图 2.25　三条投资参数曲线

2001 年 1 月开始正式施工，施工单位按合同工期要求编制了混凝土结构工程施工进度时标网络计划（如图 2.26 所示），并经专业监理工程师审核批准。

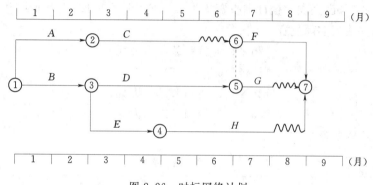

图 2.26　时标网络计划

该项目的各项工作均按最早开始时间安排，且各工作每月所完成的工程量相等。各工作的计划工程量和实际工程量见表 2.32。工作 D、E、F 的实际工作持续时间与计划工作持续时间相同。

表 2.32　　　　　　　　　　计划工程量和实际工程量表　　　　　　　　　单位：m^3

工　作	A	B	C	D	E	F	G	H
计划工程量	8600	9000	5400	10000	5200	6200	1000	3600
实际工程量	8600	9000	5400	9200	5000	5800	1000	5000

合同约定，混凝土结构工程综合单价为 1000 元/m^3，按月结算。结算价按项目所在地混凝土结构工程价格指数进行调整，项目实施期间各月的混凝土结构工程价格指数见表 2.33。

表 2.33　　　　　　　　　　工　程　价　格　指　数　表

时间（年.月）	2000.12	2001.1	2001.2	2001.3	2001.4	2001.5	2001.6	2001.7	2001.8	2001.9
混凝土结构工程价格指数（%）	100	115	105	110	115	110	110	120	110	110

施工期间，由于建设单位原因使工作日的开始时间比计划的开始时间推迟 1 个月，并由于工作日工程量的增加使该工作的工作持续时间延长了 1 个月。

问题：

（1）请按施工进度计划编制资金使用计划（即计算每月和累计拟完工程计划投资），并简要写出其步骤。计算结果填入表 2.34 中。

（2）计算工作日各月的已完工程计划投资和已完工程实际投资。

（3）计算混凝土结构工程已完工程计划投资和已完工程实际投资，计算结果填入表 2.34 中。

（4）列式计算 8 月末的投资偏差和进度偏差（用投资额表示）。

解

（1）将各工作计划工程量与单价相乘后，除以该工作持续时间，得到各工作每月拟完工程计划投资额；再将时标网络计划中各工作分别按月纵向汇总得到每月拟完工程计划投资额；然后逐月累加得到各月累计拟完工程计划投资额。

（2）H 工作 6～9 月每月完成工程量为：$5000 \div 4 = 1250$（m^3/月）。

H 工作 6～9 月已完成工程计划投资均为：$1250 \times 1000 = 125$（万元）。

H 工作已完工程实际投资：

6 月	$125 \times 110\% = 137.5$（万元）
7 月	$125 \times 120\% = 150.0$（万元）
8 月	$125 \times 110\% = 137.5$（万元）
9 月	$125 \times 110\% = 137.5$（万元）

（3）计算结果见表 2.34。

表 2.34　　　　　计　算　结　果　　　　　单位：万元

项　　目	投　资　数　据								
	1	2	3	4	5	6	7	8	9
每月拟完工程计划投资	880	880	690	690	550	370	530	310	
累计拟完工程计划投资	880	1760	2450	3140	3690	4060	4590	4900	
每月已完工程计划投资	880	886	660	660	410	355	515	415	125
累计已完工程计划投资	880	1760	2420	3080	3490	3845	4360	4775	4900
每月已完工程实际投资	1012	924	726	759	451	390.5	618	456.5	137.5
累计已完工程实际投资	1012	1936	2662	3421	3872	4262.5	4880.5	5377	5474.5

（4）投资偏差＝已完工程实际投资－已完工程计划投资＝5337－4775＝562（万元），超支 562 万元。

进度偏差＝拟完工程计划投资－已完工程计划投资＝4900－4775＝125（万元），拖后 125 万元。

2.3.6.3　偏差原因分析

偏差分析的一个重要目的就是要找出引起偏差的原因，从而有可能采取有针对性的措施，减少或避免相同原因的再次发生。在进行偏差原因分析时，首先应当将已经导致和可能导致偏差的各种原因逐一列举出来。导致不同工程项目产生投资偏差的原因具有一定共性，因而可以通过对已建项目的投资偏差原因进行归纳、总结，为该项目采用预防措施提供依据。

一般来说，产生投资偏差的原因如图 2.27 所示。

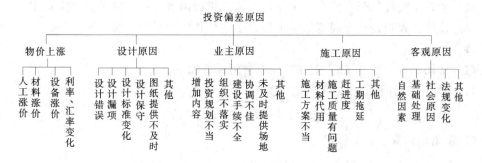

图 2.27　投资偏差原因

2.3.6.4　纠偏

对偏差原因进行分析的目的是为了有针对性地采取纠偏措施，从而实现投资的动态控制和主动控制。

纠偏首先要确定纠偏的主要对象，如上面介绍的偏差原因，有些是无法避免和控制的，如客观原因，充其量只能对其中少数原因做到防患于未然，力求减少该原因所产生的经济损失。对于施工原因所导致的经济损失通常是由承包商自己承担的，从投资控制的角度只能加强合同的管理，避免被承包商索赔。所以，这些偏差原因都不是纠偏的主投资偏差原因图 2.27 投资偏差原因要对象。纠偏的主要对象是业主原因和设计原因造成的投资偏差。在确定了纠偏的主要对象之后，就需要采取有针对性的纠偏措施。纠偏可采用组织措施、经济措施、技术措施和合同措施等。

【例 2.12】　某工程项目的原施工进度网络计划（双代号）如图 2.28 所示。该工程总工期为 18 个月。在上述网络计划中，工作 C、F、J 三项工作均为土方工程，土方工程量分别为 7000m³、10000m³、6000m³，共计 23000m³，土方单价为 15 元/m³。合同中规定，土方工程量增加超出原估算工程量 25% 时，新的土方单价可从原来的 15 元/m³ 下降到 13 元/m³。在工程按计划进行 4 个月后（已完成 A、B 两项工作的施工），业主提出增加一项新的土方工程 N，该项工作要求在 F 工作结束以后开始，并在 G 工作开始前完成，以保证 G 工作在 E 和 N 工作完成后开始施工。根据承包商提出并经监理工程师审核批复，该项 N 工作的土方工程量约为 9000m³，施工时间需要 3 个月。

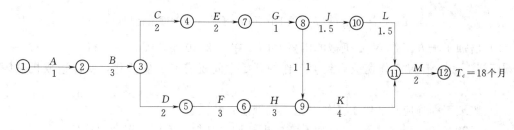

图 2.28　原施工进度网络计划

根据施工计划安排，C、F、J 工作和新增加的土方工程 N 使用同一台挖土机先后施工，现承包方提出由于增加土方工程 N 后，使租用的挖土机增加了闲置时间，要求补偿挖土机的闲置费用（每台闲置 1 天为 800 元）和延长工期 3 个月。问：

（1）增加一项新的土方工程 N 后，土方工程的总费用应为多少？

（2）监理工程师是否应同意给予承包方施工机械闲置补偿？应补偿多少费用？

（3）监理工程师是否应同意给予承包方工期延长？应延长多长时间？

解

（1）增加土方工程 N 后，土方工程总费用计算如下。

1）增加 N 工作后，土方工程总量为

$$23000＋9000＝32000（\text{m}^3）$$

2）超出原估算土方工程量为

$$(32000－23000)/23000×100\%＝39.13\%$$

土方单价应进行调整。

3）超出 25% 的土方量为

$$32000－23000×125\%＝3250（\text{m}^3）$$

4）土方工程的总费用为

$$23000×125\%×15＋3250×13＝47.35（万元）$$

（2）施工机械闲置补偿费计算如下。

1）不增加 N 工作的原计划机械闲置时间：

为使 C、F、J 三项工作共用一台挖土机，将图 2.28 改画为图 2.29，计算出各项工作的 ES、EF 和总工期（18d）。因 E、G 工作的时间为 3 个月，与 F 工作时间相等，所以安排挖土机按 $C→F→J$ 顺序施工可使机械不闲置。

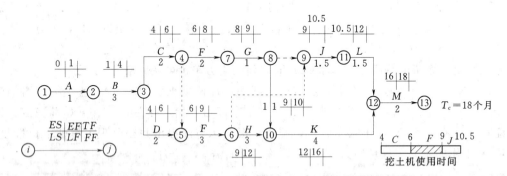

图 2.29　C、F、J 三项工作共用一台挖土机的网络计划

2）增加了土方工作 N 后机械的闲置时间：在图 2.30 中，安排挖土机 $C→F→N→J$ 按顺序施工，由于 N 工作完成后到 J 工作的开始中间还需施工 G 工作，所以造成机械闲置 1 个月。

3）监理工程师应批准给予承包方施工机械闲置补偿费

$$30×800＝2.4（万元）（如不考虑机械调往其他处使用和退回租赁处）$$

（3）工期延长计算如下。

根据对原计划（不增加 N 工作）计算的工期为 18 个月（见图 2.29），增加 N 工作后

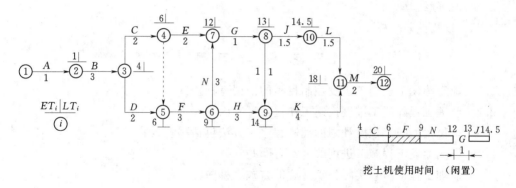

图 2.30　增加了土方工作 N 后机械的闲置时间

的网络计划计算的工期为 20 个月（见图 2.30）。因此可知，增加 N 工作后，计算工期增加了 2 个月，因此，监理工程师应批准给予承包方延长工期 2 个月。

注：本例，图 2.29 及图 2.30 分别采用的不同计算方法，前者计算工作最早时间，后者是计算节点最早时间。目的是使读者熟悉这两种不同的方法。

本 项 目 学 习 小 结

2.1　进度控制的概念。

2.2　影响进度的因素。

2.3　进度控制的措施和主要任务。

2.4　施工进度控制目标体系。

2.5　施工进度控制目标的确定。

2.6　建设工程施工进度控制工作流程。

2.7　建设工程施工进度控制工作内容。

2.8　施工总进度计划的编制。

2.9　单位工程施工进度计划的编制。

2.10　影响建设工程施工进度的因素。

2.11　施工进度的动态检查。

2.12　施工进度计划的调整。

2.13　工程延期。

2.14　物资供应进度。

2.15　施工质量控制的系统过程。

2.16　施工质量控制的依据。

2.17　施工质量控制的工作程序。

2.18　施工准备的质量控制。

2.19　施工过程质量控制。

2.20　施工阶段投资目标控制。

2.21　工程计量。

2.22　工程变更价款的确定。

2.23　索赔控制。

2.24　工程结算。

2.25　投资偏差分析。

<h2 align="center">思 考 题 与 习 题</h2>

2.1　确定建设工程施工进度控制目标的依据有哪些？

2.2　监理工程师施工进度控制工作包括哪些内容？

2.3　单位工程施工进度计划的编制程序和方法包括哪些内容？

2.4　影响建设工程施工进度的因素有哪些？

2.5　监理工程师检查实际施工进度的方式有哪些？

2.6　施工进度计划的调整方法有哪些？

2.7　承包商申报工程延期的条件是什么？

2.8　监理工程师审批工程延期时应遵循什么原则？

2.9　监理工程师如何减少或避免工程延期事件的发生？

2.10　如何处理工程延误？

2.11　确定物资供应进度目标时应考虑哪些问题？

2.12　物资供应计划按其内容和用途，可划分为哪几种？

2.13　施工准备、施工过程、竣工验收各阶段的质量控制包括哪些主要内容？

2.14　施工质量控制的依据主要有哪些方面？

2.15　简要说明施工阶段监理工程师质量控制的工作程序。

2.16　监理工程师对承包单位资质核查的内容是什么？

2.17　监理工程师审查施工组织设计的原则有哪些？

2.18　对工程所需的原材料、半成品、构配件的质量控制主要从哪些方面进行？

2.19　监理工程师如何审查分包单位的资格？

2.20　设计交底中，监理工程师应主要了解哪些内容？

2.21　什么是质量控制点？选择质量控制点的原则是什么？

2.22　什么是质量预控？

2.23　环境状态控制的内容有哪些？

2.24　监理工程师如何做好进场施工机械设备的质量控制？

2.25　监理工程师如何做好施工测量、计量的质量控制？

2.26　监理工程师如何做好作业技术活动过程的质量控制？

2.27　什么是见证取样？其工作程序和要求有哪些？

2.28　工程变更的要求可能来自何方？其变更程序如何？

2.29　什么是"见证点"？见证点的监理实施程序是什么？

2.30　施工过程中成品保护的措施一般有哪些？

2.31　监理工程师进行现场质量检验的方法有哪几类？其主要内容包括哪些方面？

2.32　施工阶段监理工程师进行质量监督控制可以通过哪些手段进行？

2.33　简述施工阶段投资控制的工作流程。

2.34　工程计量的依据和方法有哪些？

2.35　工程价款现行结算办法和动态结算办法有哪些？

2.36 简述工程变更价款的确定办法。

2.37 简述索赔费用的一般构成和计算方法。

2.38 投资偏差分析的方法有哪些?

2.39 投资偏差的原因有哪些?

项目3　市政给排水管网工程监理

学习目标：通过本章学习，学生应掌握市政给排水管网工程项目施工进度控制方法；掌握市政给排水管网工程项目施工质量控制方法；掌握市政给排水管网工程项目施工投资控制方法。

学习情境3.1　市政给排水管网工程项目施工进度控制

该工程项目施工进度控制原理及方法同建筑给排水工程进度控制，主要内容如下：

（1）建设工程进度控制概述。

1）进度控制的概念。

2）影响进度的因素分析。

3）进度控制的措施和主要任务。

（2）施工阶段进度控制目标的确定。

1）施工进度控制目标体系。

2）施工进度控制目标的确定。

（3）施工阶段进度控制的内容。

1）建设工程施工进度控制工作流程。

2）建设工程施工进度控制工作内容。

（4）施工进度计划的编制。

1）施工总进度计划的编制。

2）单位工程施工进度计划的编制。

（5）施工进度计划实施中的检查与调整。

1）影响建设工程施工进度的因素。

2）施工进度的动态检查。

3）施工进度计划的调整。

（6）工程延期。

1）工程延期的申报与审批。

2）工程延期的控制。

3）工程延误的处理。

（7）物资供应进度。

1）物资供应进度控制概述。

2）物资供应进度控制的工作内容。

学习情境 3.2 市政给排水管网工程项目施工质量控制

3.2.1 概述

监理人员除了要掌握一般土建工程质量控制方法之外，针对市政给排水管网工程特点，还需学习掌握以下内容。

管道工程是城市的重要基础设施之一，而且大部分是敷设在地下的隐蔽工程，因此设计和施工都必须保证管道工程的质量安全、可靠。作为监理人员更负有把好工程质量关的重要职责。

市政工程的管道有：排水（雨水、污水）管道、给水管道、燃气管道、热力管道等，此外还有通信、电力、照明管线等。管道工程的施工需要经过测量放线、开挖基坑沟槽支撑、平整基底、浇筑管基、排管、管道安装接口（顶管施工）、水压试验或闭水试验、沟槽回填等工序。监理工作围绕这些工序展开。

现以排水管道工程为重点来论述管道工程的监理工作，给水管道、热力管道、燃气管道工程与之大同小异，其监理工作可参照排水管道工程质量监理来实施。

1. 管道工程的特点

（1）管子必须具有足够的强度，以承受覆盖其上的土压及地面荷载。

（2）随着城市工业及环保发展的要求，管道必须具有抗腐蚀的能力。

（3）排水管道一般为无压自流排放，管道内壁必须光滑、平整，管道内底高程及坡度符合设计要求。

（4）管节及其接口必须不渗水。

（5）从施工角度看，具有地下管线复杂、施工场地狭窄的特点，还有的要穿越河流、建筑群、铁路、防汛设施等情况，对于这些，都应加强监测和保护。

2. 管道工程的类型

按施工单位法分类可分为开挖沟槽埋管施工及非开挖沟槽埋管施工。绝大多数的管道工程为开挖沟槽埋管施工，少数特殊工况条件下采用非开挖施工技术。非开挖埋管施工有顶管施工、水平定向钻施工、盾构施工等。

以下重点介绍开挖沟槽埋管施工和顶管施工。

3.2.2 排水管道工程施工流程和质量监理

1. 排水管道工程施工流程

排水管道工程施工流程，如图 3.1 所示。

2. 排水管道工程质量监理工作流程

排水管道工程质量监理工作流程，如图 3.2 所示。

3. 排水管道工程监理工作依据

（1）建设工程委托监理合同。

（2）施工承包合同。

（3）设计文件、技术资料及施工图纸。

（4）施工组织设计。

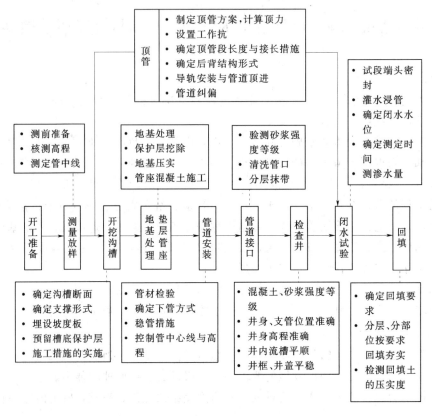

图 3.1 排水管道施工流程

（5）与工程有关的法律、法规、文件、规范、标准和规定。

（6）各地方市政工程质量保证资料表式。

（7）各地方市政工程监理资料表式。

（8）已批准的监理规划、监理实施细则。

3.2.3 测量放线

1. 测量放线的施工要求

现场交桩时办妥交接手续。施工单位应将设计图上管道与检查井的位置，按设计要求测放到现场。对管道的轴线控制桩，开挖前应按确定的桩位引设至沟槽两旁，设置攀线桩，并加以保护和校核。为此要求：

（1）制定详细的测量方案。

（2）配备能满足施工精度要求的仪器设备。

（3）认真测量放线，并将测量放线结果提交报验单给监理。

2. 测量放线监理工作要点

（1）审核施工单位方案，确保方案合理，以满足工程质量要求。

（2）检查施工单位的测量仪器：钢尺、经纬仪、水准仪等是否校验合格有效，以保证其测量精度及测量数据的可靠性。

（3）监理校核记录应保存，以作为对施工单位认可的依据。

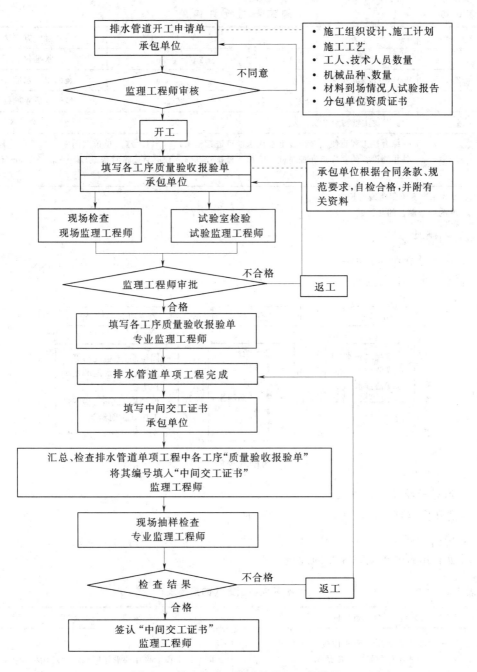

图 3.2　排水管道工程质量监理工作流程

（4）校测建设单位提供的坐标控制点及水准点。

（5）对管道的轴线控制桩，攀线桩及临时水准点的设置合理性要加以认定及校核。

（6）由两个以上施工单位共同进行施工的工程，其衔接处相邻设置的水准点和控制桩，应相互校测，其偏差应进行调整。

3. 测量放线质量标准及检测方法

测量放线质量标准及检测方法见表 3.1 的规定。

表 3.1 施 工 测 量 允 许 偏 差

序　号	项　　目	允 许 偏 差	检 验 方 法
1	水准测量高程闭合差	$\pm 12\sqrt{L}$（mm）	水准仪
2	导线测量方位角闭合差	$\pm 40\sqrt{N}$（″）	经纬仪、水准仪
3	导线测量相对闭合差	1/3000	经纬仪或水准仪
4	直线丈量测距 2 次校差	1/5000	钢尺或全站仪
5	综合性工程宜使用 2 个以上永久水准点进行校核；2 个以上施工单位共同施工的工程，其衔接处相邻设置的水准点和控制桩，应相互校核并调整；管道沿线临时水准点，一般每 200m 不少于 1 个		

> **注** 1. L 为水准测量闭路线的长度，km。
> 2. N 为导线测量的测站数。

3.2.4　沟槽开挖

1. 沟槽开挖施工流程

沟槽开挖施工工艺流程，如图 3.3 所示。

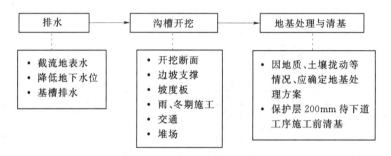

图 3.3　沟槽开挖施工工艺流程

2. 沟槽开挖监理工作流程

沟槽开挖监理工作流程，如图 3.4 所示。

3. 沟槽开挖

断面形式的选择见表 3.2 的规定

表 3.2 沟槽开挖断面形式的选择表

综 合 条 件		沟槽开挖断面形式
地形空旷、地下水位较低 地质条件较好、土质均匀、 沟槽开挖深度不超过 3m，有较好堆土场地		可不设支撑，采用梯形槽断面（放坡沟槽开挖）
施工环境狭窄、周围地下管线密集	开挖深度小于 3m	应选择直槽断面，宜用横列板支护
	开挖深度大于或等于 3m	应选择直槽断面，宜用钢板桩支护
土质极差，降低地下水位困难，或在建筑物、地下管线、河道旁等特殊地区		应采取特殊支护及加固措施
土层土质较好，下层土质松软，当环境条件许可、沟槽深度不超过 4.5m		可采用混合断面，即上部采用梯形断面，下部采用直槽断面

148

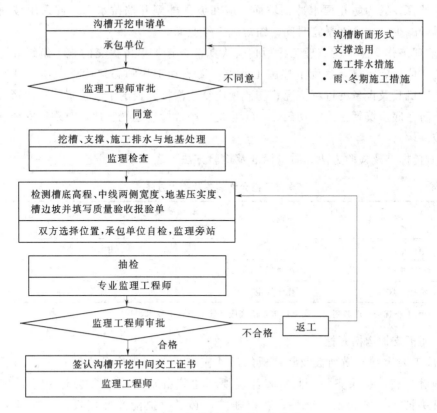

图 3.4　沟槽开挖监理工作流程

以下将分述放坡沟槽开挖、列板支护沟槽开挖、板桩支护沟槽开挖。

（1）放坡沟槽开挖。

1）施工要求。

a. 施工单位应认真编制施工组织设计，根据现场的地形地貌及地质条件，根据沟槽开挖的深度，采取降水措施，并应按表 3.3 的规定选择边坡坡度，防止沟槽基底隆起、管涌、边坡滑移和塌方等情况发生。

表 3.3　　　　　　　　　　　　　深度在 3m 以上的沟槽边坡的最陡陡坡

序　号	土　质	边坡（高：宽）		
		坡顶无荷载	坡顶有静载	坡顶有动载
1	粉砂、细砂	1：1.25	1：1.5	1：2
2	砂质粉土、黏质粉土	1：1	1：1.25	1：1.5
3	黏土、粉质黏土	1：0.75	1：1	1：1.25

注　1. 若地质资料提供的沟槽上下土质有明显不同时，边坡可选用不同坡度。

　　2. 沟槽深度在 3m 以上，应作边坡稳定验算。

b. 考虑雨期、冬期施工时对沟槽开挖的影响。

c. 沟槽施工时考虑必要的安全措施，例如：①若采用井点降水，则应在水位降到开挖面以下 0.5m 时方可开挖；②沟槽开挖时堆土应符合安全规范要求，沟槽边单面堆土高度应不大于 1.5m，离槽边的距离不得小于 1.2m，最好放置于边坡外 3～5m，必要时进行边坡稳定计算；③为防止雨水冲刷坡面，应在坡顶外侧开挖截水沟，或采用坡面保护措施；④尽量减少沟槽底部暴露时间，缩短施工作业面。

2）监理工作要点：①监理工程师必须认真审查施工单位提交的施工组织设计，重点是边坡及基坑稳定措施，达到上述施工要求；②监理工程师必须检查进场人员的组成情况，材料、机具及设备的进场情况；③监理应复查沟槽开挖的中线位置、断面形式、沟槽高程，严防槽底土壤超挖或扰动破坏；④监理应经常检查巡视工地，对现场安全施工进行动态监控。

3）质量标准及检验方法。质量标准及检验方法见表 3.4 的规定。

表 3.4 沟槽开挖允许偏差及检验方法

序　号	项　　　目	允许偏差	检验频率		检　验　方　法
			范围	点数	
1	槽底高程	−30（nm）	两井之间	3	用水准仪测量
2	槽底中线每侧宽度	不小于规定		6	挂中心线用尺量，每侧计 3 点
3	沟槽边坡	不陡于规定		6	用坡度尺检验，每侧计 3 点

注　槽底土壤不得扰动，严禁超挖后用土回填，槽底应清理干净且不浸水。

（2）列板支护沟槽开挖。

1）施工要求：①横列板及竖列板的尺寸应有足够的强度及刚度；②横列板放置应水平、板缝严密、板头齐整，其放置深度要到达碎石基础面；③挖土深度至 1.2m 时，必须撑好头挡板，之后挖撑交替，随挖随撑，必要时提前撑好挡板，一次撑板高度宜为 0.6～0.8m；④横撑板应采用组合钢撑板，其尺寸为厚 6～6.4cm、宽 16～20cm、长 300～400cm，竖列板应采用木撑板，其尺寸为厚 10cm、宽 20cm、长 250～300cm，当沟槽宽度为小于或等于 3m 时，撑柱套筒可使用 63.5mm×6mm 的钢管；⑤铁撑柱两头应水平，每层高度应一致，每块竖列板上支撑不应少于 2 只铁撑柱、上下 2 块竖列板应交错搭接；⑥管节长度小于或等于 2m 时，铁撑柱的水平间距不大于 2.5m；管节长度为 2.5m 时，支撑水平距离应不大于 3m；⑦铁撑柱的钢管套筒不得弯曲，支撑应充分绞紧，铁撑柱应垫托木并用扒钉或用#8～#12 铁丝绑扎牢固，上下沟槽应设安全梯，严禁攀登支撑。

2）监理工作要点：①按上述施工要求检查列板支护；②开挖过程中，对每道支撑不断检查，是否充分绞紧，防止脱落；③撑柱的水平间距、垂直间距、头道撑柱、末道撑柱等位置要合理、规范；④检查是否需采取降水措施及降水措施的有效性；⑤参考放坡沟槽开挖的安全措施，对现场安全施工进行动态监控；⑥为避免原有地下管线的损坏，应督促施工单位先开挖样洞或样口；⑦施工中若需拆封头子，则应督促施工单位按有关规定执行，并须填写"下窨井工作申请单"，落实监护人员和抢救措施，经有关部门审查和批准后方可实施。

3）质量标准及检验方法：用直尺和目测，列板及支撑应符合上述施工要求。

沟槽开挖的质量标准及允许偏差见表 3.4。

（3）板桩支护沟槽开挖。常用的是钢板桩支护，可采用槽钢或拉森板桩。槽钢长度为 6～12m，拉森板桩长度为 12～20m。钢板桩的入土深度应根据沟槽开挖深度、土层性质、施工周期、施工荷载、地面超载（如堆土高度与距离）以及支撑布置等因素经计算后确定，钢板桩的入土深度对保证板桩自身稳定及沟槽、基坑安全至关重要。

如：$a=$板桩入土深度/沟槽深度。

按下述选 a 比值，从而得出板桩的入土深度：在一般土质条件下，沟槽深度不大于 5m 时，a 宜取 0.35；沟槽深度 5～7m 时，a 宜取 0.5；7m 以上时，a 宜取 0.65；当土质较差时，a 值宜按以上选定值适当增大。

1）施工要求。①根据沟槽开挖边线先挖钢板桩槽，钢板桩槽宽度为 0.6～0.8m，应挖至原土层，并暴露地下管线，消除障碍物；②钢板桩的入土深度经计算确定，选择的钢板桩排列形式要合理；③钢板桩的咬口要紧密，钢板桩要挺直，打入时要垂直；④挖土深度至 2m 时，应先据地面 0.6～0.8m 处撑头道支撑。管顶上的 1 道支撑与管顶净距不小于 20cm，离混凝土基础侧面与板桩之间用砖块或短木填塞稳固后，方可拆除临时支撑；⑤钢板桩支撑的水平间距、管节长度在 2m 以下时不大于 2.5m，钢筋混凝土承插管不大于 3m，支撑的垂直间距不大于 2m。

2）监理工作要点。①检查钢板桩的施工质量，如入土深度、咬口是否紧密，钢板桩是否垂直；②注意沟槽挖土与支撑的配合，严格控制随挖随撑；③检查降水效果，以防支护结构失稳，注意环境安全。

3）质量标准及检验方法。①尺量及目测钢板桩支撑及入土深度，并检查排列形式、垂直度符合施工组织设计的要求；②沟槽开挖质量标准及允许偏差同上，详见表 3.4。

3.2.5　管道基础

1. 管道基础施工流程

排水管道基础施工流程如图 3.5 所示。

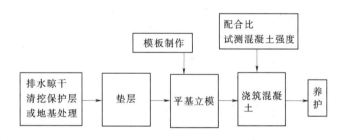

图 3.5　地基处理和排水管道基础施工流程

2. 管道基础监理工作流程

排水管道平基管座质量监理工作流程如图 3.6 所示

3. 施工要求

（1）基础施工前必须复核高程样板的标高。

（2）槽底应清除淤泥及碎土，不得超挖，严禁用土回填，以确保地基质量。

（3）对于混凝土及钢筋混凝土基础的施工要求，遵循 GB 50204—2002《混凝土结构工程施工质量验收规范》，并注意在基础浇筑完毕后 12h 内不得浸水，应注意养护，混凝土强度达到 2.5MPa 以上方可拆模。

4. 监理要点

（1）核查管道基础形式。

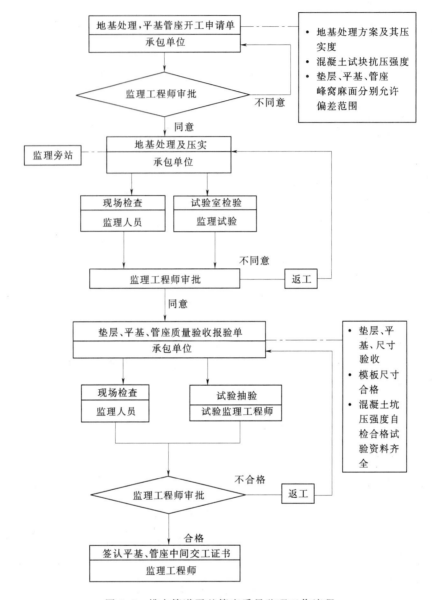

图 3.6 排水管道平基管座质量监理工作流程

（2）复核高程样板的标高。

（3）严格验槽。

（4）现场检查混凝土基础的浇筑、振捣、养护，控制在混凝土浇筑完后 12h 内不得浸水，防止基础不牢引起管道变形。

5. 质量标准及检验方法

质量标准及检验方法见表 3.5 的规定。

3.2.6 管道安装

1. 排水管道安装施工流程

排水管道安装施工流程，如图 3.7 所示。

表 3.5　　　　　　　　　　　管道垫层及基础允许偏差及检验方法

序　号	项　　目		允许偏差	检　验　频　率		检　验　方　法
				范围	点数	
1	混凝土抗压强度		不低于设计规定	100m	1组	试块试验
2	垫层	中线每侧宽度	不小于设计规定	10m	1	挂中心线用尺量，每侧计1点
		高　程	−15（mm）		1	用水准仪测量
3	基础	中线每侧宽度	0，±10（mm）	10m	2	挂中心线用尺量，每侧计1点
		厚　　度	0，±10（mm）		2	用尺量，每侧计1点
		高　程	0，−20（mm）		2	用水准仪测量，每侧计1点
4	蜂窝面积		1%	两井间（每侧面）		用尺量蜂窝总面积

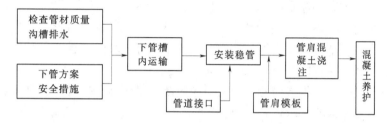

图 3.7　排水管道安装施工流程

2. 管道安装监理工作流程

排水管道安装质量监理工作流程，如图 3.8 所示。

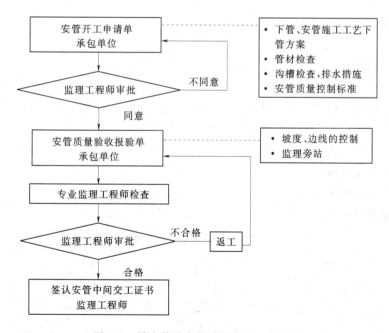

图 3.8　排水管道安装质量监理工作流程

3. 施工要求

（1）以施工安全、操作方便、质量保证为原则，确定合理的下管、安管方案。

（2）应对管材质量进行检查，管节尺寸、圆度、外观及内在质量，不得有裂缝和破损。

（3）应对橡胶圈及衬垫材料的质量进行检查，包括外观及其性能。

（4）管道铺设时间应根据基础强度和施工现场气温因素确定，详见表 3.6 的规定。

表 3.6　　　　　　　　　　混凝土基础允许排管时间参考

气温（℃）	管材类别及混凝土基础		
	混凝土承插管 C15（h）	钢筋混凝土承插管 C20（h）	钢筋混凝土企口管及 F 型钢承管 C20（h）
15 以上	16	24	36
4～15	24	36	48

（5）管节安装前，清除基础表面的杂物和积水。

（6）在安装前，严格复核高程样板，其设置必须稳固，检查稳管垫块是否与设计相符；安管过程中要经常复测高程样板，应防止放置稳管垫块的随意性。

（7）排管应从下游排向上游，承口面向上游。

（8）管节安装时，不得损伤管节，密封橡胶圈不得脱槽、挤出和扭曲，承插口的间隙应均匀，间隙质量不大于 9mm。

（9）严格控制管节的标高及走向、相邻管节垫实稳定等。严禁倒坡，管口间隙及错口亦需在规范允许范围内。

（10）在操作接口时，注意接口的清洁、湿润和嵌实，注意嵌填材料的质量和养护。

4. 监理要点

（1）检查施工人员、材料、机具是否满足下管、安管施工单位方案要求。下管安全措施落实。

（2）检查管节的成品质量，包括材质、成品出厂合格证，外形尺寸、外观质量检查合格。管节符合设计要求。

（3）沟槽检查，垫层、基础达到规范要求，清除杂物、积水，槽外堆土不影响下管。

（4）查管道中心、高程、坡度满足设计要求。

（5）检查相邻管内底错口量及排管方向满足要求。

（6）抽检橡胶圈质量。

5. 质量标准及检验方法

质量标准及检验方法见表 3.7 的规定。

表 3.7　　　　　　　　　　管道安装允许偏差及检验方法

管 道 安 装					
序号	量 测 项 目		检查频率	允许偏差（mm）	检验方法
			范 围	点 数		
1	中线位移（mm）		两井间 2 点		15	挂中心线用尺量取最大值
2	管内底高程	$D \leqslant 1000$	两井间 2 点		±10	用水准仪测
		$D > 1000$	两井间 2 点		±15	
		倒虹吸管	每道直管 4 点		±30	

续表

管 道 安 装				
序号	量 测 项 目	检 查 频 率	允许偏差 （mm）	检验方法
		范 围	点 数		

序号	量 测 项 目		范 围	点 数	允许偏差（mm）	检验方法
3	相邻管内底错口	$D \leqslant 1000$	两井间3点		3	用钢尺量
		$D > 1000$	两井间3点		5	
4	承插口之间的间隙量		每节2点		＜9	用钢尺量

注　D 为管道内径。

3.2.7　管道接口

1. 刚性接口

（1）刚性接口施工流程。排水管道接口施工工艺流程如图3.9所示。

（2）刚性接口施工要求。

1）管节端部必须清洗干净，必要时应凿毛。

2）接缝处必须浇水湿润，涂抹砂浆亦先刮糙后抹光，外光内实，黏结良好。

3）施工完毕应湿治养护。

（3）刚性接口监理工作要点。

1）检查砂浆配合比、强度。

2）检查管端清洗、凿毛情况，接缝处浇水湿润情况，以及涂抹砂浆的质量。

3）督促施工单位对施工完毕的接缝湿治养护。

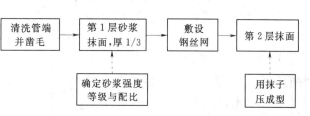

图 3.9　排水管道接口施工工艺流程

（4）质量标准及检验方法。

1）砂浆抹带接口应分2次施工，第1层施工后，表面应划线槽；第2层施工后，表面应平整压实。不得有间断、裂缝、空鼓和脱落现象。

2）接口缝隙中严禁用砖、石嵌缝。

3）接口钢丝网应与管座混凝土连接牢固。

抹带接口的厚度允许偏差见表3.8规定。

表 3.8　　　　　　　　　排水管道抹带接口尺寸允许偏差

序号	项目	允许偏差（mm）	检 验 频 率		检验方法	检 查 程 序	认 可 程 序	备　注
			范 围	点 数				
1	宽度	+5 0	两井之间	2	用尺量	监理人员在场，施工单位检测，填报表，由监理人员签署评语、姓名	须经专业监理工程师书面认可	
2	厚度	+5 0	两井之间	2	用尺量			

2. 柔性接口

（1）柔性接口施工要求。对于橡胶圈柔性接口应满足：

1）检查质保单，并对橡胶圈进行外观检查及内径、长度等实测实量。

2）现场抽样，送检物理性能指标。

3）橡胶圈不得与油类接触。

4）橡胶密封圈应安放在阴凉、清洁环境下，不得在阳光下曝晒。

（2）柔性接口监理工作要点。

1）应检查橡胶圈质保单，并督促施工单位对其物理性能送检。

2）监理也应抽取橡胶圈，送市政质检部门认可的检测单位检测。

3）抽检橡胶圈的展开长度及其外形尺寸，其偏差应符合规范或设计要求。

4）应检查橡胶密封圈的外观，表面光洁，质地紧密，不得有空隙气泡，不得有油漆。

5）检查橡胶圈堆放场所是否清洁、阴凉，不得在阳光下曝晒。

3.2.8　管道闭水试验或压力试验

1. 排水管道闭水试验

（1）排水管道闭水试验流程。排水管道闭水试验工艺流程如图 3.10 所示。

（2）排水管道闭水试验质量监理工作要点。

1）审查施工单位申报进行闭水试验的方案、措施，准备工作是否满足进行闭水试验的要求。

2）检查试管段堵口封闭质量，管道、井身有无因明显缺陷而形成的漏水或严重渗水的部位。发现有上述缺陷时，应通知施工单位采取有效措施进行修复，直至满足验收要求为止。

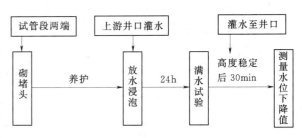

图 3.10　排水管道闭水试验工艺流程

3）监测闭水试验全过程，检查是否按规定程序进行闭水试验，参与测定 30min 渗水量，评定渗水量是否满足质量检验评定标准。

（3）排水管道闭水试验质量标准及检测方法。见表 3.9 的规定。

表 3.9　　　　　　　　　　　　　　排水管道闭水试验质量监理汇总表

序号	项　目		允许渗水量	检验频率		检验方法	检查程序	认可程序	备注
				范围	点数				
1		倒虹吸管（mm）		每个井段	1	灌水	监理在场，承包检测填报表，由监理员签署评语及姓名	须经监理工程师书面认可	
2	其他管道	$D<700$	见表	每个井段	1	计算渗水量			
3		$D=700\sim1500$		每 3 个井段抽验 1 段	1				
4		$D>1500$		每 3 个井段抽验 1 段	1				

注　1. 闭水试验应在管道填土前进行。

　　2. 闭水试验应在管道灌满水后经 24h 后再进行。

　　3. 闭水试验的水位，应为试验段上游管道内顶以上 2m。如上游管内顶至检查口的高度小于 2m 时，闭水试验水位可至井口为止。

　　4. 对渗水量的测定时间不少于 30min。

　　5. 表中 D 为管径。

排水管道闭水试验允许渗水量见表 3.10 的规定。

表 3.10　　　　　　　　　　　　　　　管道闭水允许渗水量

管　径 （mm）	管内底水头 （m）	允　许　渗　水　量		检　验　方　法
300	2.3	磅筒闭水	1.5cm/（10m·min）	用尺量旁站
450	2.5		2.2cm/（10m·min）	
600	2.6		2.9cm/（10m·min）	
800	2.8		3.9cm/（10m·min）	
1000	3.0	检查井闭水	0.9kg/（10m·min）	
1200	3.2		1.0kg/（10m·min）	
1350	3.4		1.1kg/（10m·min）	
1500	3.5		1.3kg/（10m·min）	
1650	3.6		1.5kg/（10m·min）	
1800	3.8		1.6kg/（10m·min）	
2000	4.0		1.8kg/（10m·min）	
2200	4.2		2.0kg/（10m·min）	
2400	4.5		2.2kg/（10m·min）	

2. 给水管道压力试验

（1）监理工作要点。

1）比较长的给水管道应分段试压，每段长度按设计规定或不得超过 1000m；湿陷性黄土地，每段长度不宜超过 200m；管段分段试压时，各段累计长度不应小于管道试总长的 90%。如管件阀门出厂压力小于管道试验压力，又符合设计要求时，可用盲板隔开不参加试压。

2）检查分段试压应考虑的问题是否一一落实，是否符合设计要求。

3）检查落实试压打泵前的准备工作。

4）检验打泵盖堵及接头是否符合设计要求与有关规定。

5）审查试压后背、管件、支墩是否符合设计规定。

6）审查不同管材、不同管径、不同接口采用的不同盖堵及其支顶是否符合设计规定及相关要求。

7）做好压力表的检验校正，做好放水排气设施等的准备工作。

8）串水后试压管段宜保持 0.2～0.3MPa 水压（但不超过工作压力）浸泡。浸泡时间分别为：铸铁管 24h，预应力混凝土管 24～36h，达到该时间后方可试压。

9）水压试验一般应在管身胸腔填土后进行，接口部位是否填土应根据实际情况确定。

10）水压试验时，应统一信号，统一指挥，明确分工，并对后背、支墩、接口、排气阀等都应规定专人负责检查，规定发现问题时的联络信号。

11）对所有后背、支墩必须进行最后检验，确认安全可靠时，方可进行水压试验。

12）水压试验开始时应逐步升压，每升一次以 0.2MPa 为宜，每次升压后检查没有问题后，再继续升压。

13）水压试验时，后背、支墩、管端等附近不得站人，待停止升压后才能进行检查。

14）水压试验压力应按设计规定或参照 GB 50268—97《给水排水管道工程施工及验收规范》的规定执行，见表 3.11。

表 3.11　　　　　　　　　　　　　管道水压试验的试验压力　　　　　　　　　　单位：MPa

管 材 种 类	工 作 压 力 P	试 验 压 力
钢　　管	P	$P+0.5$ 且不应小于 0.9
铸铁及球墨铸铁管	$\leqslant 0.5$	$2P$
	>0.5	$P+0.5$
预应力、自应力混凝土管	$\leqslant 0.6$	$1.5P$
	>0.6	$P+0.3$
现浇钢筋混凝土管渠	$\geqslant 0.1$	$1.5P$

15）放水法测定渗水量。其程序是：水压加至试验压力后，停止加压并开始记录时间、压力和降压 0.1MPa 所用时间 t_1（min）；将水压重新升至试验压力，停止加压并打开水龙头放水入量桶，放水至降压 0.1MPa 为止，记录降 0.1MPa 所用时间 t_2（min）；量桶中水量 Q（L），根据试压段长度 L（m）及 t_1、t_2、放水量 Q，即可计算得试压管道的渗水量为

$$q=Q\times 1000/(t_1-t_2)L[\mathrm{L}/(\min\cdot\mathrm{km})]$$

（2）质量标准和检验方法。

1）落压试验。当管道直径不大于 400mm 时，在试验压力下，如 10min 内落压不超过 0.05MPa 时，可不测定渗水量，即为合格。

2）放水法测定管道渗水量。试验结果管道未发生破坏，渗水量 q 值不大于表 3.12 规定的标准，经监理工程师复查符合规定，即为合格，签认交工证书。

表 3.12　　　　　　　　　　　　给水管道水压试验允许渗水量 q

管径（mm）	允许渗水量 L（min·km）			管径（mm）	允许渗水量 L（min·km）		
	钢管	铸铁管	预应力混凝土管，自应力钢筋混凝土管，钢筋混凝土管		钢管	铸铁管	预应力混凝土管，自应力钢筋混凝土管，钢筋混凝土管
100	0.28	0.70	1.40	800	1.35	2.70	3.96
125	0.35	0.90	1.56	900	1.45	2.90	4.20
150	0.42	1.05	1.72	1000	1.50	3.00	4.42
200	0.56	1.40	1.98	1100	1.55	3.10	4.60
250	0.70	1.55	2.22	1200	1.65	3.30	4.70
300	0.85	1.70	2.42	1300	1.70		4.90
350	0.90	1.80	2.62	1400	1.75		5.00
400	1.00	1.95	2.80	1500	1.80		5.20
450	1.05	2.10	2.95				
500	1.10	2.20	3.14	1800	1.95		5.80
				2000	2.05		6.20
600	1.20	2.40	3.44	2200	2.15		6.60
700	1.30	2.55	3.70				

注　1. 表中所列允许渗水量 q 值为试验段长度 1km 的标准；长度小于 1km 时，按比例折算成 1km 的。

　　2. 表中未列的各种管径，可用下列公式计算允许渗水量。

钢管：$q=0.05\sqrt{D}$

铸铁管、球墨铸铁管：$q=0.1\sqrt{D}$

预应力钢筋混凝土，自应力钢筋混凝土管：$q=0.14\sqrt{D}$

D 为管内径，mm，q 为允许渗水量，$\mathrm{L}/(\min\cdot\mathrm{km})$。

3.2.9　管沟回填

1. 管沟回填施工流程沟槽回填土施工流程

排水沟槽回填土施工流程如图 3.11 所示。

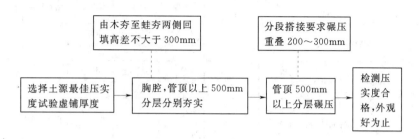

图 3.11　排水沟槽回填土施工流程

2. 沟槽回填施工要求

（1）在覆土前，检查槽底有无杂物，有无积水。管顶以上 50cm 内不得回填不大于 10cm 的石块、泥块、碎砖等。严禁带水覆土，严禁回填淤泥、腐殖土及有机物质。

（2）穿越沟槽的地下管线应根据有关规定认真处理，采用支托地下管线的支墩不得设在管顶上。

（3）应特别注意管道两侧及管顶以上 50cm 范围内的回填土的质量。

（4）回填土不得直接卸在管道接口上。

（5）在覆土及拆除支护结构时，注意安全及对周围环境的影响。

3. 沟槽回填监理工作要点

（1）沟槽回填应在管道隐蔽工程验收合格后进行。

（2）严格控制不得带水回填、不得回填淤泥、腐殖土及有机物质，大于 10cm 的石块硬物应要剔除，大泥块应敲碎。

（3）严格控制回填土的质量，按规定分层整平和夯实，控制回填土密实度，覆土后无弹簧土现象。

（4）注意拆除支护与覆土的安全。

4. 沟槽回填质量标准和检验方法

沟槽回填压实度要求见表 3.13 的规定。

3.2.10　顶管施工

1. 施工程序与施工单位法

排水工程管道顶进往往位于与高速公路、公路主干道、铁路、河流、地下高压煤气、自来水管网、地下电力、通信电缆线网、地面建筑物群交叉，管线标高难调整，又不允许进行开槽埋管施工时才采用管道顶进施工。

（1）施工工序。管道顶进，首先应从整个排水系统着眼，结合施工区具体施工条件，其原则应从管道下游开始，逐段顶进，直至设计长度。具体施工程序为：

1）编制施工组织设计。施工单位在接到地质勘察报告和设计图纸文件后，应组织有关技术人员进行认真、详细地研究，根据施工规范和设计文件，地质条件编制施工组织设计，并经施工单位上级审查批准报监理审批，监理再报建设单位主管技术部门批准。

表 3. 13　　　　　　　　　　　　　沟槽回填土质量监理汇总表

序号	项目			压实度（%）（轻型击实试验法）	检 验 频 率		检 测 与 认 可			备注
					范围	点数	检验方法	检查程序	认可程序	
1	胸腔部分			>90	两井之间	每层 1 组（3 点）	用环刀法检验	监理人员在场，施工单位检测填报表，由监理员签署评语及姓名	须经监理工程师书面认可	
2	管顶以上 500mm			>85	两井之间	每层 1 组（3 点）	用环刀法检验			
3	管顶 500mm 以上至地面	当年修路（按路槽以下深度计）	0～800mm	高级路面 次高级路面 过渡式路面	>98 >95 >92	两井之间	每层 1 组（3 点）	用环刀法检验		
			800～1500mm	高级路面 次高级路面 过渡式路面	>95 >90 >90					
			>1500mm	高级路面 次高级路面 过渡式路面	>95 >90 >85					
		当年不修路或农田			>85					

2）顶管机具造型。顶管机有敞开式和封闭式顶管掘进机 2 大类。有经验的施工企业，根据工区土质类型会优选某种机头类型，以达到经济、节约、顺利，优质完成顶进施工任务。建设、监理人员不应干扰施工企业机具的选型，但进场的机具性能必须良好，能正常进行施工。顶管机头选型可见表 3.14 的规定。

表 3. 14　　　　　　　　　　　　　顶管机头选型参考表

编号	机头形式	适用管道内径 D（mm）管道顶复土厚度 H	地层稳定措施	适用地质条件	适用环境条件
1	手掘式	D：1000～1659 H：不小于 3m≥1.5D	遇砂性土用降水法疏于地下水、管道外周压浆形成泥浆套	黏性或砂性土：在软塑和流塑黏土中慎用	允许管道周围地层和地面有较大变形，正常施工条件下变形量 10～20cm
2	挤压式	D：1000～2400 H：不小于 3mm≥1.5D	适当调整推进速度和进土量；管道外周压浆形成浆套	软塑，流塑的黏性土，软塑流塑的黏性土夹薄层粉砂	允许管道周围地层和地面有较大变形，正常施工条件下变形量 10～20cm
3	网络式（水冲）	D：1000～2400 H：不小于 3m≥1.5D	适当调整开孔面积，调整推进速度和进土量，管道外周压浆，形成泥浆套	软塑、流塑的黏性土，软塑流塑的黏性土夹薄层粉砂	允许管道周围地层和地面有较大变形，精心施工条件下，地面变形量可小于 15cm
4	斗铲式	D：1800～2400 H：不小于 3m≥1.5D	气压平衡正面土压，管道外周压浆，形成泥浆套	地下水位以下的黏性土、砂性土，但黏性土上的渗透系数≤$1×10^{-4}$cm/s	允许管道周围地层和地面有中等变形，精心施工条件下，地面变形量可小于 10cm

编号	机头形式	适用管道内径 D（mm）管道顶复土厚度 H	地层稳定措施	适用地质条件	适用环境条件
5	多刀盘土压平衡式	D：18000～2400 $H \geqslant 3m \geqslant 1.5D$	胸板前密封舱内土压，平衡正面土压，管道外周压浆，形成泥浆套	软塑、流塑的黏性土，软塑流塑的黏性土夹薄层粉砂；黏质粉土中慎用	允许管道周围地层和地面有中等变形，精心施工条件下，地面变形量可小于 10cm
6	刀盘削土土压平衡式	D：1800～24050 $H \geqslant 3m \geqslant 1.3D$	胸板前密封舱内土压，平衡正面土压，以土压平衡装置自动控制；管道外周压浆，形成泥浆套	软塑、流塑的黏性土，软塑流塑的黏性土夹薄层粉砂；黏质粉土中慎用	允许管道周围地层和地面有中等变形，精心施工条件下，地面变形量可小于 5cm
7	加泥式机械土压平衡式	D：1800～2400 $H \geqslant 3m \geqslant 1.3D$	胸板前密封舱内混有黏土浆的塑性土土阿平衡正面土压，以土压平衡装置自动控制；管道外周压浆，形成泥浆套	地下水位以下的黏性土砂质粉土，粉砂。地下水压力＞200kPa，渗透系数 $\geqslant 10^{-3}$ cm/sec 时，慎用	允许管道周围地层和地面有中等变形，精心施工条件下，地面变形量可小于 5cm
8	泥水平衡式	D：1800～2400 $H \geqslant 3m \geqslant 1.3D$	胸板前密封舱内护壁泥浆平衡正面土压，以泥水平衡装置自动控制；$D \leqslant 1800mm$ 可用遥控装置。管道外周压浆，形成泥浆套	地下水位以下的黏性土，砂性土；渗透系数＞10^{-1} cm/sec，地下水流速较大时严防护壁泥浆被冲走	要求管道周围地层和地面有很小的变形，在精心施工条件下，地面变形≤3cm

注　表中所列地表变形值系指 D 为 2400mm，顶管覆土 H 为 $1.5D$ 时，在减少纠偏，精心施工和采取综合稳定地层措施时，地表变形可酌情减少。

3）管材与原材料准备。①按设计图采购管材规格、类型，注意成品管内径大小，管壁厚度、外径尺寸，同时必须到正规生产厂家订购，具备原材料试验报告、最大抗力、试块报告、成品合格证，以备监理检查；②原材料主要指水泥、钢筋、黄砂、石子进场时需报监理，除按规定取样复试外，监理还必须进行平行抽检试验，二者采样须监理取样见证人在场。

4）施工测量放样。在正式开工时，必须首先进行施工测量，主要测量内容为：①水准点或临时水准点的测量；②管道轴线放样；③工作井、接收井基坑轴线与坐标中心放样。

上述 3 项测量结果，须填报验单，由监理复核认可。

5）基坑围护、开挖与结构物构筑。顶管顶进施工，设有工作井和接收井，按设计图进行施工，测量放样、基坑围护、井点降水、基坑开挖与支撑、底板混凝土垫层浇筑、底板钢筋混凝土面层浇筑、前（后）导墙、后靠背钢筋混凝土浇筑预留进出洞口等工序的施工，形成一个安全、稳固、干燥、舒适的井下工作空间。

接收井的施工与工作井相同，预留洞口封堵按设计图施工，供机头进洞时一次使用。

6）顶管机具和设备的安装。顶管机具除顶管机头外，其相关设备还有导轨、后靠承压壁、组合千斤顶顶架、主顶千斤顶、油泵站及管阀、U 形顶铁、O 形接口顶铁等，在工作井内一一安装和调试。

7）顶进。全部顶进设备经过检查并经过试运转呈正常状态后，可开启封门，待工具管、机头出洞切入土后将原设定的技术参数，随顶进随时调整切土、出泥、顶速、土压等技术参数，做到勤测量、勤纠偏、微调的原则。在第一节管顶进 200～300mm 时，测量人员应立即对中轴线和高程进行监测，发现问题马上纠正。在随后的顶进过程中，应在每节管顶进结束后，每个接口测 1 点，做到有偏必纠。

8）接管（接口）。管道连接原则上是插口在前，承口在后顶进，管道接口配件按设计要求配备，目的能止水。管道接口内侧按设计要求填嵌抹平、无渗水。

9）中继间（中继环）设置。根据顶进设备中主顶机顶力、管子允许的轴向力、后靠背最大抗力，考虑是否设置中继环。如顶管顶进较长时，还可继续设置第二、第三……中继间，实施长距离顶进。

10）顶进至设计长度。当顶进快要结束机头进洞口前，打开接收井洞口封门，临时设置导轨架。导轨的标高、中轴线必须和机头进洞时相一致，安装稳固，保证机头设备顺利出洞，结束顶进施工。

（2）施工单位法。顶管施工单位法随着施工组织设计中采用顶管机头的不同类型，分为敞开式顶管施工单位法和封闭式施工单位法。敞开式顶管机包括手掘式、挤压式、网格（水冲）式等形式；封闭式顶管掘进机主要有泥水平衡、土压平衡、加泥式土压平衡、斗铲式、多刀盘等形式。

顶管施工单位法的选定，应结合顶管沿线地形、工程地质、水文资料、设计图、地面建筑、地下管线网，可能的地下障碍物、地面交通车流量、地表形变等客观要求分析研究后，应选择技术上可靠，且能熟练操作，以确保施工质量、安全。

2. 工作井与接收井的施工

管道顶进施工中，提供顶管机头顶进与之相关的设备安装、废弃土、泥浆液进出坑的井下工作场所称工作井；供机头及相关设备在顶进长度另一端进洞口后出坑的称接收井。这两种井的施工与一般的开槽埋管施工有区别，前者是为管道顶进施工创造安全、良好的工作条件和环境，因此其施工有一整套遵循的程序。

（1）施工测量放样。基准水准点测量和临时水准点的测放，工作井、接收井中心坐标、顶管管道轴线等放样等，是顶管施工中易出差错的环节之一，必须按照设计图和测量技术操作规程的规定操作，施工队放样，总包复核，监理复测认可的 3 级复核制，在平面位置和高程控制上达到万无一失。

（2）基坑围护。顶管工作井、接收井，一般情况下按顶管内径大小确定工作井、接收井平面几何尺寸（表 3.15 的规定）。

表 3.15　　　　　　　　　　　　矩形工作坑平面尺寸选用

顶管内径（mm）	顶进坑（宽×长）（m×m）	接收坑（宽×长）（m×m）
800～1200	3.5×7.5	3.5×（4.0～5.0）
1350～1650	4.0×8.0	4.0×（4.0～5.0）
1800～2000	4.5×8.0	4.5×（5.0～6.0）
2200～2400	5.0×9.0	5.0×（5.0～6.0）

注　当采用泥水平衡顶管施工时，工作坑的宽度宜适当增加。

基坑围护的结构形式，通常有钢板桩、钢筋混凝土沉井、地下连续墙、水泥搅拌桩与钢板桩混合结构类型，以达到基坑壁土体稳定、不渗水的目的。基坑围护结构形式，应根据顶力大小、顶管施工单位法、地质水文条件、管径大小、埋藏深度及地面环境，选用结构可靠的、安全的、经济适用的围护结构形式。

　　（3）井点降水。工作井、接收井基坑围护后，不能立即进入基坑开挖，如某地区地表水地下水位标高平均为 1.2～1.7m，而基坑开挖深度一般至地表下 2m，为了使基坑不进水，保护井壁土体稳定，井底底板混凝土垫层、钢筋混凝土面层、后靠背钢筋混凝土、前后导墙钢筋混凝土浇筑、顶管进出洞口的封堵等创造了必不可少的条件。

　　井点降水水位标高控制，应按设计规定实施，一般情况下，井点降水水位最低控制在距基坑底面 1m 以下。

　　（4）基坑开挖及结构物浇筑。工作井和接收井基坑开挖，首先应满足围护混凝土结构的养护期和设计强度后方可进行基坑开挖。基坑开挖时施工技术人员、监理工程师要特别警惕，注意抓好以下几点工作：

　　1）除沉井、连续墙围护外，其他类型围护基坑开挖至地表下 1.5～2.0m 左右深度时，应在基坑上部浇筑钢筋混凝土压顶围檩，实施第一道支撑，待围檩混凝土强度大于 70% 后方可继续开挖。

　　2）当基坑开挖到设计标高前，应架第 2 道钢围檩及支撑，严禁一挖到底，以防后患。

　　3）基坑开挖至设计标高后，应于 4h 内浇筑底板混凝土垫层，并在 48h 内浇筑钢筋混凝土底板面层，并同时浇筑前后导墙。进出洞口封堵和后靠背。注意工作井、接收井底板钢筋混凝土浇筑时要预留滤水孔 1～2 个。

　　4）基坑开挖过程中如发现围护结构有渗漏，必须及时封堵。

　　5）接收井基坑开挖与结构物浇筑除不设钢筋混凝土后靠背外，其余施工与接收井基坑施工相同。

　　3. 顶进设备与施工控制

　　管道顶进的设备主要有顶管机头、工具管及电气配套设备、千斤顶、导轨、油泵液压、泥浆及压浆设施、后靠背墙等。

　　（1）主要设备安装。

　　1）顶管机头的选型安装。顶管机头类型的不同，决定顶管的施工单位法、机头类型也有所不同，同时还要取决于工区工程地质、管道穿越的土层地质情况以及周围地面、地下环境条件。顶管机头的选型可参阅表 3.14。

　　机头安装在导轨上后、机头中心、标高、坡度应符合设计要求。

　　2）千斤顶组合及安装。顶管施工中，使用的千斤顶不只有主千斤顶一台，而是用数台千斤顶，且取偶数，其规格型号相同。千斤顶必须固定在支架上，并与管道中心的垂线对称，其合力的作用点应在管道中心的垂直线上。

　　千斤顶的油路应并联，每台千斤顶应有进油、退油的控制系统。

　　3）油泵安装。油泵应性能良好、保证正常运转。油泵宜设置在千斤顶附近，油管放置顺直、转角少；油泵应与千斤顶相匹配，安装后应进行试运转，为防应急，必须准备有备用油泵。

　　4）导轨与安装。导轨必须是钢质材料制成。支承机头和管节钢导轨可用装配式导轨，安置在钢筋混凝土基面上。导轨分重型和轻型 2 种，安装如图 3.12 所示。

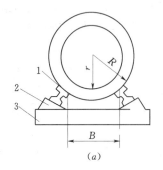
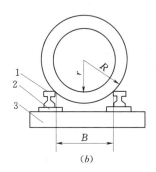

图 3.12 导轨布置示意图

（a）重型导轨；（b）轻型导轨

1—轨道；2—垫板；3—横梁

安装导轨前应先有测量专业人员测放管道轴线。导轨安装定位后必须稳固，在顶进中不移位、不变形、不沉降，导轨的中轴线与顶管轴线一致，2 根轨道必须平行、等高。此外，要求测量专业人员测放钢轨面的中心标高按设计管内底标高设置；导轨坡度与设计管道坡度相一致。

当导轨的中心标高与设计管内底标高一致时，钢筋混凝土管的导轨轨距可参照表 3.16 的规定选用。

表 3.16　　　　　　　　　　钢筋混凝土管导轨轨距选用表　　　　　　单位：mm

管　　径	800	1000	1200	1350	1500	1650	1800	2000	2200	2400
管径厚度	82.5	100	120	165	175	190	200	210	220	230
计算轨距	540	653	796	1000	1083	1183	1265	1362	1459	1556

5）工作井井下测量系统设置。按顶管管道的设计中轴线设置测量仪器架设平台，主要为激光水准仪（经纬仪）测量管道顶进中管道轴线的变化，为纠偏提供依据。激光水准仪架设后，水准轴应和管道的设计中心线一致，每节管顶进结束后必须测 1 次。管内底标高测量频率同设计中心线相同，并各自记录在案，便于而后资料整理。

由地面把管道中心线及水准点引入地下，这样，井下测量系统与地面测量系统便形成一个统一的测量体系，如果发现有偏差，则必须找出原因，及时纠正，确保测量误差值在允许范围之内。

6）钢筋混凝土后靠背墙。后靠背和土体的允许最大反力，已在设计中解决，一般情况下，设计人员会留有足够的安全系数，施工人员及监理工程师不必多虑。但是，在工作井内后靠背墙、底板钢筋混凝土施工中，应严格把关，尤其是钢筋布置、混凝土强度级配必须严格按图施工。

（2）施工控制。管道顶进设备与安装，主要由机械、电气专业监理工程师来负责检查、调试，主要控制要点为：

1）测量监理工程师必须认真配合、协助施工测放人员对管道中线位移、管内底设置标高按规定进行复核，如出现较大偏差，首先检查仪器是否有误差、桩志，仪器架设平台、导轨、垫板等安装是否有移动或偏差，查明原因，立即纠正，再由监理工程师签证认可后，方可正式投入使用。

2）导轨安装检查。监理工程师首先应下工作井检查并测试两导轨是否顺直、平行、等高且是否符合规定要求，其纵坡是否与管道设计度一致。

导轨安装允许偏差值为：轴线位置 3mm；顶面高程 0～+3mm；两轨内距±2mm。以上述标准对导轨安装进行验收，并注意导轨的牢固性与稳定性。

3）机头与工具管的检查。施工进场的机头与工具管，必须与经过批准的施工组织设计所选定的机头和工具管相一致，特别要检查机头直径大小，能否达到比管道直径大于 20mm。同时还得检查机头与工具管的连接紧密程度，应该紧密不渗水。

4）井下电、水、油、泥浆、气压和操作系统设备检查。顶管机头安装就位后，各相关设备的操作人员应将电、水、油、泥浆、气压等设备分别连接，不得渗漏，这时监理工程师应旁站，对各分系统进行试运行检查，直至运行正常、操作灵活自如。

5）千斤顶检查。主顶千斤顶一般由 2～6 只且由偶数组成，固定在组合千斤顶架上，与管节端面呈对称布置。千斤顶必须规格一致，油路并联，行程同步，共同作用，每台千斤顶的使用压力不得大于额定的工作压力，前面所指内容应该已在施工组织设计中解决，不过监理工程师还是应认真核对一下，履行自己职责为好。

6）油泵站检查。油泵站应设置在主千斤顶的近旁，由专人负责操作，达到油路顺直、接头不漏油。油泵应装有限压阀、溢流阀和压力表等指示保护装置，检查在工作状态下的性能是否保持良好，真正起到保护神的作用。

7）工作井洞口检查。工作井预留进出漏的预埋件的安装和设置，早在基坑内结构物施工时已施工完成。在开顶前监理工程师还是应该查看安装是否完善，如洞口设置的止水圈和封门板，能否起到防止水土流失和顶管触变泥浆地溢出。止水圈由钢筋混凝土井壁预留洞、环形橡胶板、钢压板、垫圈和井壁预埋螺栓组成。

4. 管道顶进与管道接口

（1）管道顶进。

1）顶进前的准备工作。

a. 拆除封门。

（a）当工作井采用钢板桩围护支撑时，可拔起或切割钢板桩露出洞口，并采取措施防止洞口上方的钢板桩下落。

（b）工作井采用沉井时，应先拆除内侧的临时封门，再拆除井壁外侧的封板或其他封填措施。

（c）当顶管顶进前发现位于不稳定土层时，封门拆除后应将工具管立即顶入土层。

b. 顶管管节检查。顶进前对使用的管道应逐节检查，对管壁、接口有裂缝、缺损的、端口不平整、承插口外形尺寸不符合产品标准的不得投入使用。

c. 建立顶进轴线附近对地表和地下管网的测量监控点，掌握沉降和位移变化。

2）顶进程序。顶管顶进施工程序主要由工作井基坑围护结构形式、顶管顶进长度、管径大小以及地面、地下环境干扰诸因素来决定。

a. 当在直线段顶管，工作井为钢筋混凝土沉井时，为减少顶管设备和工作场所的转移，宜采用双向顶管，如图 3.13（a）所示。

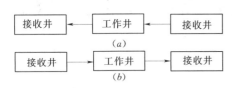

图 3.13　顶进程序示意图

（a）双向顶管；（b）单向顶管

b. 工作井基坑围护结构形式为钢板桩时，同样为直线段顶进，为确保后靠背土体稳定，宜采取单向顶管，如图 3.13（b）所示。

c. 当相邻 2 条平行管道使用顶管法施工时，应贯彻先深后浅、先大后小的原则。其相邻管壁之间的最小净距应根据顶管沿线的土质、顶进方法和 2 段顶管施工先后错开的时间等因素来确定。

施工实践经验证明，一般条件，相邻顶管外壁间距应不小于大管的管节外径。

d. 顶进中应安排日夜连续施工，不宜随意停顶。

3）顶力估算及中继间（中继环）。

a. 顶力估算。

（a）顶力（F）由机头迎土面的迎面阻力（F_1），和顶管管壁外周摩阻力（F_2）两部分组成，即 $F=F_1+F_2$，总顶力 F 值已在施工组织设计中计算完成。

（b）为减少顶进阻力，关键在应减少管壁外周与土层的摩阻力，增加顶进长度，提高顶管质量，减少地表变形。因此，在顶进过程中沿管壁外周均匀压注触变泥浆，以达到减小摩阻力的目的。

b. 中继间（中继环）。

（a）当顶进阻力超过主千斤顶的允许总顶力、混凝土管节的允许顶力或工作井后靠背与土体的允许反力，又不能直接达到设计长度时，应在顶进管道的适当位置设置中继间，形成机头掘进切土，中继间接力顶和主千斤顶顶进的组合顶力系统。

（b）中继间的设置位置已在施工组织设计中明确规定，它是通过顶力计算确定的。如果遇到长距离顶管，则在施工组织设计中，通过顶力计算要设置数个中继间和确定它的位置，以便连续顶进，达到设计长度。

4）管节出洞。经过前述一系列顶进准备和技术准备后，可将顶管机头迅速顶入土层，正式开始顶进，并注意以下几点：

a. 管道与机头工具管的连接应插口在前，承口在后，并按设计要求安装木衬垫及橡胶止水圈等接口材料。

b. 若在软塑或流塑土层中顶进，为防止机头"漂移"和"磕头"，宜将工具管与后几节（1～3 节）钢筋混凝土管用钢拉杆连成整体。

c. 机头、工具管及第一节管节出洞后，在工具管尾部和首节管插口连接处，即首节管预设的压浆孔应压注触变泥浆，做到随顶随压。

d. 机头出洞后，顶进操作应谨慎平稳、缓慢匀速推进，首节管出洞口即应开始均匀压注触变泥浆。

e. 机头的工具管与管节连接时，工具管尾部至少有 20～30cm 搁在导轨上。

5）管节顶进。管节顶进是顶管施工中最关键的一道工序，这个阶段施工测量、顶管工程技术人员、配套相关设备的操作人员、监理工程师在现场最忙且是细致的工作，各路工作协调一致，对各项技术参数的变化应做到记录在案。

a. 当管节出洞 10～20cm 范围内，施工技术人员应督促施工人员将切土、出泥、顶速、土压、轴线、标高、泥浆压注量等技术参数和操作，逐渐调整至正常运作状态，与原先设定的技术指标和参数稍作调整是正常现象，而且必须这样做。

b. 严格做到工具管出洞 10m 范围内，管道轴线轨迹的偏差不大于 20mm，做到有偏必纠，允许偏差见表 3.17 的规定。

当工具管出洞 10～20m 范围内，管道内底标高必须根据每节原始测量记录有系统地进行检查，同样做到有偏必纠。允许偏差见表 3.17。

表 3.17　　　　　　　　　　　　管节进出洞允许偏差

项　目		允　许　偏　差（mm）	
		≤100m	>100m
中　线　位　移		50	100
管道内底高程	<ϕ1500mm	+30、−40	+60、−80
	≥ϕ1500mm	+40、−50	+80、−100

随着顶进距离的延长，测量要进行接站测量，在接站测量过程中要经常用坐标法进行复测，保证测量数据的准确。

c. 顶进中贯彻"勤测、勤纠、微调"的原则，经常检查机头内的照准板，以确定机头顶进的轨迹走向。

d. 顶进中机头如遇不明障碍物或顶力突增异常情况，除作记录外，还应分析判断机头前方可能遇障碍物，应采取相应措施，在确保安全的前提下，可派有经验的施工人员进入机头排除障碍，千万不能盲目顶进。

e. 当得知地面测量监控人员发现地表有明显沉降或位移时，应将数据立即反馈给工具管操作人员，使正面土压力波动减小，并加大触变泥浆注入量，从而更好地控制地表沉降。

f. 若发现地表有冒浆现象时，必须立即采取封堵措施，即时降低触变泥浆的注入量和压力等。

g. 根据测量人员提供单值轨迹走向图发现有较大偏差时，应分析原因，并督促分次逐步纠偏，防止纠偏过量，造成反复纠偏，影响顶管质量。

h. 安全防护。为了保持工作井和管道内良好的工作环境，所有工作人员进入管道内都不准携带香烟、打火机，禁止在管道内吸烟。每人必须随身携带可燃性气体检测仪，借以检测管道中是否有沼气等可燃性气体漏入，如发现情况应立即发出警报，采取措施、快速疏散人员，确保施工人员的生命安全。

i. 顶进一定长度后，按施工组织设计布置中继间并继续顶进，直至一段管道贯通。

j. 在顶进过程中必须安排日夜连续施工，除非遇特殊情况，中途不得停工。

6）管节进洞。在一段管道即将顶通，机头离接收井预留进洞还有一定距离时（3～4 节管长），应精确测量，根据顶进过程测得的管道轴线轨迹和管内底标高单值变化图，将机头中心对准接收井并进洞口逐次调整，平稳顶进。

a. 机头入洞前，应在接收井内沿机头入洞方向安装接收导轨、导轨轴线和标高应与机头一致。导轨安装必须牢固、稳定、能承受支承机头和工具管的重量。

b. 当机头临近进洞口时，才开始拆除洞口砖封墙，拔除钢封门；当采用钢板桩围护接收井时，可采用切割方式，同时对原有钢板桩支护加固，随即将机头、工具管和管节顶进洞口。机头及工具管先后顶至导轨上，即用吊车将设备分别吊上地面，经清洗保养后准备下段顶管使用。

c. 管节进洞后，即应用木楔将管道沿洞楔紧垫稳，当在洞口楔紧管道口时，应遵照测量人员所标识管内底高程控制楔紧、填稳，再用麻筋水泥将洞口空隙填实，防止水土流失。

d. 当顶进长度较大，设有中继间管道顶进时，要待管道全部顶紧靠拢，停止顶进后，按设计要求完成管道与洞口的连接，注意管内底高程的控制。

e. 当第一顶程施工结束后，若管道穿越流塑或半流塑土层时，为减少地面后期沉降，应及时用水泥粉煤灰砂浆进行固化压浆；如果设计没有这项要求就不为之。

（2）管道接口。在顶进开始前和机头、工具管将要出洞口时已交代按照插口连接工具尾部，承口在后的原则顶进。

1）管道接口的形式及接口所用的木垫板、橡胶止水圈、钢套环等配件应按设计要求选用。同时要求尺寸准确，达到技术标准，钢套环无变形，焊缝平整。常用顶管接口形式及止水材料见表 3.18 的规定。

表 3.18　　　　　　　　　常用顶管管道接口形式及止水材料

类　别	内　径 （mm）	每节管长 （mm）	接口方式	止水材料
平口管	$\phi800$、$\phi1000$、$\phi1200$	3000	T 形钢套环	齿形橡胶圈 2 根
企口管	$\phi130$、$\phi1500$、$\phi1650$、$\phi1800$、 $\phi2000$、$\phi2200$、$\phi2400$	2000	企口式	"q" 形橡胶圈 1 根
承口管	$\phi2200$、$\phi2400$、$\phi2600$、$\phi3000$	2000	F 形钢套环	齿形橡胶圈 1 根

2）直线顶管采用钢筋混凝土企口管时，其相邻管节间（2m 长）允许最大纠偏角度不得大于表 3.19 的数值；采用钢承口钢筋混凝土管时，也可参照此表要求控制其最大纠偏角度。

表 3.19　　　　　　　　　钢筋混凝土企口管允许最大偏角

管径（mm）	$\phi1350$	$\phi1500$	$\phi1650$	$\phi1800$	$\phi2000$	$\phi2200$	$\phi2400$
纠偏角度（°）	0.76	0.69	0.62	0.57	0.52	0.47	0.43
分秒值	45′15″	41′15″	37′30″	34′23″	30′58″	28′08″	25′47″

3）钢套环必须按设计规定进行防腐处理。

4）接口顶合时应平整对中顶入，橡胶止水圈应均匀挤到位，无扭曲、挤出外露；钢套环与承口管壁密贴；木垫板无松动脱落，与端接口紧密；接口间隙应均匀一致。

5）顶管结束后，管道接口内侧间隙应按设计规定填嵌抹平，无渗水现象。

6）对设置中继间部分浇筑钢筋混凝土内衬进行清理，并抹光粉圆。

（3）顶进结束后的工作。

1）对管道及接口进行自查自检，有损坏必须予以修补。

2）清除管内杂物。

3）测量管道轴线、管内底标高及管道长度，绘制管道竣工图。

4）对有防腐要求的，应按设计规定施工防腐层。

5）按设计规定在工作井、接收井内施工检查井、流槽、盖板、窖井，并修复路面，恢复面貌。

6）当自查结束后，应通知监理部门监理工程师进行检查、检测，提出整改意见，消项以后，监理签证认可，作出评价。

7）对顶进过程中原始记录、技术数据、管道轴线、管内底标高、质量问题处理等资料，应抓紧时间进行整理、归档，为档案验收作准备。

5. 顶进施工监理要点

任何一项建设工程都必须经过规划、可行性研究设计、施工及质量控制、质量验收与交付使用等阶段，管道顶进仅是城市排水系统管渠施工类型之一，在整个管网系统中占有很小的比例。当管道轴线走向必经线路地面和地下不允许开槽埋管的难题困扰时，用管道顶进就迎刃而解了。由于管道顶进施工均处于地下，施工比较特殊，设备和配套设施比较复杂，隐蔽性强，对施工质量管理的监理工程师来讲，在经验和专业技术水平要求上也相对提高。在地下管道顶进如此之多且复杂的工序面前，监理工程师应该掌握控制施工质量的重点。

（1）施工组织设计的审查。当驻场监理机构收到施工单位顶管施工组织设计后，总监理工程师，专业监理工程师等应及时传阅到位，在一周时间内，总监理工程师应召集全体监理工程师对施工组织设计进行讨论、研究，从施工单位方案的整体上进行全面、细致地分析和审查，找出重点和技术上的难点，以指导开工后一系列监理计划地实施。

1）在施工组织设计中重点审查机头选型、主千斤顶及组合、管材强度与接口形式、总顶力估算、中继间的设置、减阻措施、环境监测及工程保护措施等。

2）施工单位法和技术措施是否符合设计规定。

3）管道顶进过程中对附近地面，建筑物、道路、交通和地下管线的正常使用有否影响及程度，采取何种技术措施进行监测和保护。

4）按《中华人民共和国安全生产法》规定，凡施工组织设计中不设立安全生产措施的不批准使用。

（2）顶管机头选型核查。机头的选型除涉及不同的施工单位法以外，还关系到施工企业是否有类似工程的施工经验等。

1）检查进场的机头和工具管是否与经过批准的施工组织设计所选定的机头设备相一致，机头直径、动力、纠偏设备、工具管与机头的连接能否满足技术要求，特别是机头直径，必须符合设计的尺寸，并略大于管道直径 20mm。

2）选用的机头和施工单位法能否适合顶管穿越土层的特性，是否符合环境保护要求。

（3）施工技术交底。施工单位在收到监理、建设单位批准的施工组织设计后，必须由施工技术主要负责人召集有关人员的施工人员、测量人员、安全生产管理员、监理单位总监、监理工程师等参加的施工组织设计技术交底会议。

1）必须根据设计图纸、质量标准，对操作人员进行技术交底和安全教育，明确分工，责任落实到人。

2）施工过程中应对施工操作、顶管顶力、顶速、顶程、纠偏、压注触变泥浆、测量检测、顶管质量、顶进发生的情况与采取的措施等施工情况，做好全面的详细记录。

3）顶进过程中应组织好日夜连续施工，中途不得随意停顿，要停顶，必须征得主管技术人员的同意。

4）地面施工测量放样和工作井下测量放样必须实行施工队放样、总包复核、报验监理复测的三级复核制，在顶管施工测量上不能犯低级错误。

5）管道管节在起吊、运输过程中，应轻起轻落，保护好端部接口，严禁为贪图方便用钢丝绳穿管吊装；管节堆放场地应夯实、平整，堆放层数按规范执行。ϕ1350mm 以下，不超过 3 层；ϕ1500～1800mm，不超过 2 层；ϕ2000mm 以上为单层。底层管节必须用垫块塞稳，堆放在路边应设安全警示标志，以防附近小孩上去玩耍发生意外。

6）安全生产第一思想不能丢，要求施工队要认真执行国家安全生产法规，上岗安全教育不可少，一旦发生人身安全伤亡事故，应立即组织抢救伤员，同时保护好现场，通过总包和监理现场调查取证及处理，并根据事故大小，按有关规定如实及时报告建设单位和有关上级单位。严禁瞒报、自行处理、破坏事故现场。

此外，严禁在井下或管道内吸烟，防止浅层沼气窜入，引起爆炸起火，危及生命安全。

（4）开工令。开工令由总监理工程师签发。在开工前总监理工程师还必须再次核实以下主要内容：

1）施工现场组织生产准备情况、如机头、工具管、千斤顶及配套设备都经过专业监理工程师检验核对。

2）施工测量放样经监理复测验收通过。

3）现场技术管理和质量保证机构健全、人员落实。

4）专职管理人员和特种作业人员的资格证、上岗证复查，防止撕贴照片、一证多用，把住证件"编号"这个关和盖章单位的职能范围、证件的时限性。

5）总监理工程师召集有关专业监理工程师、测量监理工程师商量决定，最后签署开工令。

（5）工作井、接收井的施工。监理工程主要责任是督促施工队按设计图施工，重点放在工作井后靠背、底板、前后导墙钢筋布置、绑扎、混凝土浇筑工序的控制上，这是往后顶进的基础设施和安全文明施的工作环境，不得偷工减料，一旦查获，必须返工。

（6）导轨安装检查。由测量监理工程师下工作井检测，其轴线、标高、坡度数据必须在允许偏差范围内，否则必须纠正，纠正时旁站，再检测直至合格，监理工程师一定要把住这一道关。

（7）顶力估算和中继间（中继环）。顶力估算和中继间的设立，这已在施工组织设计审查时解决，不必重复工作；工作井后靠背及土体允许反力，这在设计上已有安全保证，监理工程师也不必多虑。

监理工程师注意力应转向：

1）中继间的结构形式、几何尺寸与管道的连接是否符合设计图纸，应进行实地检查和测量，中继间的千斤顶能否做到与主千斤顶同步同行程，不漏油。

2）提醒顶进操作人员，顶管中最大顶力必须小于管材允许顶力。

（8）管道顶进查验。

1）监理工程师必须勤下井，查看顶进原始记录，如压注触变泥浆记录是否贯彻连续顶进，减少停顶时间，顶进中勤挖土、勤顶进、勤压浆、勤测量、勤纠偏，以防顶力突增，对顶机的工作状况、技术参数做到心中有数，达到超前和防范意识。

2）督促施工测量人员把管道顶进管节轴线轨迹和管内底高程变化记录随手标注在单值的坐标纸上，直观地供工具管、机头控制人员进行纠偏。

（9）管节进洞前监控。在一段管道即将顶通，机头离接收井进洞口还有一段距离时，监理测量和专业监理人员不能离开现场，协助施工队精确测量（轴线、管内底标高）、把数据及时反馈给井下顶进控制人员，将机头分次纠偏，对准洞口，平稳顶进，确保机头、管节顺利顶入接收井洞口。

（10）管道接口质量检查。

1）顶管管道接口的施工质量，主要控制在顶进操作人员手中，监理检查仅是事后的工作，如接口闭合时应平整对中顶入，橡胶止水圈应均匀挤压到位，无扭曲、挤出外露，钢套环与承口管壁密贴、木垫板无松动脱落，与端口接口紧密，接口间隙均匀一致等。

2）顶管结束后，监理工程师应下井钻管检查管道内侧接口间隙大小、裂缝、渗水等情况，督促施工人员止渗补缝，达到设计规定填嵌抹平，无渗水。

3）顶管质量验收按表 3.20 检测评定。

表 3.20　顶管允许偏差

序号	项目		允许偏差（mm）		检查频率		检验方法
			≤100m	>100m	范围	点数	
1	中线位移		50	100	每段	1	经纬仪测量
2	管道内高程 D（mm）	<φ1500	30～40	60～80	每段	1	水准仪测量
		≥φ1500	40～50	80～100	每段	1	水准仪测量
3	相邻管节错口		≤15		每节、管	1	钢尺量
4	内腰箍		不渗漏		每节、管	1	外观检查
5	橡胶止水圈		不脱出		每节、管	1	外观检查

（11）地面沉降和附近管线位移监控。测量监理工程师配合施工队测量人员在管道轴线沿走向及走向两侧设置测量监控点，如发现地面沉降或管线偏移时，应通知井下顶进施工人员采取应急措施。

1）对附近管线采取保护，如派专人监控、挖土对管线担挑、支护等措施。

2）通知顶进操作人员严格控制顶进速度、顶进推力、出土量，使开挖面土体比较接近土压平衡状态，以减小地表变形量。

3.2.11　附属构筑物

1. 检查井

检查井按结构形式分为砖砌检查井、现浇钢筋混凝土检查井、砌筑与钢筋混凝土混合检查井及混凝土预制检查井；按管道交汇形式分为直线检查井、二通转折检查井、三通交汇检查井（甲式、乙式、丙式）、四通交汇检查井（甲式、乙式）。

采用哪种形式的检查井施工时按设计要求而定。

各型检查井的制作工序要求应按设计图纸、参照有关技术规程施工，并应符合 GB 50203—2002《砌体工程施工质量验收规范》等有关要求。

（1）施工要求。

1）现浇检查井基础应与管道基础同时浇筑，连成整体。底板下土要密实稳定，预制底板应正确按标高、位置安装就位。

2）注意检查井井身结构形状尺寸、标高及位置的标准；注意井内流槽、接入的管口等的方向、标高及形状尺寸的准确，预留沟管应与内墙面接平。

3）砖砌检查井应符合以下要求。

a. 砌筑前应保持基础表面清洁不积水，沟管稳定，方向和标高符合设计要求，并替换检查井部位的支撑，做好检查井的放样和复核工作。

b. 砖与砂浆的强度等级必须符合设计要求，砂浆不注明时用 M10 砂浆；水泥符合有关质量标准，取中粗砂含泥量不得大于 1%；砂浆稠度 8～10cm，并随拌随用。

c. 砖砌时基础面上应先坐浆后方可砌砖墙；墙体平直、连角整齐、宽度一致、井体不走样；夹角对齐、上下错缝、内外搭接；砖缝宽宜为 10～12mm，缝中砂浆饱满，不得留通缝；砂浆刮入砖缝，不得直接浇水；砌砖时挤出的砂浆应随时刮平，墙面及时清理干净。

d. 当检查井墙体为 120mm 或 240mm，应保持内壁平整；墙体为 360mm 以上时，内外壁均应保持平整；砖墙继续砌高，顶面应洗刷干净。

e. 沟管上半圈墙体应砌筑由两侧向顶部合拢的拱圈，当管径不小于 800mm 时，拱圈 240mm；当管径不大于 600mm 时，拱圈高 120mm。

f. 内外墙抹面应采用 1∶2 水泥砂浆，先刮糙后抹光分二道工序完成，内外墙的粉刷接缝应予错开。

g. 砖砌流槽高度应为管径的 1/2，两肩略向中间落水，并必须用 1∶2 水泥砂浆抹光，按要求收口。

h. 钢筋混凝土盖板安放应根据道路的横坡设定，安装时，顶面和底面不得搞错；盖板搁置宽度每边不小于 150mm。盖板安放前，必须在砖墙顶部先铺厚 25mm 的 1∶2 水泥砂浆，盖板之间接缝用其嵌实，表面勾成凸缝，四周用其坞实，抹成 45°三角接缝，缝高 50mm。

i. 安放铸铁盖座前应先在凹槽内铺 1∶2 水泥砂浆厚 15mm，校正标高后再安放盖座，盖座四周用 C20 细石混凝土坞牢。

j. 施工中需临时封堵的支管头子应封在靠近检查井井壁的管口内，暂不继续施工的检查井应预留头子，除在井应壁管口封堵外，宜在支撑管的另一端封堵。

（2）监理要点。

1）监控地基基础的处理，要求密实稳定，保证检查井的标高准确。

2）检查井井身的结构形状尺寸应与图纸相符。

3）检查井基础与井身、井身与盖板的施工连接需要牢靠，据不同结构形式，依照相应的施工技术规程监控，满足施工要求。

4）要使检查井内无漏水、渗水。注意防止抹面空鼓、裂缝。

5）井框、井盖必须完整无损，不破裂、不缺角，安装平整，方位与道路平行垂直，压力井盖板安装平稳，盖好后无渗漏。

（3）质量标准及检验方法。质量标准及检验方法见表 3.21 的规定。

表 3.21　　　　　　　　　　　　　　检查井允许偏差

序　号	项　　目		允 许 偏 差（mm）	检查频率		检验方法
				范围	点数	
1	井内尺寸		+20，不小于设计要求		2	用钢尺量，长度各计 1 点
2	井盖高程	路面及人行道	标高应一致	每座	1	用钢尺量
		非路面	+10，不低于地面		1	用钢尺量
3	井底高程	≤φ1000mm	±10		1	用水准仪测量
		>φ1000mm	+15		1	用水准仪测量

注　1. 设计的检查井内壁尺寸是指井内净距，包括粉刷层厚度；
　　2. 墙体厚度必须符合设计图要求。

2. 雨水口及连管

（1）施工要求。

1）雨水口的形式与布置应符合设计要求。雨水口的砖砌及抹面要求同前"检查井"的有关要求。

2）连管基座要坚实；连管必须顺直，坡度一般为 3‰～5‰，与管线交叉处的困难地段不小于 1‰。

3）连管的最小复土深度应为 70cm，凡不足最少复土深度的，应采取加固措施。

（2）监理要点。

1）检查雨水口的形式、布置。

2）注意道路连管与里弄连管的不同，如道路连管基座用 135℃ 的 C15 混凝土基座，里弄连管基座用碎石拍实；道管连管用 φ300 混凝土管排设，里弄连管用 φ230 混凝土管排设。检查连管的质量与排设。

（3）质量标准及检验方法。对检查井的地基基础稳定要求、砌砖要求、结构完整要求、无渗漏等要求也适用于雨水口。

连管线形应挺直，顺坡，不错口，腰箍不裂缝、不空鼓，管口应与井壁齐平。

雨水口及连管允许偏差见表 3.22 的规定。

表 3.22　　　　　　　　　　　　　　雨水口及连管允许偏差

序　号	项　目	允 许 偏 差（mm）	检 查 频 率		检 查 方 法
			范　围	点　数	
1	井框与井壁	20		1	用钢尺量
2	井框标高	0　−10		1	以道路面层为准用直尺板、塞尺量取最大值
3	井内尺寸	+20　0	每座	2	用钢尺量长、宽各取 1 点
4	井位与路边线平行位置	30		2	用钢尺量
5	井内管口高度差	+10　0		2	用水准仪量

学习情境 3.3　市政给排水管网工程项目施工投资控制

该工程施工投资控制原理及方法与建筑给排水工程项目施工投资控制类似，在此不再赘述，请参阅学习情境 2.3。

本 项 目 学 习 小 结

3.1　排水管道工程施工流程和质量监理。

3.2　测量放线施工要求及监理要点。

3.3　沟槽开挖施工要求及监理工作。

3.4　管道基础施工流程及监理。

3.5　管道安装施工流程和质量监理。

3.6　管道接口施工流程和质量监理。

3.7　管道闭水试验或压力试验监理。

3.8　管沟回填施工流程和质量监理。

3.9　顶管施工质量监理。

3.10　检查井施工质量监理。

3.11　雨水口及连管施工质量监理。

注：市政给排水管网工程项目施工投资控制、进度控制参见项目 2。

思 考 题 与 习 题

3.1　简述测量放线监理工作要点。

3.2　简述沟槽开挖监理工作流程。

3.3　简述管道基础监理工作流程及监理要点。

3.4　简述排水管道安装施工质量监理重点。

3.5　简述柔性接口监理工作要点。

3.6　简述给水管道压力试验监理工作要点。

3.7　简述沟槽回填监理工作要点。

项目 4　水 处 理 工 程 监 理

学习目标：通过本章学习，学生应掌握水处理工程项目进度控制方法；掌握水处理工程项目质量控制方法；掌握水处理工程项目投资控制方法。

学习情境 4.1　水处理工程项目
施工进度控制

该工程项目施工进度控制原理及方法同建筑给排水工程进度控制，主要内容如下：

（1）建设工程进度控制概述。

1）进度控制的概念。

2）影响进度的因素分析。

3）进度控制的措施和主要任务。

（2）施工阶段进度控制目标的确定。

1）施工进度控制目标体系。

2）施工进度控制目标的确定。

（3）施工阶段进度控制的内容。

1）建设工程施工进度控制工作流程。

2）建设工程施工进度控制工作内容。

（4）施工进度计划的编制。

1）施工总进度计划的编制。

2）单位工程施工进度计划的编制。

（5）施工进度计划实施中的检查与调整。

1）影响建设工程施工进度的因素。

2）施工进度的动态检查。

3）施工进度计划的调整。

（6）工程延期。

1）工程延期的申报与审批。

2）工程延期的控制。

3）工程延误的处理。

（7）物资供应进度。

1）物资供应进度控制概述。

2）物资供应进度控制的工作内容。

学习情境 4.2 水处理工程项目施工质量控制

4.2.1 给水排水构筑物土建工程
4.2.1.1 给水排水构筑物土建工程的整体稳定和施工测量

1. 整体稳定

（1）要求。构筑物的整体除了在设计时加以控制外，施工时的地基处理及基坑开挖也是关键，必须严格监控，防止构筑物发生过量下沉、不均匀沉降以及施工期间的上浮现象。施工具体要求应根据工程具体情况确定。

（2）监理要点。

1）审核施工组织设计中排水方案是否合理，例如排水设备的选用、排水系统的布置及排水期限的确定等。

2）检查施工排水方案的实施情况，例如井点降水是否采用方案中选定的井点系统排水设备；这些设备是否是按要求实施，安装质量如何等，井点管长度及井点管安装高程偏差均不得超过±100mm，并随时检查这些设备的使用情况，督促施工单位及时保养维修。

3）随时检查施工排水方案的施工效果，每天审查降水记录，若效果不好，必须要做调整及补救。

4）当采用井点降水时，应使地下水位降至基坑底标高面以下不小于 0.5m 处，坑内明水也应及时排出，以免基底土受浸变软及被扰动，并检查是否具有备用防止降水中断或地表水涌入等的应急措施。

5）严禁基底下土体超挖，如采用机械挖土，应预留 20～30cm 厚的土层，再用人工开挖修平至设计标高，并及时验槽，尽快进行下一道工序施工。

6）基坑开挖后如发现基底土质土层与地质报告不符，基底土质不均匀，其物理力学性能相差较大，基底土层厚薄不均匀，基底下局部遇暗浜、孔穴、杂填土等，应组织有关方面作出对地基进行处理的方案，并监督实施。

7）构筑物大开挖施工时，回填土应四周均匀，分层夯实，严禁单侧用推土机回填。

8）在水池等给水排水构筑物做满水试验时，应同时向各格分层次均匀注水，力求使整个水池基底以下土层受力均匀。

9）冬期施工时应有防冻措施，以防止排水系统管路冻裂和地基土冻胀。

2. 施工测量

（1）要求。

1）制定测量方案。

2）配备能达到施工精度要求的仪器设备。

3）认真测量放样，做详细记录，并按要求提交报验单给监理部门。

（2）监理要点。

1）参加建设单位组织的现场交桩。

2）检查施工临时水准点及轴线控制桩是否设置在稳固地段和便于观测的位置，是否采取了保护措施，临时水准点数量不得少于 2 个。

3）对施工设置的临时水准点、轴线桩及构筑物施工的定位桩、高程桩，必须坚持按照放、复、复（施工单位测后复核，再报监理复核）的程序进行，临时水准点，其标高须引自市测绘处水准点。

4）对相邻标段衔接处的控制桩及高程桩必须坚持放、复、复的程序进行。

5）根据构筑物各部位的功能要求及机械电器设备、管道等安装要求，确定质量控制点，要求施工单位在施工过程中跟踪测量，为下一道工序提供依据，当与设计不符时可及时调整或采取补救措施，例如，坑底标高、底板顶标高、预留孔的位置及标高等。

4.2.1.2　构筑物基础

1. 定位放线

监理应对施工单位上报的定位放样单进行复测，并严格旁站。

质量标准及检验方法见表 4.1 的规定。

表 4.1　　　　　　　　　　　　基础定位允许偏差及检验方法

顺　序	项　目	允　许　偏　差	检　验　频　率		检　验　方　法
			范　围	点　数	
1	轴线位移（mm）	5	每条轴线	4	用经纬仪
2	高程（mm）	±5	每条轴线	4	用水准仪
3	轴线距离相对误差	≤1/5000	每条轴线	2	用钢尺

2. 基坑开挖

(1) 监理要点。

1）基坑排水效果直接影响坑底的地基承载力及基坑开挖的安全，必须严格监控，见 4.2.1.1 中 1.（2）的第 1）～4）条。

2）对基坑开挖的坡度、推土位置及数量，若有支撑时，支撑的形式、结构、支拆方法及安全措施均应审查，并监督执行。

3）基坑开挖必须按 4.2.1.1 中 1.（2）的第 5）～6）条执行。

4）雨季或冬季开挖基坑时，应多加防护。

(2) 质量标准及检验方法见表 4.2 的规定。

表 4.2　　　　　　　　　　　　基坑开挖允许偏差及检验方法

顺　序	项　目	允　许　偏　差（mm）	检　验　频　率	检　验　方　法
1	轴线偏移	50	纵横各 2 点	经纬仪
2	基坑底高程	±20	中心 1 点、沿周边纵横各 1 点，共 5 点	水准仪

3. 垫层、基础

(1) 要求。

1）要保证垫层土的密实度和标高。

2）要保证基础混凝土强度和尺寸。

(2) 监理重点。

1）复测垫层及基础的高程，认真验槽。

2）做好基础隐蔽验收。

3）旁站混凝土浇筑。

（3）质量标准及检验方法见表 4.3 的规定。

表 4.3 垫层及基础允许偏差及检验方法

顺 序	项 目		允许偏差 （mm）	检验频率		检验方法
				范 围	点 数	
1	垫层	灰土密实度＞95%		每座	3	环刀法
		高程	0，−15	20	1	水准仪
		中线每侧宽度	±10	20	2	尺
2	基础	混凝土抗压强度	不低于设计强度	每台班	1组	标样
		高程	±10	20	1	水准仪
		中线每侧宽度	±10	20	2	尺（每侧各1点）
		厚度	±10	20	1	尺
		麻面面积＜20%		20	1	尺

4. 基坑回填

（1）要求。

1）基坑回填必须在构筑物地下部分验收合格后及时进行，不做满水试验的构筑物，在其池壁强度未达到设计强度以前，其允许的填土高度应与设计单位研究确定。

2）基坑回填土应有合理的回填程序，以防止引起不均匀沉降，导致构筑物开裂。回填的同时若要拆除支撑结构，则应注意安全及对周边环境、构筑物的影响。

3）不得回填含有淤泥、腐殖土及有机物的土，不得带水回填，填土夯实后不得有"弹簧"现象。

4）回填土压实度应符合设计要求，当设计无要求时，压实度应符合规范要求。

（2）监理要点。

1）根据施工要求第（1）条中所述，控制回填时间。

2）控制回填程序。

3）监控回填时的安全和回填土质量。

（3）质量标准及试验方法见表 4.4 的规定。

表 4.4 压实度标准

项 目	压实度（%） （轻型击实法）	检验频率		检验方法
		范 围	点 数	
压实度	≥90	每个构筑物	每层1组（3点）	环刀法

4.2.1.3 构筑物主体结构

1. 现浇钢筋混凝土构筑物

根据给水排水构筑物特点，除按照混凝土和钢筋混凝土施工验收规程施工外，应特别重视钢筋混凝土的浇筑工艺，消除因施工不当而产生裂缝，引起渗漏。

（1）要求。

1）模板制作和安装。

a. 模板及支架应具有足够的强度、刚度和稳定性，以保证混凝土结构不致产生超过设计允许范围的下沉和变形。

b. 池壁和顶板连续浇筑时，模板及支架应是两个独立的系统。

c. 模板的制作安装还应考虑是否能保证混凝土浇筑符合规程。

d. 在安装池壁的最下一层模板时，应在适当位置预留清扫杂物的窗口。

e. 整体现浇混凝土拆模必须保证结构不受损坏，所需混凝土强度见表 4.5 的规定。

表 4.5　　　　　　　　　　　　　整体现浇混凝土强度表

顺　　　序	结构类型	结构跨度（m）	达到设计强度的百分比（%）
1	板	≤2	50
		>2，≤8	70
2	梁	≤8	70
		>8	100
3	拱壳	≤8	70
		>8	100
4	悬臂构件	≤2	70
		>2	100
5	侧模板	应在混凝土强度能保证其表面及棱角不因拆除模板而损坏时，方可拆除	

2）钢筋。对钢筋要求，见有关章节和有关施工及验收规范要求。

3）混凝土浇筑。随着给水排水构筑物规模增大，经常遇到大体积混凝土的浇筑，如何消除混凝土的收缩裂缝、温度裂缝，达到抗渗要求，是混凝土浇筑工艺的重点。一般的规范要求在此略述。

a. 混凝土配合比设计及外加剂的选择：为保证使结构达到规定的强度、抗渗、抗冻和施工和易性的要求，混凝土不得掺入氯盐。

b. 混凝土的搅拌及运输：在大体积混凝土需求量大时，应使用同品种、同强度等级的水泥拌制；运输路程长时应防止离析。

c. 搅拌车及泵送车的停放位置：应结合混凝土分仓位置、浇筑顺序、速度及振捣方法停置搅拌车和泵车，使混凝土的浇筑能连续进行。混凝土从搅拌机卸出到下次混凝土浇筑压茬的间歇时间应小于混凝土初凝时间。

d. 预留施工缝的位置及要求：顶板和底板不能留施工缝，施工缝留在剪力及弯矩较小处，不得采用平口缝，注意施工缝的凿毛及清洁。

e. 变形缝的施工技术措施，必须严格按图纸及规范要求实施。特别应检查止水带的形状尺寸、物理性能、安装牢固性、位置准确度、搭接长度、有无砂眼和钉孔等。止水带两翼的混凝土必须浇捣密实，特别是底板的止水带下面，保证止水带位置的准确和安装牢固。

f. 预防混凝土施工裂缝的措施，从预防裂缝的构造措施、技术措施及施工措施等方面着手，关键在于尽可能多的减少结构物内外温差，减少混凝土表面温度的急剧升降。

（a）控制水泥用量不能过大，宜用低水化热的水泥。

（b）严格控制水灰比。

（c）必要时，加设细而密的钢筋。

（d）振捣密实，尤其注意预埋管、预留孔及须两次灌注的部位。

（e）注意混凝土的养护，特别是早期养护。

（f）注意混凝土表面的保温、保湿，特别是冬季及夏季。

g．季节性施工的特殊措施。

（2）监理要点。

1）按施工要求检查模板及支架强度、刚度、稳定性及尺寸，保证结构的质量及安全。

2）控制拆模板时间。

3）认真做好隐蔽验收，对钢筋、预埋件、预留孔、止水带、变形缝等要仔细检查。

4）监控大体积混凝土的浇筑工艺，预防施工裂缝产生。

（3）质量标准检验方法见表4.6和表4.7的规定。

表4.6　　　　　　整体现浇混凝土模板安装的允许偏差

顺　序	项　　目		允许偏差（mm）	检　验　频　率		检验方法
				范　围	点　　数	
1	轴线位移	底板墙柱，梁	10 5	每个构筑物 和物体	2 2	用经纬仪
2	高程		±5		1	用水准仪
3	平面尺寸长宽或直径	$L\leqslant20m$ $20m<L\leqslant50m$ $L>50m$	±10 $L/2000$ ±25		3	用钢尺
4	结构截面尺寸	混凝土实体	±8		2	
		洞、管槽净空变形缝宽	±5		1	
5	垂直度（池壁，柱）	$H\leqslant50m$ $5m<H\leqslant20m$	5 $H/1000$		2 2	用垂球
6	表面平整度		5		4	用2m直尺
7	预埋管		3		1	用钢尺
8	预留孔中心位移		5		1	
9	相邻两表面高低差		2		2	
10	止水层中心线与变形缝中心位置		5		1	

注　1.L为混凝土底板和池体长、宽或直径。

　　2.H为池壁、柱的高度。

2．装配式预应力混凝土构筑物

一般的装配式预应力混凝土构筑物为圆形，采用整体式底板，装配式壁板、柱及顶盖，并在预制的装配式壁外施加环向预应力，排水构筑物工程较为常用的是绕丝张拉和电热张拉。

（1）施工要求。

1）预制壁板与底板杯槽的连接处理。

a．在杯槽模板安装前，必须复测杯槽中心线位置。杯槽模板必须安装牢固、准确，防止浇筑杯槽混凝土时，杯芯木模偏移和浮动。

表 4.7 现浇钢筋混凝土构筑物施工允许偏差

顺序	项目		允许偏差（mm）	检验频率		检验方法
				范围	点数	
1	轴线位移	底板	15	每构筑物	4	用经纬仪测纵横轴各 2 点
		壁、柱、梁	8	每构件	4	
2	高程（顶板、底板、壁、柱、梁）		+10	每构件	2	用水准仪测量
3	平面尺寸（底板构筑物长宽或直径）	$L \leqslant 20m$	+20	每构筑物	4	用钢尺量纵横轴各 1 点，对角 1 点
		$20m < L \leqslant 50m$	$L/1000$		4	
		$L > 50m$	±50		4	
4	截面尺寸	池壁柱、梁顶板	+10, −5	每构筑物	2	用钢尺量高、宽各 1 点
		孔、槽、沟净空	±10		2	
5	垂直度	$H \leqslant 6m$	8	每构筑物	2	用垂直线球吊量
		$6m < H \leqslant 20m$	$1.5H/1000$ 且 <20		2	
6	表面平整度（墙面板面）		10	每构筑物	4	用 2m 直尺量取最大值
7	预埋件、预埋管中心位移		5	每件	1	用钢尺量
8	预留孔中心位移		10	每件	1	用钢尺量
9	麻面		每侧面 1%	每侧面		用钢尺量
10	防水层、防腐层平整度		5	每构筑物	2	用 2m 直尺量

注 1. L 为混凝土底板和池体长、宽或直径。
2. H 为池壁、柱的高度。

b. 壁板就位前杯槽杂物要清理干净，并浇水湿润，铺灰与吊装应紧密结合。

c. 杯槽内壁与底板混凝土应同时浇筑，不留施工缝，外壁宜后浇筑。

d. 杯槽与壁板缝隙防水填缝料须填实嵌紧，可在壁板施加预应力后填塞。

2）预制壁板制作。

a. 壁板应外光内实，并按规范要求养护和堆放，以免产生裂缝。

b. 严格控制壁板模板的长、宽、对角线、曲度的精确尺寸及模板的表面平整度，合格构件应有证明书和合格印记。

3）预制壁板及预制柱、梁的安装。

a. 若壁板有几种不同的类型，应按预定的位置顺序编号安装。

b. 应控制壁板的垂直度，以壁板外板面为准校正定位，使之平顺。

c. 壁板吊装时，其强度不应低于设计强度的 70%，吊点位置应按设计要求而定。

d. 柱、梁及壁板等在安装前应标注中心线，并在杯槽、杯口上标出中心线；安装的构件在轴线位置及高程进行校正后，方可焊接或浇筑接头混凝土。

e. 构件安装就位后，应采取临时固定措施，待二次混凝土达到设计强度的 70% 及以上时，方可拆除支撑。

4）预制壁板间竖向接缝的处理。

a. 接缝混凝土强度应符合设计规定；当设计无规定时，应比壁板混凝土强度提高 1 级。

b. 混凝土浇筑选在壁板间缝宽较大时进行。

181

c. 板缝混凝土宜一次浇到顶，板缝处理同施工缝的要求。

d. 为消除混凝土的干缩及温度裂缝，混凝土的级配、拌制、浇筑、养护等均同结构混凝土要求而定。

5）池壁环向预应力的施工。必须在板缝混凝土强度达到设计强度的 70% 及以上时方可施加预应力。

a. 池壁外表面必须平整、无浮粒、污物等，并应查验标记在池壁上的预应力钢丝、钢筋的位置和序号。第一圈预应力钢丝距池顶不大于 500mm。

b. 对钢丝及锚具，在使用前都要按规定抽查，电热法张拉时，预应力筋的弹性模量由实验确定。

c. 检查带有锚具槽的壁板数量和布置是否符合设计规定。当设计无规定且水池直径 $d \leqslant 25m$ 时，采用 4 块；当 $25m < d \leqslant 50m$ 时，采用 6 块；当 $50m < d \leqslant 75m$ 时，采用 8 块，并应沿水池的周长均匀布置。

d. 检查测定钢丝、钢筋预应力值的仪器是否标定。

e. 施加预应力时，每缠一盘钢丝应测定一次钢筋应力，并记录。

f. 池壁缠丝或电热张拉钢筋前，在池壁周围必须设置防护栏杆；电热张拉通电后还应进行机具、设备、线路、绝缘检查，测定电流、电压及通电时间。

g. 当采用电热法张拉时，控制张拉顺序及伸长值。伸长值允许偏差不得超过（−5%，+10%）；张拉应一次完成，若必须重复张拉时，同一根钢筋的重复次数不得超过 3 次；电热温度不超过 350℃。

6）预应力筋保护层的施工。

a. 保护层施工应在满水试验合格后的满水条件下进行。

b. 控制好水泥砂浆的配合比。

c. 控制喷射压力、喷射角度；保持出浆量的稳定和连续，保持层厚的均匀密实，做好养护。

d. 当有大风、冰冻、降雨或当日最低气温低于 0℃时，不得进行喷射作业。

（2）监理要点。

1）复测杯槽中心线位置。

2）预制壁板与底板杯槽的连接。

3）严格监控预制壁板、梁、柱的尺寸，混凝土浇筑及养护，应按规范进行。

4）若有不同类别的壁板，应按预定的位置顺序编号安装，控制壁板的尺度。

5）预制构件安装时，要保证其位置准确，注意预制构件是否达到允许吊装的强度要求，并采取临时固定措施。

6）严格控制预制壁板间竖向接缝处理的灌缝混凝土配制、浇筑、养护及浇筑时间的选择。

7）旁站监理池壁环向预应力的施工。

a. 板缝混凝土强度是否达到设计强度 70% 及以上。

b. 检查池壁外表面及预应力钢丝、钢筋锚具等的布置情况。

c. 检查仪器、设备是否标定，是否安全。

d. 检查张拉顺序及伸长值等。

8）根据施工要求，监控预应力保护层的施工。

（3）质量标准及检查方法见表 4.8～表 4.10 的规定。

表 4.8　　　　　　　　杯槽、杯口施工允许偏差

顺序	项目	允许偏差（mm）	检查频率		检验方法
			范围	点数	
1	轴线位置	8	每个构件或构筑物	4	经纬仪、钢尺
2	底板高程	±5			水准仪
3	底宽顶宽	±10，−5		2	用钢尺量取最大值
4	壁厚	±10			钢尺

表 4.9　　　　　　柱、梁、壁板及顶板安装允许偏差

顺序	项目		允许偏差（mm）	检查频率		检验方法
				范围	点数	
1	轴线位置		5	每个	2	用钢尺或经纬仪
2	垂直度（柱、壁、板）	H≤5m	±5		2	用垂球吊量
		H>5m	10		2	用垂球吊量
3	高程（柱、壁、板）		±5		2	用水准仪
4	壁板间隙		±10		2	用钢尺

注　H 为柱或壁板的高度。

表 4.10　　　　　　　　预制构件的允许偏差

顺序	项目		允许偏差（mm）		检查频率		检验方法
			板	梁、柱	范围	点数	
1	长度		±5	−10	每个构件	2	用钢尺
2	横截面尺寸	宽	−8	±5		2	用钢尺
		高	±5				
		肋高	±4 −2	—			
		厚	±4 −2				
3	板对角线差		10	—		2	用钢尺
4	直顺度		L/1000 且≤20	L/750 且≤20		2	用 2m 直尺
5	表面平整度		5	—		2	用 2m 直尺
6	预埋件	中心线位置	5	5		1	用钢尺
		螺栓位置	5	5			
		螺栓明露长度	±10 −5	±10 −5			用钢尺
7	预留孔洞中心线位置		5	5		2	用钢尺
8	受力钢筋保护层		+5 −3	+10 −5		5	用钢尺

注　1. L 为构件长度。

　　2. 受力钢筋的保护层偏差，仅在必要时进行检查。

　　3. 横截面尺寸栏内的高，对板系指肋高。

3．砖、石砌体水池

对砖、石砌体水池所用的材料及砌筑要求均同其他砖石砌体。

（1）要求。

1）机制普通黏土砖强度不应低于 MU7.5，料石强度不应低于 MU20；采用的中、粗砂应有良好的级配，含泥量不应超过 3%。

2）每座砖石砌体水池或体积为 100m³ 的砌体，应制作 1 组水泥砂浆试块，每组 6 块。

3）砂浆强度按单位工程内同品种强度等级为 1 个验收批。各组试块平均强度不得低于设计强度标准值；任意 1 组试块强度不得低于设计强度标准值的 0.75 倍。当只有 1 组试块时，其强度不低于设计强度标准值。

4）注意预埋管处的防渗措施，池壁不得留设脚手眼和支搭脚手架。

5）砌筑前，砖石应浇水，砖应浇透；控制好砂浆饱满度及砌缝宽度，缝宽一般宜为 10mm，粗料石竖向缝宽不大于 20mm，圆形砖砌体，里口灰缝宽不应小于 5mm，且不得有通缝。

（2）监理重点。

1）对砖、石、水泥砂浆的材质控制。

2）对砌筑工艺的控制。

（3）质量标准及检验方法见表 4.11 的规定。

表 4.11　　　　　砖、石砌体水池施工允许偏差

顺　序	项　目		允许偏差（mm）	检 验 频 率		检验方法
				范　围	点　数	
1	轴线位置（池壁、隔墙、柱）		10	每 1 个构件或构筑物	2	用钢尺
2	高程（池壁、隔墙、柱的顶面）		±5		2	用水准仪
3	平面尺寸	$L \leqslant 20m$	±20		2	用钢尺
		$20m < L \leqslant 50m$	$±L/1000$		2	用钢尺
4	料石砌体厚度		±10 −5		2	用钢尺
5	垂直度（池壁）	$H < 5m$	8		2	用垂球吊
		$H > 5m$	$1.5H/1000$		2	用垂球吊
6	表面平整度	清水	5		2	用 2m 直尺
		混水	8		2	用 2m 直尺
7	中心位置	预埋件、预埋管	5		1	用钢尺
		预留孔	10		1	用钢尺

4．闸门井

（1）要求。

1）钢筋混凝土浇筑同其他钢筋混凝土结构。

2）各类预埋件的位置要准确。

3）启闭机基座高程及闸门框底槛高程要符合设计要求。

（2）监理要点。

1）加强过程控制。保证土建施工时，预埋件位置和结构尺寸的正确。

2）闸门安装调试合格后，应在无水情况下进行全程检验，滚轮应转动自如，升降无阻卡，止水橡胶带无缺损。

（3）质量标准及检验方法见表 4.12 的规定。

表 4.12　　　　　　　　　　　　闸门并施工允许偏差

顺　序	项　目	允许偏差（mm）	检验频率		检验方法
			范　围	点　数	
1	预埋固定闸门杆垂直度	4		1	用垂球和钢尺
2	铁杆与闸门杆轴线位移	8		1	用垂球和钢尺
3	预埋启闭机基坐标高	±5		1	用水准仪
4	钢板平整度	5	每　座	1	用平板尺量
5	预埋铁轴线位移	5		1	用钢尺量
6	预埋闸门框垂直度	4		4	用垂球和钢尺
7	闸门框底槛高程	±10		3	用水准仪

5. 帘格井

（1）要求。

1）钢筋混凝土浇筑同其他钢筋混凝土结构，特别注意胸墙倾斜度，应符合设计要求。

2）各类预埋件的位置要准确。

（2）监理要点。

1）隐蔽验收时注意胸墙倾斜度。

2）验收时认真控制预埋件位置的准确，预埋槽钢、导轨的水平度、间距及平直度等。

（3）质量标准及检验方法见表 4.13 的规定。

表 4.13　　　　　　　　　　　　帘格井施工允许偏差

顺　序	项　目	允许偏差	检验频率		检验方法
			范　围	点　数	
1	胸腔斜面平整度（mm）	5		2	用 2m 直尺靠量
2	预埋铁杆轴线位移（mm）	5		2	用钢尺量
3	预埋上平面角钢与下平面槽钢平行度（mm）	±10		2	用钢尺量取最大值
4	预埋下平面槽钢水平度（mm）	±5	每　座	2	用钢尺量取最大值
5	井壁内净距（mm）	+20 0		4	用钢尺量取最大值
6	导轨轴线间距（mm）	±15		1	用钢尺量取最大值
7	导轨平直度（mm）	2/1000		2	用 2m 直尺靠量

6. 泵房

（1）施工要求。

1）钢筋混凝土工程同其他钢筋混凝土结构。

2）水泵和电机分装在两个楼层时，各层楼板的高程偏差应不大于 10mm，上下层楼板安装电机和水泵的预留孔中心位置应在同一垂直线上，其相对偏差不得超过 5mm。

3）由于结构物会产生沉降和倾斜，监理应设点观测，以便在浇筑底板和楼板时，调整设计图给出的标高，以保证楼层空间，满足安装要求。

4）水泵和电机的安装。

a. 水泵和电机的基础和底板混凝土不同时浇筑时，其接触面按施工缝处理，且底板应预留插筋。

b. 控制水泵和电机基座，二次灌浆的质量；当浇筑厚度不大于 40mm 时，宜采用细石混凝土；当浇筑厚度大于 40mm 时，宜采用水泥砂浆，其强度均应比基座混凝土设计强度高一级。

c. 地脚螺栓的弯钩底端不应接触孔底，外缘离孔壁距离不应小于 15mm；地脚螺栓的油污应清除干净，待混凝土或砂浆达到设计强度的 75％ 以后，方可将螺栓对称拧紧。

5）若泵房采用沉井时，其施工及监理的程序参见本书有关章节。沉井制作及下沉允许偏差和作其他用途的沉井基本相同。

6）泵房的门窗、屋顶等其他分部工程的施工和监理都按房屋结构要求进行。

（2）监理重点。

1）按常规监理混凝土工程。

2）监控水泵层和电机层楼板的标高，安装电机和水泵的预留孔位置。

3）关注施工缝的处理及二次灌浆混凝土质量。

4）加强对结构物的沉降观测。

（3）质量标准及检验方法见表 4.14～表 4.16 的规定。

表 4.14　　　　　　　　　　水泵与电机基础施工允许偏差

顺 序	项 目		允许偏差（mm）	检 验 频 率		检 验 方 法
				范 围	点 数	
1	水泵与电机基础	轴线位置	8	每个基础	4	用经纬仪或钢尺
		平面尺寸	±10		2	用水准仪测量
		水平度	5		4	用钢尺量
		垂直度	10		4	用水准仪或直尺
		高程	—20		4	用垂球和钢尺量
2	预埋地脚螺栓	顶端高程	±20		1	用水准仪测量
		中心距（在根部和顶部两处测量）	±2		1	用钢尺量
3	地脚螺栓预留孔	孔壁垂直度	10		1	用垂线吊量
		中心位置	8		4	用钢尺量
		深度	±20		2	用钢尺量
4	预埋活动地脚螺栓锚板	中心位置	5		4	用钢尺量
		高程	+20		1	用水准仪测量
		水平度（带槽的锚板）	5		4	用水准仪或直尺
		水平度（带螺纹的锚板）	2		4	用水准仪或直尺
5	预埋铁件轴线		5		2	用钢尺量

注　本表包括支撑基础。

表 4.15　　　　　　　　　　　　　　　**螺旋泵房施工允许偏差**

顺序	项目	允许偏差（mm）	检验频率		检验方法
			范围	点数	
1	上下轴承基础顶面高程	±5	上下层	各2	用水准仪测量
2	预埋铁杆轴线位移	5	每件	2	用钢尺量的最大值
3	基础预埋铁件平整度	3	每件	2	用平板尺
4	流槽宽度	+10，0	每条	2	用钢尺量的最大值

表 4.16　　　　　　　　　　　**现浇混凝土及砖石砌筑泵房施工允许偏差**

顺序	项目		允许偏差（mm）		检验频率		检验方法
			混凝土	砌砖体	范围	点数	
1	轴线位置	混凝土底板、砖石墙基	15	10	每座构筑物	4	经纬仪测纵横轴各两点
		墙、柱、梁	8	10		4	经纬仪测纵横轴各两点
2	高程	垫层、底板、墙、柱、梁	±10	±15	每构件	2	水准仪
		吊梁支撑面	−5	—		2	水准仪
3	平面尺寸（长宽或直径）	$L \leq 20m$	±20	±20	每座构筑物	4	每一钢尺量纵横各1点，对角线上点
		$20m < L \leq 50m$	$L/1000$	$±L/1000$		4	每一钢尺量纵横各1点，对角线上点
		$20m < L \leq 250m$	±50	±50		4	每一钢尺量纵横各1点，对角线上点
4	截面尺寸	墙、柱、梁、顶板	+10 −5	—	每构件	2	钢尺量高、宽各1点
		洞、槽、沟净空	±10	±20		2	钢尺量
5	垂直度	$H \leq 5mm$	8	8	每构件	2	用垂球吊量
		$5m < H \leq 20m$	$1.5H/1000$	$1.5H/1000$		2	用垂球吊量
		$H > 20m$	30	—		2	用垂球吊量
6	表面平整度（用2m直尺检查）	平面 垫层、底板、顶板	10		每构件	4	用2m直尺量取最大值
		墙、柱、梁	8	清水5，混水8		4	用2m直尺量取最大值
7	中心位置	预埋件、预埋管	5	5	每个	1	用钢尺量
		预留洞	10	10		1	用钢尺量

注　1. L 为泵房的长、宽或直径。
　　2. H 为墙、柱等的设计高度。

7. 沉砂池

（1）要求。

1）钢筋混凝土浇灌同其他钢筋混凝土结构。

2）各类预埋件的位置要准确。

3）结构尺寸和标高符合设计要求。

（2）监理要点。验收时认真控制预埋件位置及堰口标高。

（3）质量标准及检验方法见表 4.17 和表 4.18 的规定。

表 4.17 平（竖）流式沉砂池施工允许偏差

顺序	项 目		允许偏差	检验频率		检验方法
				范 围	点 数	
1	泥斗斜面平整度（mm）		3	每座	4	用尺量取最大值
2	△堰口高程	混凝土堰口（mm）	±5	每座	4	水准仪测量
		钢制堰口（mm）	+3		4	水准仪测量
3	闸槽净距（mm）		$H/100$	每侧	2	用垂球吊量
4	闸槽净距（mm）		+10	每座	4	用钢尺量取最大值
5	底槛平整度（mm）		5		2	用直尺量取最大值
6	预埋件	管件中心轴线位移（mm）	5	每件	2	用钢尺量
		铁件轴线位移（mm）	5	每件	4	用钢尺量
7	水槽高程（槽底）（mm）		±10	每条	4	水准仪测量
8	各类管道高程（mm）		±10		各2	水准仪测量
9	泥斗壁与水平面倾角（°）		+0.5		2	水准仪、角度尺
10	泥斗下口尺寸（mm）		+10		各2	用钢尺量

注 1. 有△的项目合格率应达到100%。

2. H 为闸槽高度。

表 4.18 曝气沉砂池（带链条刮砂机）施工允许偏差

顺序	项 目		允许偏差（mm）	检验频率		检 验 方 法
				范 围	点 数	
1	流槽斜面平整度		±3	每个构筑物	4	用2m直尺量
2	流槽	流槽净宽	±10 0		2	直尺量
		流槽侧面平整度	±10		各2	用2m直尺量
		流槽轨高程	±3		各2	用2m直尺量
3	预埋件	螺栓孔轴线位移	5		2	用直尺量
		流槽内铁件轴线位移	5		2	用直尺量
4	高程	进水堰口	±5		2	用水准仪测量
		进出水管底	±10		2	用水准仪测量
5	池内转角半径		±15		2	用水准仪测量

8. 配水井和沉淀池

配水井配水分堰门控制和闸门控制；沉淀池有平流式、竖流式、辐射式和斜板式 4 种。

（1）要求。

1）钢筋混凝土浇筑同其他钢筋混凝土结构。

2）堰门控制配水的配水井，应控制所有的堰门底标高保持在同一水平上，其高程误差不得超过 5mm。闸门控制配水的配水井，参照闸门井有关规定执行。

3）平流式沉淀池进出水口采用堰流时，应控制堰顶水平，各堰口水平度偏差不得超过 2mm，高程允许偏差不得超过 5mm。采用淹没式孔口时，孔口尺寸和位置允许偏差不得超过 5mm。其他有关标准参照竖流式沉淀池规定执行。

4）竖流式沉淀池进水管的渐扩管口安装应保持口平，立管垂直。

5）辐流式沉淀池的进水管道和排泥管（廊）道，应经充水检验合格后，方可进行沟槽回填夯实，其密实度应达到 90％以上。

　　6）构筑物清污设备的钢轨铺设前应检查，若有弯曲、歪扭等应矫形，钢轨正侧面的垂直度不大于 L/1500，且不大于 2mm（L 为钢轨长）；圆弧形钢轨中心线的偏差不大于 2mm；钢轨两端面应平直，其垂直度（为轨轴）不大于 1mm。

　　（2）监理要点。

　　1）验收时认真监控预埋件位置、堰口标高及清污设备的钢轨形状、垂直度等。

　　2）沟槽回填前，对管道要充水检验，注意回填土的密实度。

　　（3）质量标准及检验方法见表 4.19～表 4.22 的规定。

表 4.19　　　　　　　　　　竖流式沉淀池施工允许偏差

顺序	项　目		允许偏差	检验频率		检验方法
				范围	点数	
1	泥斗	斜面平整度（mm）	±3	每个	8	用 2m 直尺量
		斜面侧角（°）	＋0.5	每个	4	用角度尺量
2	中心管	轴线位移（mm）	10	每件	2	用钢尺量
		管底高程（mm）	±10	每件	2	用水准仪量
3	立管垂直度（mm）		10	每件	2	用垂球吊量
4	高程	反射板（mm）	±10	每件	8	用水准仪量
		出水管管底（mm）	±10	每件	1	用水准仪量
		进水槽槽底（mm）	±10	每件	2	用水准仪量
5	堰口面高程	混凝土堰口（mm）	±5	每件	2	用水准仪量
		钢制堰口（mm）	±3	每件	2	用水准仪量

表 4.20　　　　　　　　　　辐流式沉淀池施工允许偏差

顺序	项　目		允许偏差（mm）	检验频率		检验方法
				范围	点数	
1	△中心支座	轴线位移	10	每个构筑物或构件	4	用钢尺量
		高程	±15		4	用水准仪量
2	地脚螺栓孔轴线位移		10		2	用钢尺量
3	轨道混凝土基础	半径	±5		4	用钢尺量
		高程	±5		4	用水准仪测量
4	池底	坡度	1.5R/1000		2	用钢尺量
		平整度	5		4	用 2m 直尺量
5	中心竖管座预埋铁件	中心位移	15	每个构筑物或构件	2	用钢尺量
		高程	−10		2	用水准仪测量
6	高程	排渣斗	±10		4	用水准仪测量
		排泥斗	−10		2	用水准仪测量
7	△出流堰口高程	混凝土	±5		8	用水准仪测量
		钢制	±3		8	用水准仪测量
8	过墙管中心位移		±10		1	用钢尺量

　　注　1．有△的项目合格率达 100％。

　　　　2．中心支座高程系指轨道混凝土基础高程。

　　　　3．出流堰口高程系指池整体高程。

　　　　4．R 为辐流式沉淀池半径，池底坡度应与地平面成锐角。

表 4.21　　　　　　　　斜板（管）式沉淀池施工允许偏差

顺序	项　目		允许偏差	检验频率		检 验 方 法
				范　围	点　数	
1	斜板	垂直距离（mm）	±5	每个构筑物	2	用钢尺量
		斜板角度（°）	0.5		2	用角度尺量
						用水准仪测量
2	出水槽底高程（mm）		±10		4	用水准仪测量
3	堰口高程（mm）		±5		8	用水准仪测量
4	污泥斗（mm）	斜面平整度	±5		4	用2m直尺量
		斗底高程	±10		4	用水准仪测量
5	集水槽高程（mm）		±10		4	用水准仪测量
6	搁置工字钢牛腿高程（mm）		-10		2	用水准仪测量

表 4.22　　　　　　　　轨 道 铺 设 允 许 偏 差

顺序	项　目	允许偏差（mm）	检验频率		检验方法
			范　围	点　数	
1	轴线位移	±5	每根	6	用钢尺量
2	轨顶高程	±2		6	用水准仪测量
3	两轨间距或圆形轨道半径	±2		6	用钢尺量
4	轨道接头间隙	0.5	每个接头		用钢尺量
5	轨道接头错位（左、右、上3面错位）	1	每个接头		用钢尺量

注　1.轴线位移：对平行两直线轨道，应为两平行轨道之间的中线；对圆形轨道，为其圆心位置。

　　2.平行两直线轨道接头的位置应错开，其错开距离不等于行走设备前后轮的轮距。

9.曝气池

曝气池有鼓风曝气池和机械曝气池之分。

（1）施工要求。

1）钢筋混凝土浇筑同其他钢筋混凝土结构。

2）鼓风曝气池池壁与管廊离墙内壁的平整度不应超过5mm；管廊壁断面施工允许偏差不得超过5mm；并控制好廊底坡降及出水堰口的标高。

（2）监理要点。

1）注意池壁、管廊离墙内壁的平整度。

2）控制廊底坡降和堰口标高。

（3）质量标准及检验方法见表4.23的规定。

10.污泥浓缩池

（1）施工要求。

1）钢筋混凝土浇筑同其他钢筋混凝土结构。

2）有浓缩机械的浓缩池，控制池顶上预埋搁置钢梁的铁板应平整，平整度不得超过5mm，高程允许偏差为±5mm，池底坡降符合设计要求。

表 4.23 机械曝气池施工允许偏差

顺序	项 目		允许偏差	检验频率		检 验 方 法
				范 围	点 数	
1	导流口（mm）	中心位移	10		2	用钢尺量
		高程	±10		2	用水准仪测量
2	导流区两侧板净距（mm）		±10		8	用钢尺量
3	混凝土斜板	平整度（mm）	3		4	用 2m 直尺量
		斜板角度（°）	0.5		2	用角尺量
4	出水槽（mm）	堰口高度	±5	每个构筑物	8	用水准仪测量
		槽底高程	±10		4	用水准仪测量
5	回流缝（斜板处）净距（mm）		±10		2	用钢尺量
6	导流板平整度（mm）		3		8	用 2m 直尺量
7	池底	高程（mm）	±10		4	用水准仪测量
		坡度（°）	0.5		2	用角尺量
8	中心管轴线位移（mm）		15			用钢尺量
9	表曝机预留口轴线位移（mm）		5			用钢尺量
10	预埋件（mm）	轴线位移	5	每个		用钢尺量
		高程	0，−5			用水准仪测量
11	表曝机基础（mm）	基础面高程	0			用水准仪测量
		平整度	2			用 2m 直尺量
12	预埋螺栓轴线（mm）		5		2	用钢尺量

（2）监理重点。

1）有机械安装的要控制预埋件位置及标高。

2）控制池底坡降。

（3）质量标准及检验方法。已在施工要求中提到。

11. 加氯接触池

参见 4.2.1.3 中 1. 现浇钢筋混凝土构筑物。

12. 消化池

（1）施工要求。

1）消化池应做满水试验及气密性试验。

2）消化池保温层施工，应在上述试验合格后进行。

3）若采用喷涂，喷涂前必须对消化池表面进行处理，表面应干燥，喷涂的材质、工艺应符合设计要求。

4）若采用装配式保温层，保温罩上的固定装置应与消化池上的预埋件位置一致。

5）若采用空气保温时，保温罩接缝处的水泥砂浆必须堵塞密实，达到设计密封要求。

（2）监理要点。

1）满水试验和气密性试验不合格者不能进行保温层施工。

2）监控保温层的施工。

（3）质量标准及检验方法。

1）满水试验及气密性试验必须合格。

2）结构尺寸及保温层符合设计要求。

13．储气柜

（1）施工要求。

1）储气柜保温、采暖、排水管道、工艺管道和电器仪表等工程，均按现行的各有关专业技术规范进行。

2）环形基础内应呈圆锥形状面中心突起，其突起高度应不小于水槽直径的 1%。

3）基础防水层不能有裂缝，排水管道要高于地坪，基础边缘的排水沟和排水管道应通畅，基础周围地坪应低于排水管出口。

4）基础表面的干砂层应在防水层检查合格后铺设。干砂层的厚度为 20～30mm，个别地方由于防水层突起，允许减薄到 10mm，砂子粒度为 3mm 以下。

（2）监理重点。为保证储气柜的安全运行，监理工程师要掌握各有关专业的技术要求，监控保温、采暖结构的施工。

（3）质量标准及检验方法见表 4.24 的规定。

表 4.24　　　　　　　储气柜基础外形尺寸允许偏差

顺 序	项 目	允许偏差（mm）	检验频率		检 验 方 法
			范 围	点 数	
1	基础中心线	20	每个构筑物	2	用钢尺量
		±50		2	
2	环形基础的内径 环形基础的宽度 环形基础的平整度	≤50		2	用 2m 直尺量
		≤5		4	
3	环形基础的标高	±10		2	用水准仪测量

14．水塔

（1）施工要求。

1）水塔由基础、塔身、水柜三大部分组成，不同的基础、塔身和水柜应遵循相应的规范，并符合设计要求。

2）水塔系高空作业，如滑模的提升、水柜的安装等，均应有周密的技术措施及安全措施。

3）基础的预埋螺栓及滑模支撑杆位置应准确，防止混凝土浇筑时发生位移。

4）水柜的特殊要求。

a．水柜在地面预制或装配时，必须对地基妥善处理，在地面进行满水试验时，应对地下室底板及内墙采取防渗漏措施。水柜满水试验要求见本节相关内容。

b．水柜及其配管穿越部分，均不得渗水、漏水。

c．钢丝网水泥倒锥壳水柜制作要求见表 4.25～表 4.27 的规定。

表 4.25　　　　　　　　**钢丝网水泥倒锥壳水柜制作材料要求**

水　泥	普通硅酸盐水泥强度等级不低于 32.5 级，不宜采用矿渣硅酸盐或火山质硅酸盐水泥
砂	细模量宜为 2~3.5mm，最大粒径不宜超过 4mm，含泥量不大于 2%，云母量不大于 0.5%
钢丝网	网尺寸应均匀，且网面平直，无锈、无油污、无断裂现象

表 4.26　　　　　　　　**钢丝网水泥倒锥壳水柜现浇模板允许偏差**

顺　序	项　目	允许偏差（mm）	检验频率 范围	点　数	检验方法
1	轴线位置（对塔身轴线）	5	每座	2	用垂线量测
2	高度	±5	每座	2	用尺量
3	平面尺寸	±5	每座	2	用尺量
4	表面平整度	3	每座	2	用 2m 直尺

表 4.27　　　　　　　　**钢丝水泥倒锥壳水柜预制模板允许偏差**

顺　序	项　目	允许偏差（mm）	检验频率 范围	点　数	检验方法
1	长度	±3	每件	2	用尺量
2	宽度	±2	每件	2	用尺量
3	厚度	±1	每件	2	用尺量
4	预留孔洞中心位置	2	每件	1	用尺量
5	表面平整度	3	每座	2	用 2m 直尺量测

　　d. 钢筋混凝土水柜制作施工缝宜留在中环梁内，正锥壳顶盖模板的支撑点应与倒锥壳模板的支撑相对应。

　　e. 水柜提升应做提升试验，将水柜提升到离地 0.2m 左右，对水柜各部位进行详细检查，确认完全正常后，方可正式提升，就位后环梁再与支座焊接固定。水柜中环梁及其以下部分结构强度达到设计强度要求后方可提升。

　　（2）监理要点。

　　1）滑模施工的安全可靠。

　　2）水柜的制作及安装。

　　（3）质量标准及检验方法见表 4.28~表 4.33 的规定。

表 4.28　　　　　　　　**钢筋混凝土圆筒塔身允许偏差**

顺　序	项　目		允许偏差（mm）	检验频率 范　围	点　数	检验方法
1	中心垂直度		1.5H/1000 且不大于 30	每分格	4	用垂线测量
2	壁厚		±10，−3	每座	3	用尺量
3	塔身直径		±20	每座	3	用尺量
4	内外表面平整度		5	每分格	4	用弧长为 2m 的弧形尺测量
5	中心位置	预埋管（件）	5	每件	1	用尺量
		预留孔	10	孔		

　　注　H 为圆筒塔身高度。

表 4.29　　　　　　　　　　　**钢筋混凝土框架塔身允许偏差**

顺 序	项 目	允许偏差 （mm）	检验频率		检验方法
			范 围	点 数	
1	中心垂直度	1.5H/1000 且不大于 30	每座	4	用垂线测量
2	柱间距相对角线差	L/500	每座	4	用经纬仪测量， 分角重复 4 次
3	框架节点距塔身中心的距离	±5	每座	4	用尺量
4	每节柱顶水平高程	5	每节	2	用水准仪测量
5	预埋件中心位置	5	件	1	用尺量

表 4.30　　　　　　　　　　　**钢架及钢圆筒塔身允许偏差**

顺 序	项 目	允许偏差 （mm）		检验频率		检验方法
				范 围	点 数	
1	中心垂直度		1.5H/1000 且≤30	1.5H/1000 且≤30	每座	4	用垂线测量
2	柱间距和对角线差		L/1000		每座	4	用经纬仪测量， 分角重复 4 次
3	钢架节点距塔身中心距离		5		每座	4	用尺量
4	塔身直径	D≤2m		+D/200	每座	4	用尺量
		D>2m		+10	每座	4	
5	内外表面平整度		10		每座	4	用弧长为 2m 的 弧形尺测量
6	焊接件预留孔中心位置		5		件孔	1	用尺量

注　1. H 为钢架或圆筒塔身高度。

　　2. L 为柱间距对角线长。

　　3. D 为圆筒塔身直径。

表 4.31　　　　　　　　　　　**砖石砌体塔身允许偏差**

顺 序	项 目		允许偏差（mm）		检 验 频 率		检验方法
			石砌塔身	砖砌塔身	范 围	点 数	
1	中心垂直度		1.5H/1000	2H/1000	每座	4	用垂线测量
2	壁厚			+20，10	每座	4	用尺量
3	塔身直径	D≤5m	±D/100	±D/100	每座	4	用尺量
		D>5m	±50	±50			
4	内外表面平整度		20				用弧长为 2m 的 弧形尺测量
5	预埋件（管）中心位置		5	5	件	1	用尺量
	预留洞中心位置		10	10	孔		

注　1. H 为塔身高度。

　　2. D 为塔身截面直径。

表 4.32	钢丝网水泥倒锥壳水柜的允许偏差				
顺序	项　目	允许偏差	检验频率		检验方法
			范　围	点　数	
1	水柜轴线对塔身中心的偏差（mm）	≤10	每座	4	用尺量
2	壳体裂缝宽度（mm）	≤0.05	每座	4	用尺量
3	壳体内外表面平整度（mm）	≤5	每座	4	用 2m 直尺测量
4	累计有缺陷面积（m²）	≤1.5	每座		用尺量

表 4.33	钢筋混凝土倒锥壳、圆筒水柜允许偏差					
顺序	项　目	允许偏差（mm）	检验频率		检验方法	检验程序	认可程序
			范围	点数			
1	轴线位置（对塔身轴线）	10	座	4	用经纬仪测量	监施双方在场，施工单位检测，并填表，监理人员抽查	专业工程师认可
2	水柜直径	±20	座	4	用尺量		
3	表面平整度	20	每分格	4	用弧长 2m 的弧形尺测量		
4	壁厚	+10，−3	每座	4	用尺量		
5	预埋件、预埋管中心位置	5	件	1	用尺量		
6	预留孔中心位置	10	孔	1	用尺量		

15. 配电间等附属设施

施工及监理均应依据工业与民用建筑的 GB 50204—2002《混凝土结构工程施工质量验收规范》及其他有关规定进行。

16. 满水试验及气密性试验

（1）水池满水试验的方法和要求。

1）施工要求。

a. 试验条件。

（a）池体的混凝土和砖石砌体的砂浆已达到设计强度。

（b）现浇的钢筋混凝土水池的防水层、防腐层施工以后及回填土以前。

（c）装配式预应力混凝土水池施加预应力以后，保护层喷涂以前。

（d）砖砌水池防水层施工以后，料石砌水池勾缝以后。

b. 试验准备。

（a）将池内清理干净，修补池内外的缺陷，临时封堵预留孔洞、预埋管口及进出水口等，并检查充水及排水闸门，不得渗漏。

（b）设置水位观测标尺。

（c）标定水位测针。

（d）准备现场测定蒸发量的设备。

（e）充水的水源采用清水，并做好充水和放水系统的设施。

c. 充水。

（a）向水池内充水宜分 3 次进行，第 1 次充水为设计水深的 1/3，第 2 次充水为设计水深的 2/3，第 3 次充水至设计水深。对大中型水池，可先充水至池壁底部的施工缝以上，检查底板的抗渗量，当无明显渗漏时，再继续充水至第一次充水深度。

（b）充水时的水位上升速度不宜超过 2m/d。相邻 2 次充水的间隔时间，不应小于 24h。

（c）每次充水宜读取 24h 的水位下降值，计算渗水量，在充水过程中和充水以后，应对水池做外观检查。当发现渗水量过大时，应停止充水。待作出处理后方可继续充水。

（d）当设计单位有特殊要求时，应按设计要求进行。

d. 水位观测。

（a）充水时的水位可用水位标尺测定。

（b）充水至设计水深进行渗水量测定时，应采用水位测针测定水位，水位测针的读数精度应达到 1/10mm。

（c）充水达设计水深后至开始进行渗水量测定的间隔时间，应不小于 24h。

（d）测读水位的初读数与末读数之间的间隔时间，应为 24h。

（e）连续测定的时间可依实际情况而定，如第 1 天测定的渗水量符合标准，应再测定 1 天；如第 1 天测定的渗水量超过允许标准，而以后的渗水量逐渐减少，可继续延长观测。

e. 蒸发量测定。

（a）现场测定蒸发量的设备，可采用直径约为 50cm、高约 30cm 的敞口检验无渗漏的钢板水箱，并设有测定水位的测针。

（b）水箱应固定在水池中，水箱中充水深度可在 20cm 左右。

（c）测定水池中水位的同时，测定水箱中的水位。

（d）水池的渗水量可按下式计算

$$q = A_1[E_1 - E_2 - (e_1 - e_2)]/A_2 \tag{4-1}$$

式中：q 为渗水量，$L/(m^2 \cdot d)$；A_1 为水池的水面面积，m^2；A_2 为水池的浸湿总面积，m^2；E_1 为水池中水位测针的初读数，即初读数，mm；E_2 为测读 E_1 后 24h 水池中水位测针的末读数，即末读数，mm；e_1 为测读 E_1 时水箱中水位测针的末读数，mm；e_2 为测读 E_2 时水箱中水位测针的末读数，mm。

注：1. 当连续观测时，前次的 E_2、e_2 即为下次的 E_1、e_1。

2. 雨天时，不做满水试验渗水量的测定。

3. 按上式计算结果，渗水如超过规定标准，应经检查，处理后重新测定。

4. 水池满水试验。

水池满水试验记录见表 4.34 的要求。

2）监理要点。

a. 检查水池是否具备满水试验的条件。

b. 检查满水试验准备情况。

c. 控制充水的速度及 2 次充水的间隔时间。

d. 根据每次充水 24h 后的水位下降值，计算渗水量是否过大，若过大需作处理。

e. 检查渗水量测定的间隔时间。

表 4.34　　　　　　　　　　　　水 池 满 水 试 验 记 录

工程名称：_____　　　　　　　　建设单位：_____
水池名称：_____　　　　　　　　施工单位：_____

水池结构		允许渗水量［L/(m²·d)］	
水池平面尺寸（m²）		水面面积 A_1（m²）	
水深（m）		湿润面积 A_2（m²）	
测读记录	（初读数）	未读数	（2 次读数差）
测读时间（年、月、日、时、分）			
水池水位 E（mm）			
蒸发水箱水位 e（mm）			
大气温度（℃）			
水温（℃）			
实际渗水量	（m²/d）	L/(m²·d)	（占允许量的百分比）
参加单位及人员	（建设单位）	设计单位	（施工单位）

3）质量标准。水池构筑物满水试验，其允许渗水量按设计水位浸湿的池壁和池底总面积（m²）计算，钢筋混凝土水池不得超过 2L/(m²·d)，砖石砌体水池不得超过 3L/(m²·d)。

（2）水柜满水试验的方法和要求。

1）施工要求。

a. 水柜的混凝土强度已达设计要求。

b. 修补水柜的缺陷，临时封堵预留孔洞、预埋管口及进出水口等，并检查充水及排水闸门，不得渗漏。

c. 充水的水源采用清水，并做好充水和放水系统等设施。

d. 充水分 3 次进行，每次充水宜为设计水深的 1/3，一旦静止则不少于 3h。

e. 观测钢丝网水泥水柜不应少于 72h，钢筋混凝土水柜不应少于 48h。

2）监理要点。

a. 检查水柜是否具备满水试验的条件。

b. 检查满水试验准备情况。

c. 控制观测时间。

3）质量标准。水塔构筑物满水试验，其允许渗水量按设计水位浸湿的池壁和池底总面积（m²）计算，钢筋混凝土水塔不得超过 2L/(m²·d)，砖石砌体水塔不得超过 3L/(m²·d)。

（3）消化池气密性试验方法和要求。

1）施工要求。

a. 主要试验设备的准备。

（a）压力计。可采用 U 形管水压计或其他类型的压力计，刻度精确至毫米水柱，用于测量消化池内的气压。

（b）温度计。用以测量消化池内的气温，刻度精确至 1℃。

（c）大气压力计。用以测量大气压力，刻度精确至 daPa（10Pa）。

（d）空气压缩机 1 台。

b．测读气压。

（a）气密性试验压力宜为消化池设计压力的 1.5 倍。

（b）池内充气至试验压力并稳定后，测读池内气压值，即初读数，间隔 24h，测读末读数。

（c）在测读池内气压的同时，测读池内气温和大气压力，并将大气压力换算成与池内气压相同的单位。

（d）池内气压降可按下式计算

$$\Delta P = (P_{d1} + P_{a1}) - (P_{d2} + P_{a2}) \cdot (273 + t_1)/(273 + t_2) \tag{4-2}$$

式中：ΔP 为池内气压降，daPa；P_{d1} 为池内气压初读数，daPa；P_{d2} 为池内气压末读数，daPa；P_{a1} 为测量 P_{d1} 时的相应大气压，daPa；P_{a2} 为测量 P_{d2} 时的相应大气压，daPa；t_1 为测量 P_{d1} 时的相应池内气温，℃；t_2 为测量 P_{d2} 时的相应池内气温，℃。

c．污泥消化池气密性试验记录见表 4.35 的要求。

表 4.35　　　　　　　　　　污泥消化池气密性试验记录

工程名称：＿＿＿＿＿　　　　　　　建设单位：＿＿＿＿＿

水池名称：＿＿＿＿＿　　　　　　　施工单位：＿＿＿＿＿

气室顶面直径（m）		顶面面积（m²）	
气室底面直径（m）		底面面积（m²）	
充气高度（m）		气室体积（m²）	
测读记录	初读数	未读数	2 次读数差
测读时间（年、月、日、时、分）			
池内气压 P_d（daPa）			
大气压力 P_a（daPa）			
池内气温 t（℃）			
池内水位 E（mm）			
压力降 ΔP（daPa）			
压力降占试验压力（％）			
参加单位及人员	建设单位	设计单位	施工单位

2）监理要点。

a．检查试验设备的精度要求。

b．检查充气后初始压力值，控制初读数及末读数的间隔时间。

3）质量标准。24h 的气压降低值应不超过试验压力的 20％。

4.2.2　给水构筑物特殊要求

给水厂构筑物有混合反应池、沉淀池、滤池、清水池，其结构形式无非是现浇钢筋混凝土结构和装配式预应力钢筋混凝土结构，监理要点与排水构筑物相同，在构造上必须具有高度的不透水性、抗渗性和强度，以保持其几何外形的正确性。但是滤池在内部结构上有其特殊要求，否则将影响其使用功能。

4.2.2.1　滤池种类

滤池可分为四阀滤池、双阀滤池、无阀滤池、虹吸滤池、移动罩滤池、V形滤池、压力滤池等，其过滤机理相同，滤料也大同小异，在此不作赘述。

4.2.2.2　内部结构要求

（1）滤池底板表面必须保证平整，整体平整度的误差为±5mm。

（2）混凝土滤板安装前，根据下列误差要求核对所有尺寸。

1）池。

5m以下尺寸：+5mm、−5mm。

5～10m尺寸：+15mm、−5mm。

10m以上尺寸：+20mm、−5mm。

2）梁与梁间距：±2mm（非累加）。

3）梁上螺栓中心：±0.5mm。

4）梁与边缘厚度：±3mm。

5）梁与边缘水平状态：±3mm。

6）安装地板的水平状态：±5mm。

7）滤池之间的水平状态：±10mm。

（3）梁与边缘表面要求。

1）表面要求光滑。

2）直边缘20cm以下平整度：±1mm。

3）直边缘2m以下平整度：±3mm。

（4）滤池内滤板的安装。滤板应正确装卸、放置，以免滤板在搬运过程中受到损坏。

滤板放入滤池内后，调整平整度，使其满足公差要求。密封放置应严格按密封胶的产品说明书要求来完成。

（5）托板必须摆放在正确的位置上。保证最大程度的水平，水平误差为±2mm。

4.2.2.3　滤池水泵安装

（1）水泵安装质量监理要点。对所购设备坚持先开箱按标准及图纸进行核对；对外观验收不合格者不允许安装。监理工程师要求施工单位按设计要求做到地脚螺栓必须埋设牢固，丝扣露出部分不得锈蚀；泵座与基座应接触严密，多台泵并列时各种高程必须符合设计规定；水泵轴不得有弯曲，电机应与水泵轴相一致，施工单位自检，复测时监理人员旁站。

（2）水泵安装质量监理汇总表见表4.36的规定。

表4.36　　　　　　　　　　　　　　水泵安装质量监理汇总表

顺序	项　　　目		允许偏差（mm）	检验频率		检验方法	检验程序	认可程序
				范围	点数			
1	基座水平度		2	每台	4	用水准仪测量	施工单位检测，监理人员在场	专业监理工程师认可
2	地脚螺栓位置		±2	每台	1	用尺量		
3	泵体水平度		0.1/m	每台	2	用水准仪测量		
4	联轴器同心度	轴向倾斜	0.8/m	每台	2	用水准仪百分表或测微螺钉量测		
		径向位移	0.1/m		2			

4.2.2.4　滤池铸铁管、钢管及管件安装

（1）质量监理工作要点。监理工程师要求施工单位对管及管件的水压、气压严密性和真空度试验必须符合设计或规范要求；支吊托架位置正确，埋设平正、牢固，砂浆饱满不突出墙面与管道接触紧密；闸门安装应紧固、严密与管道中心线应垂直，操作机构应灵活准确等。安装完毕后施工单位自检，监理人员在场。结果报专业监理工程师认可。

（2）滤池铸铁管、钢管及管件安装质量监理汇总表见表 4.37 的规定。

表 4.37　　　　　　　　铸铁管、钢管及管件安装质量监理汇总表

顺序	项　目		允许偏差（mm）	检验频率		检 验 方 法	检验程序	认可程序
				范围	点数			
1	管道高程		±10	每节点	2	用水准仪测量	施工单位检测，监理人员在场	专业监理工程师认可
2	中线位移		10	每节点	2	用尺量		
3	立管垂直度		0.2%H 且不大于 10	每节点	2	用垂线测量		
4	对口错口壁厚（mm）	2.5～5	0.5	每个口	1	用尺量		
		6～10	1	每个口	1	用尺量		
		12～14	1.5	每个口	1	用尺量		
		≥16	2	每个口	1	用尺量		

注　1. H 为主管高度。
　　2. 顺序 1～3 适用于铸铁管及管件；顺序 1～4 适用于钢管及管件安装。

4.2.2.5　滤池穿墙套管密封

（1）穿墙套管密封质量监理工作要点。施工单位应做到密封口必须严密，表面要平整光滑；填料配比要准确。

（2）滤池穿墙套管密封监理汇总表见表 4.38 的规定。

表 4.38　　　　　　　　滤池穿墙套管密封监理汇总表

顺序	项　目	允许偏差（mm）	检验频率		检 验 方 法	检验程序	认可程序
			范围	点数			
1	试水	不允许渗漏	每个	1	与池整体试水时进行	施工单位检测，监理人员在场	专业监理工程师认可
2	内墙壁平整度	5	每个	1	用1m直尺测量		

4.2.3　地下取水建筑物

4.2.3.1　监理要点

监理工程师对施工单位要求构筑物骨料应经实验确定粒径、石灰比和水灰比。制定施工和养护措施。滤料制备时应符合设计要求，滤料在铺设前应冲洗干净。施工单位应采取措施使含泥量不应大于 1%（重量比）；反滤层铺设前应将大口井或渗渠中杂物全部清除并经检查合格后方可铺设反滤层，施工单位在操作滤料输送时不得由高处直接向井底或槽底倾倒。监理人员旁站，施工单位进行抽水清洗时，对大口井应在井中水位降到设计最低动水位以下后停止抽水；对渗渠应将集水井中水位降到集水管管底以下停止抽水，待水位回到降水前静水位再进行抽水。施工单位应保证取样测定含砂量不大于 0.5ppm（体积

比）时才停止清洗，测定时水位稳定时间对于基岩地区不少于 8h；松散层地区不少于 4h。监理人员应要求施工单位做好抽水记录并抽检。

4.2.3.2　大口井

大口井质量监理工作要点。监理工程师要求施工单位做到井壁进水孔的反滤层应分层铺设，层次分明，装填密实；沉井法井筒下沉后按设计要求整修井底并经检验合格后方可进入下道工序。下沉前铺设反滤层时，应在井壁的内侧，将进水孔临时封闭，回填砂。施工单位应保证反滤层分 3～4 层并宜做成凸弧形，粒径自上而下由小变大，每层厚 200～300mm。当井底为卵石时，可不设反滤层。在刃角处加厚 20%～30%，以防涌砂。辐射管的施工，应根据含水层的土壤、辐射管的直径、长度、管材以及设备综合比较选用。新建辐射管一般应施工管井。建成的管井井口应临时封闭牢固。大口井施工时不得碰撞管井并且不得将管井做任何支撑使用。

4.2.3.3　渗渠

渗渠质量监理工作要点，监理工程师要求施工单位必须注意保证渗渠沟槽的槽底及两壁平整。当采用弧形基础时，其弧形曲线应与集水管的弧度基本吻合，条形基础的上表面凿毛，并冲刷干净；施工单位在浇筑管座时必须在集水管两侧同时浇筑；水管与条形基础的三角区应填实，以防集水管位移。

要求施工单位铺设反滤层时，现浇管座混凝土的强度应达到 5MPa 以上，且符合反滤层其他要求。施工单位自检并做好记录，监理人员抽检，由专业监理工程师认可。

渗渠质量监理汇总表见表 4.39 的规定。

表 4.39　　　　　　　　　　　渗渠质量监理汇总表

顺序	项　　目	允许偏差（mm）	检验频率		检　验　方　法	检验程序	认可程序
			范围	点数			
1	渗渠槽底高程	20	每 5m	2	用水准仪测量	施工单位检测，监理人员抽检	专业监理工程师认可
2	弧形基础中心线	20	每 5m	2			
3	混凝土条形基础中心线	20	每 5m	2	用经纬仪测量		
4	顶面高程	±5	每 5m	1	用水准仪测量		

集水管铺设的质量监理汇总表见表 4.40 的规定。

表 4.40　　　　　　　　　　集水管铺设的质量监理汇总表

顺序	项　　目	允许偏差（mm）	检验频率		检　验　方　法	检验程序	认可程序
			范围	点数			
1	轴线位移	10	每条	2	用经纬仪测量	施工单位检测，监理人员抽检	专业监理工程师认可
2	内底高程	±20	每条	2	用水准仪测量		
3	对口间隙	±5	每口	1	用尺量		
4	相邻两管节高差和左右错口	5	每口	1	用尺量		

4.2.3.4　沟槽回填

质量监理工作要点，监理工程师要求施工单位对反滤层宜选用不含有毒物质，不易堵塞反滤层的砂类土；槽底。以上原土成层分布宜顺层回填；宜对称于集水管中心线分层回填，且不得破坏集水反滤层和损伤集水管，回填压实度不得小于90％。对回填压实度施工单位检测时，监理人员旁站。

4.2.4 地表水取水构筑物质量监理工作要点

4.2.4.1 监理要点

监理工程师要求施工单位对水下构筑物的基坑和沟槽开挖前必须校测，并对施工范围内河床地形，确定水下挖泥，确定出泥施工单位方案；制作钢管的材质及加工管节均应检验合格；对施工单位选用的机具设备的加工能力，施工质量的控制监理工程师应提出认可意见，以确保各种地表水取水构筑物的质量。

施工单位在工程竣工后，应及时拆除全部施工设施、清理现场，修复原有护坡、护岸等工程。

4.2.4.2 移动式取水构筑物

质量监理工作要点。监理工程师要求施工单位做好施工现场平面和纵横断面图，施工单位对水下抛石、反滤层铺设，缆车或浮船及其组装，水上打桩、水下打桩，安装均应符合设计要求。

1. 水下抛石

监理人员要求施工单位做夯实处理时保证预留夯实沉量，一般宜为抛石厚度的10％～20％，在水面附近无法夯实时，则应进行铺砌或人工抛埋，水下基床抛石面的平整应符合表4.41的规定。

表 4.41　　　　　　　　　　　　　水下基床平整要求表

要求 \ 规定	石料粒径 （mm）	平整宽度 （m）	表面高程允许偏差 （mm）
粗平	100～300	混凝土基础加宽1～1.5	−150
细平	20～40	混凝土基础加宽0.5	−50

2. 反滤层和垫层铺设

监理工程师要求施工单位在反滤层铺设后应立即浇筑混凝土面层或砌筑砖石面层，铺设时宜从坡脚或自下而上施工；分段铺设时，应采取措施，保证铺设段的稳定；分段处反滤层应铺成阶梯形的接茬；分层铺设时，施工单位应做到每层厚度偏差不得超过±30mm，总厚度偏差不得超过±10％。斜坡道应自下而上进行施工。当现浇混凝土坡度较陡时，应采取防止混凝土下滑措施。水位以下轨道枕、梁、底板，当采用预制混凝土构件时，应预埋安装测量标志的辅助铁件。监理人员对施工单位的以上操作旁站。

现浇混凝土和砖石砌筑的缆车，浮船接管车斜坡道施工质量监理汇总表，见表4.42的规定。

缆车、浮船接管车斜坡道上现浇钢筋混凝土框架质量监理汇总表，见表4.43的规定。

预制钢筋混凝土框架质量监理汇总表，见表4.44的规定。

缆车、浮船接管车斜坡道上预制框架安装质量监理汇总表，见表4.45的规定。

表 4.42 斜坡道施工质量监理汇总表

顺序	项 目		允许偏差 (mm)	检验频率		检 验 方 法	检验程序	认可程序
				范围	点数			
1	轴线位置		20	每5m	2	用经纬仪测量	施工单位检测并填表,监理人员抽检	专业监理工程师认可
2	长度		±L/200	每5m	2	用尺量		
3	宽度		±20	每5m	2	用尺量		
4	厚度		±10	每5m	2	用尺量		
5	高程	设计枯水位以上	±10	每5m	2	用水准仪测量		
		设计枯水位以下	±30		2			
6	表面平整度		10	每5m	1	用2m直尺测量		
7	中心位置	预埋件	3	每件		用尺量		
		预留孔	3	孔	1			

注 L 为斜坡道总长度（mm）。

表 4.43 斜坡道上现浇钢筋混凝土质量监理汇总表

顺序	项 目		允许偏差 (mm)	检验频率		检 验 方 法	检验程序	认可程序
				范围	点数			
1	轴线位置		20	每架	2	用经纬仪测量	监理人员在场,施工单位检测有监理人员签署评语	专业监理工程师认可
2	长、宽		±10	每5m	2	用尺量		
3	高程		±10	每5m	2	用水准仪测量		
4	垂直度		H/200且不大于15	每5m	1	用垂线或水准仪测量		
5	水平度		L/200且不大于15	每5m	1			
6	表面平整度		±10	每架	2	用2m直尺量测		
7	中心位置	预埋件	5	每件		用尺量		
		预埋孔	10	孔	1			

注 1. H 为柱的高度(mm)。
2. L 为单梁或板的长度(mm)。

表 4.44 预制钢筋混凝土框架质量监理汇总表

顺序	项 目		允许偏差 (mm)			检验频率		检验方法	检验程序	认可程序
			板	梁	柱	范围	点数			
1	长度		+10,−5	+10,−5	+5,−10	每件	1	用尺量	施工单位检测并填表,监理人员签署评语	专业监理工程师认可
2	宽度、高度或厚度		±5	±5	±5			用尺量		
3	直顺度		L/1000且不大于20	L/750且不大于20	L/750且不大于20			用2m直尺量测		
4	表面平整度		5	5	5					
5	中心位置	预埋件	5	5	5	每件	1	用尺量		
		预埋孔	10	10	10	孔	1			

注 L 为构件长度（mm）。

表 4.45 斜坡道上预制框架安装质量监理汇总表

顺序	项　目	允许偏差（mm）	检验频率 范围	检验频率 点数	检 验 方 法	检验程序	认可程序
1	轴线位置	20	每 5m	1	用经纬仪测量	施工单位检测，监理人员抽检	专业监理工程师认可
2	长、宽、高	±10	每 5m	1	用尺量		
3	高程（柱基、柱顶）	±10	每 5m	1	用水准仪测量		
4	垂直度	$H/200$ 且不大于 10	每座	4	用垂线或水准仪测量		
5	水平度	$L/200$ 且不大于 10	每座	4			

注　1. H 为柱的高度（mm）。

　　2. L 为梁或板的长度（mm）。

缆车、浮船接管车斜坡道上钢筋混凝土轨枕、梁及轨道安装质量监理汇总表，见表 4.46 的规定。

表 4.46 轨枕、梁及轨道安装质量监理汇总表

顺序	项　目		允许偏差（mm）	检验频率 范围	检验频率 点数	检 验 方 法	检验程序	认可程序
1	钢筋混凝土轨枕、轨梁	轴线位置	10	每一个轨枕、轨梁	4	用经纬仪测量	施工单位检测，监理人员抽检	专业监理工程师认可
		高程	+2，−5		4	用水准仪测量		
		中心线间距	±5		4	用尺量		
		接头高程	5		4			
		轨梁柱跨间对角线	15		4			
2	轨道	轴线位置	5	每一个轨道	4	用经纬仪测量		
		高程	±2		4	用水准仪测量		
		同一横截面上两轨高差	2		4	用尺量		
		两轨内距	±2		4	用尺量		
		钢轨接头左、右、上 3 面错位	1		4			

摇臂混凝土支墩质量监理汇总表（摇臂钢筋混凝土支墩一般应在水位上涨至平台前完成），见表 4.47 的规定。

表 4.47 摇臂混凝土支墩质量监理汇总表

顺序	项　目		允许偏差（mm）	检验频率 范围	检验频率 点数	检 验 方 法	检验程序	认可程序
1	轴线位置		20	每座	2	用经纬仪测量	监理人员在场，施工单位检测，监理人员签署评语	专业监理工程师认可
2	长、宽或直径		±20	每座	2	用尺量		
3	曲线部分半径		±10	每座	2	用弧形尺量测		
4	顶面高程		±10	每座	2	用水准仪测量		
5	顶面平整度		10	每座	2	用直尺量		
6	中心位置	预埋件	5	每件				
		预留孔	10	孔				

3. 摇臂管安装

监理工程师要求施工单位在摇臂管安装前应按设计条件测定挠度，合格后方可安装摇臂管及接头应在组装前进行水压测验，试验压力为设计压力的 1.5 倍，且不小于 0.4MPa。摇臂安装及摇臂和浮船各部位联合试运转应符合有关规定，施工单位应做好记录。船体向水泵吸水管方向的倾斜度不得超过船宽的 20%，且不大于 10mm，配电设备投运正常，移动缆车、浮船接管车上、下 3 次，行走平稳，起重设备试吊合格，水泵机组连续运转 24h。接臂管安装的水压试验、试运转、倾斜度检测时，监理人员旁站。

缆车、浮船接管车质量监理汇总表，见表 4.48 的规定。

表 4.48　　　　　　　　　　缆车、浮船接管车质量监理汇总表

顺序	项目	允许偏差	检验频率		检验方法	检验程序	认可程序
			范围	点数			
1	轮中心距(mm)	±1	每座	1	用尺量	施工单位检测，监理人员抽检	专业监理工程师认可
2	两对角轮距差(mm)	2	每座	1	用尺量		
3	外形尺寸(mm)	±5	每座	1	用尺量		
4	倾斜角(′)	±30	每座	1	用垂线和刻度板量测		
5	机组与设备位置(mm)	10	每座	1	用尺量		
6	出水管中心位置(mm)	10	每座	1	用尺量		

4.2.4.3　取水头部

1. 监理要点

质量监理工作要点。监理工程师要求施工单位除做好施工场地布置及纵横面图外，还要做好包括取水头部制作，基坑开挖水上打桩，头部下水浮运措施，头部下沉定位及固定措施；混凝土预制构件的水下组装。当地基承载能力不满足取水头部荷载要求时，施工单位应对地基进行加固处理。施工单位对质量自检，监理人员在场，结果报专业监理工程师认可。

水上打桩质量监理汇总表，见表 4.49 的规定。

表 4.49　　　　　　　　　　水上打桩质量监理汇总表

顺序	项目		允许偏差(mm)	检验频率		检验方法	检验程序	认可程序
				范围	点数			
1	上面有盖梁的轴线位置	垂直于盖梁中心线	150	每件	2	用经纬仪测量	监、承双方共同在场，施工单位检测并填表	专业监理工程师认可
		平行于盖梁中心线	200					
2	上面无纵横梁的桩轴线位置		1/2 桩径或边长	每件	2	用经纬仪测量		
3	桩顶高程		+100，−50	每件	1	用水准仪测量		

预制箱式钢筋混凝土头部质量监理汇总表，见表 4.50 的规定。

表 4.50　　　　　　　　　箱式钢筋混凝土头部质量监理汇总表

顺序	项　目		允许偏差（mm）	检验频率		检验方法	检验程序	认可程序
				范围	点数			
1	长宽(直径)高度		±20	每5m	1	用尺量	监、承双方共同在场，施工单位检测并填表	专业监理工程师认可
2	厚度		+10，−5	每5m	1	用尺量		
3	表面平整度		10	每部件	1	用2m直尺量测		
4	中心位置	预埋件、预埋管	5	每件	1	用尺量		
		预留孔	10	孔				

箱式和管式钢结构头部制作质量监理汇总表，见表 4.51 的规定。

表 4.51　　　　　　　　　钢结构头部制作质量监理汇总表

顺序	项　目		允许偏差（mm）		检验频率		检验方法	检验程序	认可程序
			箱式	管式	范围	点数			
1	椭圆度		D/200且不小于20	D/200且不小于10	每件	1	用尺量	施工单位检测并填表，监理人员抽查	专业监理工程师认可
2	周长	D≤1600	±8	±8					
		D>1600	±12	±12					
3	长、宽(多边形边长)		1/200且不大于20		每件	1	用尺量		
4	端面垂直度		4	2			用垂线测量		
5	中心位置	进水管	10	10	每件	1	用尺量		
		进水孔	20	20	孔	1	用尺量		

2. 取水头部下沉

监理工程师要求施工单位在头部下沉后测量标志仍应露出水面。头部定位必须准确，头部浮运前混凝土应达到设计规定，并清扫干净，水下孔洞全部封闭，不得漏水，拖拽缆绳绑扎牢固。监理人员旁站头部下沉过程，取水头部下沉质量监理汇总表，见表 4.52 的规定。

表 4.52　　　　　　　　　头部下沉质量监理汇总表

顺序	项　目	允许偏差	检验频率		检验方法	检验程序	认可程序
			范围	点数			
1	轴线位置（mm）	150	每件	2	用经纬仪测量纵横各1点	监、承双方共同在场，施工单位检测并填表	专业监理工程师认可
2	顶面高程（mm）	±100	每件	2	用水准仪测量		
3	扭转（°）	1	座	1	用经纬仪测量		

当头部定位，经检查无误时，施工单位应及时进行固定，并按河道航行规定，设立航行标志及安全保护措施。

4.2.4.4　进水管道监理要点

1. 水下埋管和水下架空管

进水管道质量监理工作要点。监理工程师要求施工单位做到水下开挖沟槽整平后的高程偏差不得超过 0.00，－300mm。符合要求后应及时下管，管底两侧有孔洞部分用砂石料回填密实，水下管道接头在试接校正后方可进行下管和水上连接，并应由潜水员检查做接头质量检查，施工单位自检，监理人员抽检，结果报专业监理工程师认可。

水下埋管及水下架空管道安装质量监理汇总表，见表 4.53 的规定。

表 4.53　　　　　　　　　水下埋管及架空管质量监理汇总表

顺序	项　目		允许偏差（mm）	检验频率		检验方法	检验程序	认可程序
				范围	点数			
1	轴线位置	水下埋管	200	每5m	2	用经纬仪测量纵横各1点	施工单位检测，监理人员抽检	专业监理工程师认可
		水下架空管	150					
2	高程	水下埋管	±150	每5m	2	用水准仪测量		
		水下架空管	±100					

2. 水下顶管

监理工程师要求施工单位对水下顶管工具选用或制作时应根据管径和工程地质条件确定并符合规范要求。利用沉井井壁作后背时，后背设计应征得设计单位同意。后背与千斤顶接触平面应与管段轴线垂直，其倾斜偏差不得超过 5mm；顶进过程中，应保持顶进速度与射水破土出泥量平衡，并严禁超量排泥。

施工单位应严格掌握顶管过程中纠偏的尺度如下：

（1）一次纠偏角度：宜为 $5'\sim20'$。

（2）错口：不大于管壁厚的 10％，且不大于 2mm。

（3）钢管：轴线偏差不超过 200mm；高程偏差：底高程不超过 ±200mm。

监理人员对以上要求在检测时旁站，并由施工单位做好记录。

顶管导轨安装质量监理汇总表，见表 4.54 的规定。

表 4.54　　　　　　　　　顶管导轨安装质量监理汇总表

顺序	项　目	允许偏差（mm）	检验频率		检验方法	检验程序	认可程序
			范围	点数			
1	轴线位置	3	每5m	2	用经纬仪测量纵横个1点	施工单位检测，监理人员抽检	专业监理工程师认可
2	高程	±2	每5m	2	用水准仪测量		
3	两轨内距	±2	每5m	2	用尺量		

4.2.4.5　取水泵房质量监理要点

监理工程师要求施工单位保证不论是开挖或深井施工，泵房地下部分混凝土及砖石砌体除符合水池的有关规定外，岸边式泵房应在汛期前施工到安全部位。地下部分内壁，隔水墙及地板均不得渗水。电缆沟内不得浸水。

1. 打桩和基坑

（1）质量监理工作要点。监理工程师应要求施工单位必须做到桩位正确、桩顶要平顺、直立，挡土板与槽帮紧贴；支撑平直，间距合理，施工单位自检，监理旁站，结果报专业监理工程师认可。

（2）打桩和基坑质量监理汇总表，见表 4.55 的规定。

表 4.55　　　　　　　　　　　　　　打桩和基坑质量监理汇总表

顺序	项　目	允许偏差（mm）	检验频率		检　验　方　法	检验程序	认可程序
			范围	点数			
1	桩垂直度（以 5m 长度为准）	100（深度加 1m，偏差增加 10）	每座	4	挂垂线用直尺量	监理人员在场，施工单位监测并填表，监理人员签署评语	专业监理工程师认可
2	桩底高程	±20	每座	5	用水准仪测量		
3	轴线位移	50	每座	4	用经纬仪测量纵横各 1 点		
4	桩坑尺寸	不小于规定	每座	4	用尺量，每边各 1 点		
5	基坑边坡	不陡于规定	每座	4	用边坡检测每边各 1 点		

注　桩入深度与桩的规格，在操作规程中，根据槽深做相应规定。

2. 沉井与沉井开挖

沉井质量监理工作要点：监理工程师要求施工单位认真做好施工前各项准备工作，尤其必须掌握详细可靠的地质资料，才能保证工程质量和工程进度。对井筒制备、沉井下沉、质量控制和沉井封底各工作环节，施工单位都应按照设计要求予以保证。

（1）沉井制作。沉井制作的质量监理工作要点。沉井井筒制备，施工单位应按开挖基坑，制作井筒，进行防水处理的程序。基坑开挖在下沉地点现场进行，清除浅层土壤中的障碍物，以减少下沉时井内挖方量，监理工程师参与沉井定位、复测工作，井筒制备施工单位应按一般钢筋混凝土相同的要求进行，从支模、绑扎钢筋、浇筑混凝土（可一次浇筑或分段浇筑）及养护工作。承保人必须按设计要求考虑井内可能采取的排水措施，沉井下沉到位后做好封底工作，监理人员旁站。

（2）沉井制作质量监理汇总表，见表 4.56 的规定。

表 4.56　　　　　　　　　　　　　　沉井制作质量监理汇总表

顺序	项　目		允许偏差（mm）	检验频率		检　验　方　法	检验程序	认可程序
				范围	点数			
1	平面尺寸	长、宽	±0.5% 且不大于 100	每座	4	用尺量	施工单位检测，监理人员抽检签署评语	专业监理工程师认可
		曲线部分半径	±0.5% 且不大于 50		4	用尺量		
		两对角线差	对角线长的 %		4	用经纬仪测量分角重复 4 次		
2	井壁厚度		±15	一座	4	用尺量		

3. 沉井下沉

沉井下沉质量监理工作要点。监理工程师要求施工单位保证沉井下沉后内壁不得有渗漏现象，底板表面应平整，也不得有渗漏现象，必须有充分的纠偏措施。沉井内各构件尺寸位置、强度均须符合设计规定，监理人员旁站检测下沉质量，施工单位将结果报专业监理工程师认可。

沉井下沉质量监理汇总表见表 4.57 的规定。

表 4.57   沉井下沉质量监理汇总表

顺序	项　目	允许偏差（mm）	检验频率		检 验 方 法	检验程序	认可程序
			范围	点数			
1	轴线位移	$1\%H$	1 座	4	用经纬仪测量	施工单位检测，监理人员抽检、签署评语	专业监理工程师认可
2	底板高程	±40	1 座	4	用水准仪测量		
3	垂直度	$0.7\%H$	1 座	2	用经纬仪测量纵横各 1 点		

4. 沉井封底

沉井封底质量监理工作要点。监理工程师要求施工单位按不同封底方法，做到沉井在封底时，应待底板混凝土达到设计规定，且满足抗浮要求时，方可停止抽水。将排水井封闭，补浇底板混凝土。沉井水下封底采用导管法进行水下混凝土封底时，应将基底浮泥、杂物清除干净；当软土基时，应辅以碎石或卵石垫层，混凝土凿毛处应清洗干净。当水下混凝土封底的强度达到设计规定，且沉井能满足抗浮要求时方可将井内水排除。监理人员旁站封底过程。

5. 模板质量监理工作要点

监理工程师要求承保人保证模板安装必须牢固，在施工荷载作用下不得有松动跑模下沉现象，模板拼缝必须严密不得漏浆，模内必须洁净。监理人员抽检安装质量，施工单位自检，结果报专业监理工程师认可。

整体式结构模板质量监理汇总表，见表 4.58 的规定。

表 4.58   整体式结构模板质量监理汇总表

顺序	项　目		允许偏差（mm）	检验频率		检 验 方 法	检验程序	认可程序
				范围	点数			
1	相邻两板表面高低差	刨光模板（钢模）	±2 ±4	每个构筑物或每构件	4	用钢尺量	施工单位检测，监理人员抽检	专业监理工程师认可
2	表面平整度	刨光模板（钢模）不刨光模板	±3 ±5		4	用 2m 直尺检测		
3	垂直度	墙、柱	$0.1\%H$ 且不大于 6		2	用经纬仪或垂线测量		
4	内膜尺寸	基础梁、板墙、柱	±10，−20 ＋3 −8			用尺量，长宽高各计 1 点		
5	轴线位置	基础墙梁、柱	15 10		4	用经纬仪测量纵横各 1 点		
6	预留孔位移		10	每孔		用尺量		
7	预埋件位移		5	每孔		用尺量		

注 表中 H 为构筑物高度。

4.2.5　给水厂、污水处理厂、雨污水泵站工程设备安装工程及监理要点

4.2.5.1　通用安装技术要求

设备安装是给水厂、污水处理厂、雨污水泵站工程建设的重要组成部分，设备安装质量的好坏直接关系到该厂是否能够正常运行生产关键的程序，因此在设备安装及验收过程中，必须按该设备的技术文件、规范及其他有关的如隔热、防腐蚀、附属电器装置等安装及验收规范执行。

本节中所有表格内的参数不仅是对设备在安装过程中的技术要求，也是工程设备安装在施工现场中监理工作的要点。

1. 开箱

根据安装要求，应开箱逐台检查设备的外观和包装保护情况，按照装箱单清点零件、部件、工具、附件、合格证和其他技术文件，并作出记录。

2. 定位

设备在厂房内定位的基准线应以厂房柱子的纵横中心线或墙的边缘为准，其允许偏差为±10mm。设备上定位的基准面、线或点对定位基准线的平面位置和标高的允许偏差，一般应符合表 4.59 的规定。

表 4.59　　　　　　　　　　设备基准面与定位基准线的允许偏差

项　　目	允　许　偏　差（mm）	
	平　面　位　置	标　　高
与其他设备无机械上的联系	±10	+20 −10
与其他设备有机械上的联系	±2	±1

设备找平时，必须符合设备技术文件的规定。一般横向水平度偏差为 1mm/m，纵向水平度偏差为 0.5mm/m。设备不应跨越地坪的伸缩缝或沉降缝。

3. 地脚螺栓和灌浆

地脚螺栓上的油脂和污垢应清除干净。地脚螺栓离孔壁应大于 15mm，其底端不应碰孔底，螺纹部分应涂油脂。当拧紧螺母后，螺栓必须露出螺母 1.5～5 个螺距。灌浆处的基础或地坪表面应凿毛，被油沾污的混凝土应凿除，以保证灌浆质量。灌浆一般宜用细碎石混凝土（或水泥砂浆），其强度等级应比基础或地坪的混凝土强度等级高一级。灌浆时应捣固密实。

4. 清洗

设备上需要装配的零、部件应根据装配顺序清洗洁净，并涂以适当的润滑脂。加工面如有锈蚀或防锈漆，应进行除锈及清洗。各种管路也应清洗洁净并使之畅通。

5. 装配

（1）过盈配合零件装配。装配前应测量孔和轴配合部分两端和中间的直径。每处在同一镜像平面上互成 90°位置上各测 1 次，得平均实测过盈值。压装前，在配合表面均需加适合的润滑剂。压装时，必须与相关限位轴肩等靠紧，不准有串动的可能。实心轴与不通孔压装时，允许在配合轴颈表面上磨制深度不大于 0.5mm 的弧形排气槽。

（2）螺纹与销连接装配。螺纹连接件装配时，螺栓头、螺母与连接件接触紧密后，螺栓应露出螺母 2～4 个螺距。不锈钢螺纹连接的螺纹部分应加涂润滑剂。用双螺母且不使用黏结剂防松时，应将薄螺母装在厚螺母下。设备上装配的定位销，销与销孔间的接触面积应小于 65%，销装入孔的深度应符合规定，并能顺利取出。销装入后，不应使销受剪力。

（3）滑动轴承装配。同一传动中心上所有轴承中心应在一条直线上即具有同轴性。轴承座必须紧密牢靠地固定在机体上，当机械运转时，轴承座不得与机体发生相对位移。轴瓦合缝处放置的垫片不应与轴接触，离轴瓦内径边缘一般不宜超过 1mm。

（4）滚动轴承装配。滚动轴承安装在对开式轴承座内时，轴承盖和轴承座的接合面间应无空隙，但轴承外圈两侧的瓦口处应留出一定的间隙。凡稀油润滑的轴承，不准加润滑脂；采用润滑脂润滑的轴承，装配后在轴承空腔内应注入相当于空腔容积的 65%～80% 的清洁润滑脂。滚动轴承允许采用机油加热进行热装，油的温度不得超过 100℃。

（5）联轴器装配。各类联轴器的装配要求应符合有关联轴器标准的规定。各类联轴器的轴向（Δx），径向（Δy），角向（$\Delta \alpha$）许用补偿量见表 4.60 的规定。

表 4.60　　　　　　　　　　　　　　联轴器的许用补偿量

形　　式	许　用　补　偿　量		
	Δx（mm）	Δy（mm）	$\Delta \alpha$（′）
锥销套筒联轴器		≤0.05	
刚性联轴器		≤0.03	
齿轮联轴器		0.4～0.6	≤30
弹性联轴器		≤0.2	≤40
柱销联轴器	0.5～3	≤0.2	30
NZ 挠性爪形联轴器		0.01（轴径＋0.25）	≤40

（6）动皮带、链条和齿轮装配。

1）每对皮带轮或链轮装配时两轴的平行度不应大于 0.5/1000；两轮的轮宽中央平面应在同一平面上（指两轴平行）其偏移三角皮带轮或链轮不应超过 1mm，平皮带不应超过 1.5mm。

2）链轮必须牢固地装在轴上，并且轴肩与链轮端面的间隙不大于 0.10mm。链条与链轮啮合时，工作边必须拉紧。当链条与水平线夹角不大于 45°时，从动边的弛垂度应为两链轮中心距离的 2%；当夹角大于 45°时，弛垂度应为两链轮中心距离的 1%～1.5%。主动链轮和被动链轮中心线应重合，其偏移误差不得大于两链轮中心距的 2/1000。

3）安装好的齿轮副和蜗杆传动的啮合间隙应符合相应的标准或设备技术文件规定。可逆传动的齿轮，两面均应检查。

（7）密封件装配。各种密封毡圈、毡垫、石棉绳等密封件装配前必须浸透油。钢板纸用热水泡软。O 形橡胶密封圈，用于固定密封预压量为橡胶圆条直径的 25%，用于运动密封预压量为橡胶圆条直径的 15%。装配 V 形，Y 形，U 形密封圈，其唇边应对着被密封介质的压力方向。压装油浸石棉盘根，第一圈和最后一圈宜压装干石棉盘根，防止油渗出，盘根圈的切口宜切成小于 45°的剖口，相邻两圈的剖口应错开 90°以上。

（8）润滑和液压管路装配。各种管路应清洗洁净并畅通。并列或交叉的压力管路，其管子之间应有适当的间距，防止振动干扰。弯管的弯曲半径应大于 3 倍管子外径。吸油管应尽量短，减少弯曲，吸油高度根据泵的类型决定，一般不超过 500mm；回油管水平坡度为 0.003～0.005，管口宜为斜口并伸到油面下，朝向箱壁，使回油平稳。液压系统管路装配后，应进行压力试验压力应符合 GB 1084—1990《管子和管路附件的公称压力和试验压力》的规定。

4.2.5.2　通用设备安装

1. 水泵的安装

（1）水泵泵体与电动机进出口法兰的安装与允许偏差见表 4.61 的规定。

表 4.61　　　　　　　　　　水泵泵体与电动机进出口法兰的安装允许偏差

项　　　目	允　许　偏　差				
	水平度（mm/m）	垂直度（mm/m）	中心线轴差（mm）	径间间隙（mm）	同轴度（mm/m）
水泵与电动机	<0.1	<0.1			
泵体出口法兰与出水管			<5		
泵体进水口法兰与进水管			<5		
叶片外缘与壳体				半径方向小于规定的 40%，二侧间隙之和小于规定最大值	
泵轴与传动轴					<0.03

（2）泵座、进水口、导叶座、出水口，弯管和过墙管等法兰连接部件的相互连接应紧密无隙。

（3）填料函与泵轴间的间隙在圆周方向应均匀，并按产品说明书规定其类型和尺寸压入填料。

（4）油箱内应按规定注入润滑油到标定油位。

（5）调整和试运转。

1）查阅安装质量记录，各技术指标符合质量要求。

2）开车连续运转 2h，必须达到表 4.62 所列的要求。

表 4.62　　　　　　　　　　　水泵调整试运转要求

项　　　目	检　查　结　果
各法兰连接处	无渗漏，螺栓无松动
填料	松紧适当，应有少量水溢出，温度不应过高
电动机电流值	不超过额定值
运转状况	无异常声音，平稳，无较大振动
轴承温度	振动轴承小于 70℃，滑动轴承小于 60℃，运转温升小于 35℃

2. 风机的安装

（1）离心风机。离心风机安装允许偏差见表 4.63 的规定。

表 4.63 离心风机安装允许偏差

项 目	允 许 偏 差			
	接触间隙（mm）	水平度（mm/m）	中心线重合度（mm）	轴向间隙（mm）
轴承座与底座	<0.1			
轴承座纵、横方向		<0.2		
机壳与转子			<2	
叶轮进风口与机壳进风口接管				小于 D 叶轮/100
主轴与轴瓦顶				d 轴（1.5/1000～2.5/1000）

（2）轴流式风机。轴流式风机的安装允许偏差见表 4.64 的规定。

表 4.64 轴流风机安装允许偏差

项 目	允 许 偏 差		
	水平度（mm/m）	轴向间隙（mm）	接触间隙
机身纵、横方向	<0.2		
轴承与轴颈，叶轮与主体风口		符合设备技术文件规定	
主体上部，前后风筒与扩散筒的连接法兰			严密

（3）罗茨式和叶氏式鼓风机。罗茨式和叶氏式鼓风机安装允许偏差见表 4.65 的规定。

表 4.65 罗茨和叶氏风机安装允许偏差

项 目	允 许 偏 差	
	水 平 度（mm/m）	轴 向 间 隙（mm）
机身纵、横方向	<0.2	
转子与转子间，转子同机壳		符合设备技术文件规定

（4）调整和试运转。离心式和轴流式风机运转不得少于 2h，罗茨式和叶氏式鼓风机连续运转不得少于 4h。正常运转后调整至公称压力下，电动机的电流不得超过额定值。如无异常现象，将风机调整到最小负荷（罗茨式和叶氏式除外）继续运转到规定时间为止，必须达到下列要求：

1）运转平稳，转子与机壳无摩擦声音。

2）对于径向振幅，如技术文件无具体规定，可按表 4.66 的规定。

表 4.66 离心和轴流风机的径向振幅

转速(r/min)	≤375	375～500	500～600	600～750	750～1000	1000～1450	1450～3000	3000≤
振幅(mm)	0.2	0.18	0.16	0.13	0.1	0.08	0.05`	0.03

3）轴承温度、油路和水路的运转要求见表 4.67 的规定。

表 4.67　　　　　　　离心和轴流风机的轴承温度及油、水路的运转要求

项　目	检　查　结　果
油路和水路	无漏油，漏水现象
轴承温度	滑动轴承，最高温升小于 35℃；最高温度小于 70℃
	滚动轴承，最高温升小于 40℃；最高温度小于 80℃

3. 桥式起重机及轨道安装

（1）轨道。

1）采用矩形或桥形垫板在混凝土行车梁上安装的轨道，其安装允许偏差见表 4.68 的规定。

表 4.68　　　　　　　　　矩形或桥形垫板的安装允许偏差

项　目	接　触　间　隙
垫板与轨道垫板与混凝土行车梁	底面接触面大于 60%；局部间隙 1～25mm，垫板数 2～3 块，用水泥砂浆填实

注　固定垫板与轨道的螺栓之间，应采用螺母，弹簧垫圈或双螺母紧固，螺母应拧紧。

2）轨道重合度，轨距和倾斜度的允许偏差见表 4.69 的规定，其中 2、3、4 项为关键项。

表 4.69　　　　　　　　　轨距和倾斜度的允许偏差

序　号	项　目		允 许 偏 差
1	轨道实际中心距与安装基准线的重合度		3mm
2	轨距		±5mm
3	轨道斜向倾斜度		1/1500
	全行程		10mm
4	各轨道相对标高	臂悬挂式	5mm
		桥式	10mm
5	轨道接头处偏移（上、左、右三边）		2mm
6	伸缩缝间		±1mm

（2）负荷试验。

1）静负荷试验。按额定负荷进行静负荷运行。起重量大于 50t，先按 75% 的额定负荷进行，合格后，按额定负荷运行。除上拱度和下挠度必须符合规定外，其余各部分须按表 4.70 要求检查。

表 4.70　　　　　　　　　桥式起重机及轨道安装要求

项　目	检　查　结　果
车轮与导轨顶面	接触良好，轨道无啃道现象
主梁主端梁	连接牢固可靠
钢丝绳	位置正确，在绳槽中必须缠绕不乱
制动器	工作正常

2) 动负荷试验。①在额定负荷下，检查起重机小车，吊钩的运行，升降速度应符合设备技术文件的要求；②在超过额定负荷 10% 的情况下，升降吊钩 3 次，并将小车行至起重机一端，起重机也行至轨道的一端，分别检查终端开关和缓冲器的灵敏可靠性。

4.2.5.3 闸门安装

1. 铸铁闸门的安装

铸铁闸门安装允许偏差见表 4.71 的规定。

表 4.71　　　　　　　　　　铸铁闸门安装允许偏差

项　　　目	允　许　偏　差			
	标高偏差（mm）	水平度	垂直度	径向间隙（mm）
闸门安装后与设计标高	≤10			
门框		2/1000		
启闭机与闸门吊耳中心线			<1/1000	
轴导与轴				周边间隙均匀

注　1. 闸门须按正向水压安装。

　　2. 启闭器指针，限位螺母应与上、下位置相符。

　　3. 螺杆外露部分涂黄油。

　　4. 闸门启闭操作灵活，动作到位，无卡阻、突跳现象及异常声响。

　　5. 闸门门框与土建结合处不准渗水。

2. 平面钢闸门的安装

（1）门框导槽的允许偏差见表 4.72 的规定。

表 4.72　　　　　　　　　　门框导槽的允许偏差

变形和偏差名称	工 作 范 围 内
工作面弯曲度	不大于 1/1500 构件长度，但全长不超过 3mm
扭曲	3m 内不大于 1mm，每增加 1m，递增 0.5mm 但全长不得超过 2mm
相邻构件结合面错位	不大于 0.5mm

（2）门叶的允许偏差见表 4.73 的规定。

表 4.73　　　　　　　　　　门叶的允许偏差

偏差名称	允许偏差	偏差名称	允许偏差
门叶横向弯曲度	≤1/500 门叶宽度		≤3mm
门叶竖向弯曲度	≤1/500 门叶高度		≤2mm
对角线相对差	≤3mm		

（3）单吊点的平面钢闸门应做静平衡试验。试验方法为：将闸门调离地面 100mm，量上、下游与左、右方向的倾斜，倾斜度不应超过门高的 1/1000。

3. 堰门的安装

堰门的安装允许偏差见表 4.74 的规定。

表 4.74　　　　　　　　　　　　　　堰 门 安 装 允 许 偏 差

项　目	允　许　偏　差		
	高度偏差（mm）	水平偏差（mm）	垂直度
堰门安装后与设计标高	≤30		
门框		水平	＜2/1000

注　1. 堰门须按正向水压安装。

　　2. 门框二次灌浆严密，不得漏水。

　　3. 启闭器定位、润滑、指针和操作参考相关规定。

4. 调节堰门的安装

本堰门适用于污水处理厂在沉淀池配水井和曝气池等构筑物内 2～4m 调节堰门的安装。调节堰门安装允许偏差见表 4.75 的规定。

表 4.75　　　　　　　　　　　　调 节 堰 门 安 装 允 许 偏 差

项　目	允　许　偏　差		
	高度偏差（mm）	水平偏差（mm）	垂直度
堰门安装后与设计标高	不大于调节高度3%，且不大于2		
堰门座架		水平	＜2/1000

注　1. 堰门门框二次灌浆严密，不得漏水。

　　2. 框架、杆件不得变形、弯曲，铰点转动灵活，操作轻便。

　　3. 堰板起落到位，框架与盘根接触处无泄漏。

4.2.5.4　拦污设备安装

1. 平板格栅及平板滤网的安装

（1）导槽的允许偏差见表 4.76 的规定。

表 4.76　　　　　　　　　　　　　导 槽 的 允 许 偏 差

名　称	允　许　偏　差（mm）
工作弯曲度	不大于1/1000 构件长度
扭　曲	在 3m 内不大于 2mm，每增加 1m，递增 1mm

（2）格栅及滤网的允许偏差见表 4.77 的规定。

表 4.77　　　　　　　　　　　　　格 栅 及 滤 网 的 允 许 偏 差

偏 差 名 称	允 许 偏 差	偏 差 名 称	允 许 偏 差
横向弯曲度	≤1/1000 宽度	对角线相对差	≤4mm
竖向弯曲度	≤1/1000 高度	扭曲	≤4mm

（3）应做静平衡试验，试验方法为：将格栅或滤网吊离地面 100mm，测量上、下游与左右方向的倾斜，倾斜度不应超过其高的 2/1000。

2. 旋转滤网的安装

（1）旋转滤网安装的允许偏差见表 4.78 的规定。

表 4.78 旋转滤网安装的允许偏差

名　称	允　许　偏　差
轨道中心线在任何 1m 长度内，其直线度	≤1mm，全长应小于全长的 0.5/1000
同一水平高度左右两侧的轨道中心线平行度	≤2mm
轨道中心线的垂直度	≤全长的 1/1000
链轮轴水平度	≤两轴承距离的 0.5/1000
传动轴中心线对旋转滤网中心线的垂直度	≤2/1000
两链轮中心距	≤±1mm

（2）调整和试运转。旋转滤网调整和试运转要求见表 4.79 的规定。

表 4.79 旋转滤网调整和试运转要求

项　目	检　查　结　果
驱动装置	运转平稳
两侧链轮动作	应同步，链轮与链条的啮合不应有先后，无卡阻现象
滚轮在轨道上滚动	每块网板两侧 4 只滚轮应同时滚动，但至少有 3 只滚动
运动部件与壳体	不应有摩擦和撞击现象
无负荷试运转时间	一般为 1~2h，但不应少于 2 个循环
带负荷试运转时测定内容	转速、功率应符合有关技术文件

3. 格栅除污机的安装

本设备适用于城市排水泵站，污水处理厂中使用的格栅片和格栅除污机的安装。

（1）格栅除污机安装时的定位允许偏差见表 4.80 的规定。

表 4.80 格栅除污机安装定位允许偏差

序　号	项　目	允　许　偏　差
1	轨道实际中心线与安装基线的重合度	≤3mm
2	轨距	±2mm
3	轨道纵向倾斜度	1/1000
4	两根轨道的相对标高	≤5mm
5	行车轨道与格栅片平面的平行度	0.5/1000

（2）移动式格栅除污机的轨道的重合度、轨距和倾斜度等技术要求的允许偏差见表 4.81 的规定。

表 4.81 移动式格栅除污机安装允许偏差

序　号	项　目	允　许　偏　差
1	轨道实际中心线与安装基线的重合度	≤3mm
2	轨距	±2mm
3	轨道纵向倾斜度	1/1000
4	两根轨道的相对标高	≤5mm
5	行车轨道与格栅片平面的平行度	0.5/1000

（3）格栅除污机安装的允许偏差见表 4.82 的规定。

表 4.82　　　　　　　　　　　　　　格栅除污机安装允许偏差

项　　目	允　许　偏　差					
	角度偏差 (°)	落偏差 (mm)	中心线平行度	水平度	垂直度	平行度 (mm)
格栅除污机与格栅井	符合设计要求		<1/1000			
格栅、栅片组合		<4				
机架				<1/1000		
导轨					0.5/1000	两导轨间 不大于 3
导轨与栅片组合						≤3

（4）调整和试运转。格栅除污机调整和试运转要求见表 4.83 的规定。

表 4.83　　　　　　　　　　　　　格栅除污机调整和试运转要求

项　　目	检　查　结　果
左、右两侧钢丝绳或链条与齿耙动作	同步动作,齿耙运行时保持水平,齿耙与格栅片啮合脱开与差动机构动作协调
齿耙与格栅片	啮合时齿耙与格栅片间隙均匀,保持 3～5mm,齿耙与格栅片水平,不得碰撞
各限位开关	动作及时,安装可靠,不得有卡阻现象
导轨与二侧间隙	间隙 5mm 左右,运行时不应有导轨抖动现象
滚轮与导向滑槽	两侧滚轮应同时滚动,至少保持有 2 只滚轮在滚动
移动式与格栅除污机的进退机构(小车)	应与齿耙动作协调
钢丝绳	在绳轮中位置正确,不应有缠绕跳槽现象
齿轮	主、从动链轮中心面应在同一平面上,不重合度不大于两轮中心距的 2/1000
试运行	用手动或自动操作,全程动作各 5 次以上,动作准确无误,无抖动卡阻现象

4.2.5.5　搅拌设备安装

1. 溶液、混合搅拌机的安装

（1）搅拌轴的安装允许偏差见表 4.84 的规定。

表 4.84　　　　　　　　　　　　　　搅拌轴的安装允许偏差

搅拌器型式	转　数 (r/min)	下端摆动量 (mm)	桨叶对轴线垂直度 (mm)
桨式、框式和提升叶轮搅拌器	≤32	≤1.50	为桨板长度的 4/1000 且不超过 5
推进式和圆盘平直叶涡轮式搅拌器	>32	≤1.00	
	100～400	≤0.75	

（2）介质为有腐蚀性溶液的搅拌轴及桨板宜采用环氧树脂 3 度、丙纶布 2 层包涂,以防腐蚀。

（3）搅拌设备安装后,必须经过用水作介质的试运转和搅拌工作的带负载试运转。这两种试运转都必须在容器内装满 2/3 以上容积的容量。试运转中设备应运行平稳。无异常振动和噪声。以水作介质的试运转时间不得少于 2h；负载试运转对小型搅拌机为 4h，其他试运转不少于 24h。

2. 反应搅拌机的安装

（1）搅拌轴的安装允许偏差见表 4.85 的规定。

表 4.85　　　　　　　　　　　反应搅拌机搅拌轴的安装允许偏差

搅拌机型式	轴的直线度	桨板对轴线垂直度或平行度	轴的垂直度
立式	≤0.10/1000	为桨叶长度 4/1000，且不超过 5mm	不大于 0.5/1000 且不超过 1mm
卧式	为 GB 1184 中的 8 级精度	为桨叶长度 4/1000，且不超过 5mm	

（2）木质桨板应涂以热沥青二次。

（3）试运转时设备应运行平稳，无异常振动和噪声。试运转时间不得少于 2h。

3. 澄清池搅拌机、挂泥机的安装

（1）澄清池搅拌机的安装。

1）澄清池搅拌机安装允许偏差见表 4.86 的规定。

表 4.86　　　　　　　　　　　澄清池搅拌机安装允许偏差

项　目	允　许　偏　差					
	叶 轮 直 径（m）			桨 板 长 度（mm）		
	<1	1~2	>2	<400	400~1000	>1000
叶轮上、下面板平面度	3	4.5	6			
叶轮出水口宽度	$^{+2}_{0}$	$^{+3}_{0}$	$^{+4}_{0}$			
叶轮径向圆跳动	4	6	8			
叶轮端面圆跳动	4	6	9			
桨板与叶轮下面板应垂直，其角度偏差				±1°30′	±1°15′	±1°

2）主轴上各螺母的旋紧方向，应与轴工作旋向相反。

3）调整和试运转，试运转时设备应运行平稳，无异常振动和噪声，转速由最低速缓慢的调至最高速；叶轮由最小开启度调至最大开启度进行试验。带负荷试运行水位、转速、功率应达到设计有关规定。其试运行时间在最高速条件下不得少于 2h。

（2）澄清池刮泥机安装。

1）刮泥耙刮板下缘与池底距离为 50mm，其偏差为 ±25mm。

2）当销轮直径小于 5m 时，销轮节圆直径偏差为 $^{0}_{-2.0}$mm；销轮端面跳动偏差为 5mm；销轮与齿轮中心距偏差为 $^{+5}_{+2.5}$mm。

3）调整和试运转，试运行时设备运行平稳，无异常啮合噪声，试运行时间不得少于 2h，带负荷试运行时，其转速、功率应符合有关技术文件的规定。

（3）消化池搅拌机的安装。

1）消化池搅拌机安装允许偏差见表 4.87 的规定。

表 4.87　　　　　　　　　消化池搅拌机安装允许偏差

项　　　　　目	允　许　偏　差 （mm）
搅拌轴中心与设计的孔口中心	≤±10
叶片外径与导流筒内径的间距	＞20
叶片下端摆动量	≤2

2）应尽量减少水与搅拌轴的同步旋转。

3）调整和试运转，试运行时设备运行平稳，无异常振动和噪声，试运行时间不得少于 2h，带负荷试运行时，其转速、功率应符合有关技术文件的规定。

4.2.5.6　撇油和撇渣设备安装

（1）桁架和运行机构允许偏差见表 4.88 的规定。

表 4.88　　　　　　　　　桁架和运行机构允许偏差

名称及代号	偏差	简　　　图
主梁上拱度 F（应为 $L/1000$）的偏差（mm）	$+0.3F$ $-0.1F$	
对角线 L_3、L_4 的相对差： 箱形梁（mm） 单腹板和桁架梁（mm）	5 10	
箱形梁旁弯度 f： 单腹板和桁架梁 $L≤16.5mm$（mm） $L＞16.5mm$（mm）	±5 ±$L/3000$	
跨度 L 的偏差（mm）	±5	
跨度 L_1、L_2 的相对差（mm）	5	
车轮垂直偏斜 Δh （只允许下轮缘向内偏斜）（mm）	$h/400$	
对 2 条平行基准线，每个车轮 水平偏斜 $\frac{x_1-x_2}{y_1-y_2}$：$\frac{x_3-x_4}{y_3-y_4}$	$1/1000$	
同一端梁上车轮同位差（mm） $m_1=x_5-x_6$ $m_2=y_5-y_6$	3	

注　此表为大车行走机构桁架的允许偏差所通用。

（2）车轮均应与轨道顶面接触，不应有悬空现象。主动轮和从动轮中心面应在同一平面上，重合度偏差为±2mm。

（3）行车上碰决与行程开关位置应在现场安装调试后固定，其动作必须先翻动刮板，后碰换向行程开关。在撇除易燃漂浮物时，应选用防爆型电机。

（4）绳索牵引式撇油，撇渣机尚应符合下列要求：

1）绳端在卷筒上固定必须做到安全可靠，便于检查和装拆。钢丝绳通过摩擦轮，张紧轮与各导轮的缠绕方向应一致。

2）导向轮、张紧轮的传动中心线应在同一平面上，以保证牵引钢丝绳紧贴在轮槽里。各种张紧装置能够调节或自动调节钢丝绳的张力，使钢丝绳处在一定的张力范围内工作。

（5）链条牵引式撇油，撇渣机尚应符合下列要求：

1）主动轴的水平允差为 0.5/1000，主动轴和从动轴相对平行度公差在水平和垂直平面内均为 1/1000。主动和从动轴相对标高允差为 5mm。

2）链轮和链轮座要保证充分润滑，以免链轮和链轮座生锈卡住。

3）两条牵引链安装后要同位同步。同一链条上牵引链轮和导向链轮应在同一平面内，其允许差为 1mm。牵引链的弛垂度，不大于 50mm，刮板和集渣槽的圆弧边沿应全都均匀接触。

4）主链的张紧装置调整范围应大于两个链节节距，调整时应使 2 条主链的长度基本相等，并保证撇渣板与主链条垂直。

（6）调整和试运转。试运转时设备应运行平稳，无异常振动噪声及卡住现象。翻板机构应转动灵活，行程及电器控制应正确可靠。试运行时间不得少于 2h，带负荷试运行时，其转速、功率应符合有关技术文件的规定。

4.2.5.7　曝气设备安装

1. 立式曝气机的安装

立式曝气机安装允许偏差见表 4.89 的规定。

表 4.89　　　　　　　　　立式曝气机安装允许偏差

项　目	允　许　偏　差		
	水平度	径向跳动（mm）	上下跳动（mm）
机座	1/1000		
叶片与上、下罩进水图		1~5	
导流椎顶		4~8	
整体		3~6	3~8

2. 水平式曝气机的安装

水平式曝气机安装允许偏差见表 4.90 的规定。

表 4.90　　　　　　　　　水平曝气机安装允许偏差

项　目	允　许　偏　差		
	水平度	前后偏移	同轴度
两端轴承座	5/1000	5/1000	
两端轴承中心与减速机出轴中心同心线			5/1000

4.2.5.8　刮、排泥及刮砂机械设备安装

1. 行车式刮、排泥机的安装

（1）轨道及有关通用规定应按 4.2.5.2 通用设备安装的有关要求。

（2）桥架和运行机构要求应按表 4.88 的规定执行。

（3）真空、虹吸的支架，管路的安装，应符合设备技术文件的规定。

2. 提板式刮泥机

（1）提板式刮泥机（无轨道），对池子土建应符合表 4.91 的规定。

表 4.91　　　　　　　　提板式刮泥机对池子土建要求　　　　　　　单位：mm

名　　称	偏差及规定	名　　称	偏差及规定
池宽（全程范围）	±10	池壁侧壁直线度（全程范围）	10
池壁侧壁平行度（全程范围）	10	滚轮运行的轨道表面	平滑无凹陷

（2）导向轮缘水平度应小于 1.5mm；导向轮与池壁的间隙应小于 10mm。

（3）刮泥构架应保持平衡，无明显的倾斜。

（4）撇渣板、刮泥板与池壁不应发生碰撞和卡阻。

3. 链板式刮泥机

（1）驱动装置机座面的水平度不大于 1mm/m。

（2）主链驱动轴的水平度允差不大于 1mm/m；各从动轴的水平度允差不大于 1mm/m。

（3）位于同侧的相邻主链轮间距与另一侧相对应的链轮间距之差和同轴上左、右两链轮中心距之比值不大于 1/500。

（4）同一主链的前后二链轮中心偏斜不大于 ±3mm。

（5）同轴上的左、右两链轮距允许偏差不大于 ±3mm。

（6）左、右两导轨中心距离允许偏差不大于 ±10mm，顶面高差不大于两导轨中心距的距离 1/2000。

（7）导轨接头错位允差，其顶面偏差不大于 0.5mm，侧面偏差不大于 0.5mm。

4. 螺旋排泥机

（1）各段机壳中心线对两端机座中心连线的不重合度应符合表 4.92 的规定。

表 4.92　　　　　　　　机壳中心对两端机座不重合度偏差

排泥机长度（m）	3～15	＞15～30	＞30～50	＞50～70
不重合度（mm）	≤4	≤6	≤8	≤10

（2）相邻机壳的内表面在接头处的错位不应大于 1mm。

（3）螺旋槽在粉浆抹光后，其直线度偏差不大于 1/1000，全长不大于 5mm；与螺旋体的间隙不大于 2mm。

（4）吊轴承端面与连接轴法兰内表面的间隙应符合表 4.93 的规定。

表 4.93	吊轴承端面与连接轴法兰内表面间隙	单位：mm
螺旋公称直径	150～250	300～600
间隙	≥1.5	≥2

5. 中心（周边）传动刮（吸）泥机

（1）机座及主要部件的安装允许偏差符合表 4.94 的规定。

表 4.94　机座及主要部件的安装允许偏差

项　目	允　许　偏　差				
	径向（mm）	垂直度	水平度	同轴度	间隙（mm）
中心柱管与设计定位中心	＜20				
中心柱管		≤1/1000			
中心转盘与调整机座			＜0.5/1000		
中心竖架		＜0.5/1000			
中心柱管上的轴承与中心转盘				＜1/1000d（d 为轴承环直径）	
轴瓦与水下轴承环					间隙均匀单边调整在 5～8 之间
刮臂			对称水平小于 1/1000两刮臂高差小于 20		

（2）高度与液面相关部件的安装允许偏差应符合表 4.95 的规定。

表 4.95　高度与液面相关部件的安装允许偏差

序　号	部件名称	允许相对设计高度偏差（mm）	序　号	部件名称	允许相对设计高度偏差（mm）
1	导流筒（上口）	±30	3	撇渣板（上口）	±20
2	集泥槽（上口）	±10	4	排渣斗（上口）	±10

注　1. 本表所列尺寸是以 φ30～40m 刮泥机和吸泥机为例，其他规格也可参考。
　　2. 出水堰口液面高度按平均值来确定。

（3）整机安装完毕后，须进行 2h 空载运行和 4h 满负荷运转。要求各传动部件必须传动灵活，传动平稳，润滑良好和无异常噪声。

6. 链条刮砂机

（1）池底预埋导轨（轻轨、角钢、槽钢或钢条等）允许偏差应符合表 4.96 的规定。

表 4.96　池底预埋导轨允许偏差

项　目	允　许　偏　差	
	水　平　度（mm/m）	全长不平整度
导轨	≤2	＜1/1000

（2）刮砂机主要部件安装允许偏差应符合表 4.97 的规定。

表 4.97　　　　　　　　　刮砂机主要部件安装允许偏差

项　　目	允　许　偏　差			
	平行度	重合度	间隙（mm）	标高偏差（mm）
主动轴与各从动轴	<1/1000			
主动轴与各从动轴		<±2		
刮板与托架及池底			刮板与托架接触良好，与池底间隙 3～5	
初沉池链条刮泥机撇渣机构与液面				不大于 20；刮板与池壁弹性接触良好无明显漏缝

注　1. 回程中，在托架上的刮板和链条有足够的悬空部分，以保证链条始终处于张紧状态。

　　2. 试车前必须打开清水润滑开关，空载连续试车时间为 2h，带负荷运行 4h。机组在运行时应平稳，无异常跳动和噪声。

4.2.5.9　滤池冲洗设备安装

1. 旋转式表面冲洗设备

旋转式表面冲洗设备安装允许偏差见表 4.98 的规定。

表 4.98　　　　　　　　　旋转式表面冲洗设备安装允许偏差

项　　目	允　许　偏　差				
	距离（mm）	夹角（℃）	水平度	垂直度	压力（MPa）
布水管在滤层上	50				
喷嘴与滤层表面	10～15	25			
旋转布水管			2/1000		
布水管与轴承座				2/1000	
进水压力					0.5

2. 移动罩冲洗设备

（1）轨道及桥架有关的规定按第三节有关要求。

（2）分格 T 形顶面宽度取 20～30cm，单项定位或惯性小的取小值，双向定位或惯性大的取大值。

（3）罩体安装封水橡胶离分格池顶面距离为 50mm。

（4）各引水压力管道按 3‰～5‰ 的坡度敷设。

（5）水射器、抽气管道、虹吸管安装时不准漏气。

（6）虹吸管排水口没入排水槽水面下不小于 0.2m。

4.2.5.10　螺旋提升泵安装

1. 螺旋提升泵允许的定位偏差

螺旋提升泵允许的定位偏差见表 4.99 的规定。

表 4.99 螺旋提升泵允许的定位偏差

项　目	允　许　偏　差 （mm）	
	中　心　偏　差	标　高　偏　差
上下轴承与设计定位中心	<10	
上下轴承与设计标高		+30～-10

注 上下轴承座下的调整垫铁每组不超过 3 块，同设备接触部位应用斜垫块。垫块放置平稳，焊接牢固。

2. 螺旋提升泵允许的安装偏差

螺旋提升泵允许的安装偏差见表 4.100 的规定。

表 4.100 螺旋提升泵允许的安装偏差

项　目	允　许　偏　差		
	中心线偏差	直线度	轴向间隙 （mm）
上下轴承与泵体	<2/1000		
砂浆粉抹后的螺旋槽		小于 1/1000 全长且不大于 5mm	
二半联轴器平面			2～4
泵体与砂浆粉抹后的螺旋槽			2～4

3. 螺旋提升泵的试车

（1）用手盘转动泵体应转动灵活。

（2）上下轴承内应注入适量合格的润滑油，应无渗漏。

（3）空载 1h，应运转平稳，泵体与螺旋槽间不得有碰擦。

（4）满载运转 2h，应运转平稳，无异常振动。二轴承的温度不大于 70℃。

4.2.5.11 其他设备安装

1. 水锤消除器

（1）水锤消除器其底座不平度不大于 1/1000。

（2）水锤消除器及其排水系统必须进行防冻处理。

（3）下开式水锤消除器在重锤下落处应设支墩，支墩高度在重锤下落最低位置以上 10mm 处。

（4）气囊内压力不得低于额定压力。

2. 移动式启门机

（1）轨道及桥架有关的规定按第三节有关要求。

（2）钢丝绳工作时，不应有卡阻与其他部件相碰等现象。

（3）电动葫芦车轮的凸缘内侧与轨道翼缘间隙应为 3～5mm。

（4）夹轨器工作时，闸瓦应夹紧在轨道两侧，钳口张开时不应与轨道相碰。

（5）同一跨端两车挡应与设备上的橡胶缓冲器同时接触。

（6）运转要求。

1）设备各部件，限位开关和其他安全保护装置的动作应正确可靠，无卡轨现象。

2) 吊钩下降到最低位置时，卷筒上的钢丝绳不应少于 5 圈。

3) 静负荷试运行：主梁承载时下挠度不大于跨度的 1/700，卸载时上拱度应大于跨度的 0.8/1000。

3. 重锤式起吊机构

(1) 起吊机构横梁的长度应比导轨内侧宽度小 10～20mm。

(2) 吊点的位置应设在机构的重心位置，由设置压重或钻孔来调整。

(3) 挂钩、连杆、弹簧等部件工作应灵活、正确、可靠。

(4) 弹簧不允许涂涂料。

4.2.6 给水厂、污水处理厂、雨污水泵站调试阶段监理要点

现以污水处理厂为例，讲述设备安装调试阶段监理工作要点。

要做好设备安装调试阶段监理工作，首先专业监理师对该工程工艺流程应了解，对设备（包括电仪、自控）性能应了解，尤其是进口设备，来自不同国家的各种设备、各类分析仪表、测量仪表，这些设备精度高，系统自控程度高，安装调试技术含量高，这就要求专业监理工程师须具备相当的水平。这样才能做好安装调试阶段监理工作。

1. 安装调试前监理工作要点

(1) 要求施工单位编制采购计划，报建设单位认可。

(2) 专业监理师应详细阅读施工单位提交的企业及产品介绍资料，同时核查营业执照、生产许可资料、法人授权代理证件。

(3) 了解企业历史、经营范围、资产性质、生产规模、人员素质、技术装备、产销业绩等。

(4) 明确合同的签约授权者和履约的保证。

(5) 查询产品执行的标准及有关防伪标记。

(6) 听取供应商介绍其产品的先进性及特点，是否满足设计的工艺要求，并了解供应商是否具备产品设计研发能力。

(7) 要求供应商说明其产品所用材料的材质，产品外协件及外协厂家。

(8) 要求说明产品正常使用寿命，特别是其中的易损件，并了解能量的消耗。

(9) 了解厂家产品检验能力，以及产品出厂的检验程序及频率。

(10) 了解产品出厂交付哪些资料及配件，并说明运输中采取的保护措施。

(11) 要求说明产品的质量保证体系，质量保证承诺和售后服务保障，国内或当地保修能力和备品备件情况，了解产品的性价比和优惠幅度。

(12) 了解产品的交货时间、方式、地点以及办理进口产品的商检手续。

2. 设备验收过程的质量监理

设备进场报验，应由建设单位监理，施工单位，安装调试单位共同参加进行开箱验收，对于进口设备，商检部门也应参加。开箱验收全过程，专业监理工程师实施旁站，检查内容如下：

(1) 检查外包装情况，包装箱（包括内包装塑料袋）是否损坏，设备外表是否有损伤锈蚀的现象。

(2) 到场设备是否与合同相符，部件、零件是否与装箱单相符。

(3) 检查设备的合格证、产地证、有关检测报告、说明书等文件的完整性、有效性、

真实性。

3. 设备安装调试过程质量监理

设备安装和调试过程也是设备质量形成重要过程之一，设备只有经过安装调试后才能形成真正的生产运作能力。

作为监理人员，首先明确设备安装和调试的质量监理目标，那就是按照监理合同要求，跟踪监控设备安装和调试过程，使设备局部及整体性能、运行功能及生产能力达到设计及合同要求，使设备质量符合国家的技术规范和质量标准。

污水处理厂联动调试是技术含量较高、投入专业人员较多且交叉作业协调联系较多的一项工作，在安装单位完成单机调试、供电系统安装调试（一般由供电部门负责），相关工艺设备调试完成前提下，总承包方向项目监理部提交联动调试方案，经项目监理部专业人员审批，且经建设单位、设计院认可方可进入联动调试。调试期间责任分工为：设计院提供技术保障，监理单位负责监督和检查，建设单位协调有关外围事宜（如污水的进入、供电系统的保证等）。总承包方负责具体实施，有关设备厂家在调试期间予以配合。

4. 联动调试监理工作要点

（1）当外管网系统向污水处理厂输送污水时，应检查其他管网系统相应的总阀门，防止污水倒灌回其他系统，调整污水处理厂内进水系统各阀门状态；使污水全部进入泵房。

（2）进水泵房调试：当污水流入进水泵房前池时，根据流量和液位控制开、停粗格栅及提升泵的台数，专业监理工程师检查设备的运行情况及参数，通过 PLC 系统，检查原设定的提升泵轮值功能是否健全，各信号水位，保护水位信号是否通畅，检查各提升泵设置位置，在上机位画面上选择自动运行。

（3）细格栅调试：专业监理工程师检查螺旋输送机的运行情况，特别是在自控状态下的运行情况，及时调整栅前栅后水位差，使之能控制细格栅运行，同时检查除污机对垃圾的清除效果。

（4）沉砂池调试：专业监理工程师检查沉砂池立式浆液式分离机和输砂泵、螺旋砂水分离器的各项功能，检查沉砂池设备在自动状态下的运行情况，特别应检查砂水分离器能否按程序自动投运，并测定沉砂池的除砂效果。

（5）曝气池：供氧系统是该工艺的一个重要环节，它是由离心鼓风机和溶解氧仪共同组成的闭环系统，该系统为生化池好氧提供氧气，并维持好氧所需的溶氧量。根据所设溶氧值控制鼓风机开启程度，维持溶氧量在一定范围内变动。

专业监理工程师应了解选用的鼓风机，鼓风机组自备 PLC，自成系统，该 PLC 直接挂在控制站 PLC 下面，通过现场总线进行通信。出风总管内配置压力变送器，测定的压力直接送至鼓风机系统自备 PLC，该 PLC 根据与设定值的比较对鼓风机进行控制，即控制单台鼓风机的风量及鼓风机的启、停台数以达到出风总管风压力恒定的目的，鼓风机出风总管内压力值可通过中控室或现场 PLC 进行设定，初始设定值一般为 7.0m 水柱，以后根据污水处理厂具体运行情况进行调整。

专业监理工程师还应了解、检查曝气池内设备工作状况及各项参数，投运的仪表如溶解氧仪、污泥浓度仪等，根据参数、要求调试单位及时调整。

风机调试是技术含量较高的一项工作，也是检验设备质量、安装质量、强弱电系统接线是否正确的一个手段。试车过程要求制造厂家、（或代理商）建设单位、专业监理、安装调试单位共同参加。不同电压等级的鼓风机，专业监理控制内容有所区别，10kV 电压等级的鼓风机在试车时还需检查 10kV 供电系统的一些整定参数，如过流速断保护参数，检查电气主回路保护元件的整定值。单机试车时鼓风机现场控制柜 PLC 选择开关应就地设置，联动试车时选择开关则应设在远控位置上，同时检查鼓风机房总控柜 MCP 是否通过内部 PLC 接收来自总供气管的压力测量信号，以便增加或减少空气量。若一台鼓风机故障，另一台应处于预备状态的鼓风机自动投入运行。

学习情境 4.3　水处理工程项目施工投资控制

该工程项目施工投资控制原理及方法与建筑给排水工程类似，不再赘述，详见学习情境 2.3 的内容。

本 项 目 学 习 小 结

4.1　给水排水构筑物土建工程的整体稳定和施工测量质量监理重点。

4.2　构筑物基础施工质量监理要点。

4.3　构筑物主体结构施工质量监理要点。

（1）现浇钢筋混凝土构筑物。

（2）装配式预应力混凝土构筑物。

（3）砖、石砌体水池。

（4）闸门井。

（5）帘格井。

（6）泵房。

（7）沉砂池。

（8）配水井和沉淀池。

（9）曝气池。

（10）加氯接触池。

（11）消化池。

（12）储气柜。

（13）水塔。

（14）配电间等附属设施。

（15）满水试验及气密性试验。

4.4　给水构筑物施工监理重点。

4.5　地下取水建筑物监理要点。

（1）大口井。

（2）渗渠。

4.6　地表水取水构筑物质量监理工作要点。

4.7　给水厂、污水处理厂、雨污水泵站工程设备安装工程及监理要点。

思 考 题 与 习 题

4.1 简述地基处理及基坑开挖工程监理要点。

4.2 简述现浇钢筋混凝土构筑物施工监理要点。

4.3 简述水泵和电机的安装施工要点。

4.4 简述沉砂池施工要求及监理要点。

4.5 简述水池满水试验的方法和要求。

项目 5　建设工程委托监理合同

学习目标：通过本章学习使学生掌握建设工程委托监理合同的概念；掌握建设工程委托监理合同的订立；掌握委托监理合同的履行。

学习情境 5.1　建设工程委托监理合同的概述

5.1.1　委托监理合同的概念和特征

建设工程委托监理合同简称监理合同，是指委托人与监理人就委托的工程项目管理内容签订的明确双方权利、义务的协议。

监理合同是委托合同的一种，除具有委托合同的共同特点外，还具有以下特点：

（1）监理合同的当事人双方应当是具有民事权力能力和民事行为能力、取得法人资格的企事业单位、其他社会组织，个人在法律允许的范围内也可以成为合同当事人。委托人必须是具有国家批准的建设项目，落实投资计划的企事业单位、其他社会组织及人，作为受托人必须是依法成立具有法人资格的监理企业，并且所承担的工程监理业务应与企业资质等级和业务范围相符合。

（2）监理合同委托的工作内容必须符合工程项目建设程序，遵守有关法律、行政法规。监理合同是以对建设工程项目实施控制和管理为主要内容，因此监理合同必须符合建设工程项目的程序，符合国家和建设行政主管部门颁发的有关建设工程的法律、行政法规、部门规章和各种标准、规范要求。

（3）委托监理合同的标的是服务，建设工程实施阶段所签订的其他合同，如勘察设计合同、施工承包合同、物资采购合同、加工承揽合同的标的物是产生新的物质成果或信息成果，而监理合同的标的是服务，即监理工程师凭据自己的知识、经验、技能受业主委托为其所签订其他合同的履行实施监督和管理。

5.1.2　建设工程委托监理合同示范文本

《建设工程委托监理合同示范文本》由"工程建设委托监理合同"（以下简称"合同"）、"建设工程委托监理合同标准条件"（以下简称"标准条件"）、"建设工程委托监理合同专用条件"（以下简称"专用条件"）组成。

1. 工程建设委托监理合同

"合同"是一个总的协议，是纲领性的法律文件。其中明确了当事人双方确定的委托监理工程的概况（工程名称、地点、工程规模、总投资）；委托人向监理人支付报酬的期限和方式；合同签订、生效、完成时间；双方愿意履行约定的各项义务的表示。"合同"是一份标准的格式文件，经当事人双方在有限的空格内填写具体规定的内容并签字盖章后，即发生法律效力。

对委托人和监理人有约束力的合同，除双方签署的"合同"协议外，还包括以下文件：

（1）监理委托函或中标函。

（2）建设工程委托监理合同标准条件。

（3）建设工程委托监理合同专用条件。

（4）在实施过程中双方共同签署的补充与修正文件。

2. 建设工程委托监理合同标准条件

建设工程委托监理合同标准条件，其内容涵盖了合同中所用词语定义，适用范围和法规，签约双方的责任，权利和义务，合同生效变更与终止，监理报酬，争议的解决，以及其他一些情况。它是委托监理合同的通用文件，适用于各类建设工程项目监理。各个委托人、监理人都应遵守。

3. 建设工程委托监理合同的专用条件

由于标准条件适用于各种行业和专业项目的建设工程监理，因此其中的某些条款规定得比较笼统，需要在签订具体工程项目监理合同时，结合地域特点、专业特点和委托监理项目的工程特点，对标准条件中的某些条款进行补充、修正。

所谓"补充"是指标准条件中的条款明确规定，在该条款确定的原则下，专用条件的条款中进一步明确具体内容，使两个条件中相同序号的条款共同组成一条内容完备的条款。如标准条件中规定"建设工程委托监理合同适用的法律是国家法律、行政法规，以及专用条件中议定的部门规章或工程所在地的地方法规、地方章程。"就具体工程监理项目来说，就要求在专用条件的相同序号条款内写入履行本合同必须遵循的部门规章和地方法规的名称，作为双方都必须遵守的条件。如国家大剧院建设工程委托监理合同对合同适用的法规及监理依据在专用条件中作了这样规定：

（1）国家及北京市有关工程建设法规、规章、规定。执行时按北京市、国家的、国外的（经有关方协商确认的）、双方协商的顺序执行。

（2）国家施工验收规范、规程、工程质量验收标准、北京市有关建筑安装工程技术资料管理的规定、国家、北京市档案馆的工程竣工资料规定。

（3）北京市的工程建设概预算定额及有关费用标准、招投标工程中标通知及中标费用标准。

（4）业主与监理公司签订的监理合同文件。

（5）业主与总承包单位签订的施工总承包合同文件。

（6）业主与工程分包单位签订的分包合同，业主与材料设备供应商签订的材料备采购供应合同。

（7）施工总承包与分包单位所签订的分包合同，施工总承包单位与材料设备供应商签订的材料设备采购供应合同。

（8）本工程的设计文件、设计合同，包括工程施工过程的设计变更洽商文件。

（9）建设施工过程中业主与工程总承包之间签署有关影响工程进度、费用、质量的函件。

（10）本合同在实施过程中如与国家及本市颁布的新法规有抵触时，按国家当时颁布的新法规执行。

所谓"修改"是指标准条件中规定的程序方面的内容，如果双方认为不合适，可以协议修改。如标准条件中规定"委托人对监理人提交的支付通知书中酬金或部分酬金项目提出异议，应在收到支付通知书 24h 内向监理人发出异议的通知。"如果委托人认为这个时间太短，在与监理人协商达成一致意见后，可在专用条件的相同序号条款内另行写明具体的延长时间，如改为 48h。

学习情境 5.2　监理合同的订立

5.2.1　委托的监理业务

1. 委托工作的范围

监理合同的范围是监理工程师为委托人提供服务的范围和工作量。委托人委托监理业务的范围可以非常广泛，从工程建设各阶段来说，可以包括项目前期立项咨询、设计阶段、实施阶段、保修阶段的全部监理工作或某一阶段的监理工作。在每一阶段内，又可以进行投资、质量、工期的三大控制，及信息、合同两项管理。但就具体项目而言，要根据工程的特点，监理人的能力，建设不同阶段的监理任务等诸方面因素，将委托的监理任务详细地写入合同的专用条件之中。如进行工程技术咨询服务，工作范围可确定为进行可行性研究，各种方案的成本效益分析，建筑设计标准、技术规范准备，提出质量保证措施等。施工阶段监理可包括：

（1）协助委托人选择承包人，组织设计、施工、设备采购等招标。

（2）技术监督和检查：检查工程设计，材料和设备质量；对操作或施工质量的监理和检查等。

（3）施工管理：包括质量控制、成本控制、计划和进度控制等。通常施工监理合同中"监理工作范围"条款，一般应与工程项目总概算、单位工程概算所涵盖的工程范围相一致或与工程总承包合同、单项工程承包所涵盖的范围相一致。

2. 对监理工作的要求

在监理合同中明确约定的监理人执行监理工作的要求，应当符合 GB 50319—2000《建设工程监理规范》的规定。例如针对工程项目的实际情况派出监理工作需要的监理机构及人员，编制监理规划和监理实施细则，采取实现监理工作目标相应的监理措施，从而保证监理合同得到真正的履行。

5.2.2　监理合同的履行期限、地点和方式

订立监理合同时约定的履行期限、地点和方式是指合同中规定的当事人履行自己的义务完成工作的时间、地点以及结算酬金。在签订《建设工程委托监理合同》时双方必须商定监理期限，标明何时开始，何时完成。合同中注明的监理工作开始实施和完成日期是根据工程情况估算的时间，合同约定的监理酬金是根据这个时间估算的。如果委托人根据实际需要增加委托工作范围或内容，导致需要延长合同期限，双方可以通过协商，另行签订补充协议。

监理酬金支付方式也必须明确：首期支付多少，是每月等额支付还是根据工程形象进度支付，支付货币的币种等。

5.2.3　双方的权利与义务

委托人与监理人签订合同，其根本目的就是为实现合同的标的，明确双方的权利和义务。在合同中的每一条款当中，都反映了这种关系。

1．委托人权利

（1）授予监理人权限的权利。监理合同是要求监理人对委托人与第三方签订的各种承包合同的履行实施监理，监理人在委托人授权范围内对其他合同进行监督管理，因此在监理合同内除需明确委托的监理任务外，还应规定监理人的权限。在委托人授权范围内，监理人可对所监理的合同自主地采取各种措施进行监督、管理和协调，如果超越权限时，应首先征得委托人同意后方可发布有关指令。委托人授予监理人权限的大小，要根据自身的管理能力、建设工程项目的特点及需要等因素考虑。监理合同内授予监理人的权限，在执行过程中可随时通过书面附加协议予以扩大或减小。

（2）对其他合同承包人的选定权。委托人是建设资金的持有者和建筑产品的所有人，因此对设计合同、施工合同、加工制造合同等的承包单位有选定权和订立合同的签字权。监理人在选定其他合同承包人的过程中仅有建议权而无决定权。监理人协助委托人选择承包人的工作可能包括：邀请招标时提供有资格和能力的承包人名录；帮助起草招标文件；组织现场考察；参与评标，以及接受委托代理招标等。但标准条件中规定，监理人对设计和施工等总包单位所选定的分包单位，拥有批准权或否决权。

（3）委托监理工程重大事项的决定权。委托人有对工程规模、规划设计、生产工艺设计、设计标准和使用功能等要求的认定权；工程设计变更审批权。

（4）对监理人履行合同的监督控制权。委托人对监理人履行合同的监督权利体现在以下 3 个方面：

1）对监理合同转让和分包的监督。除了支付款的转让外，监理人不得将所涉及的利益或规定义务转让给第三方。监理人所选择的监理工作分包单位必须事先征得委托人的认可。在没有取得委托人的书面同意前，监理人不得开始实行、更改或终止全部或部分服务的任何分包合同。

2）对监理人员的控制监督。合同专用条款或监理人的投标书内，应明确总监理工程师人选，监理机构派驻人员计划。合同开始履行时，监理人应向委托人报送委派的总监理工程师及其监理机构主要成员名单，以保证完成监理合同专用条件中约定的监理工作范围内的任务。当监理人调换总监理工程师时，须经委托人同意。

3）对合同履行的监督权。监理人有义务按期提交月、季、年度的监理报告，委托人也可以随时要求其对重大问题提交专项报告，这些内容应在专用条款中明确约定。委托人按照合同约定检查监理工作的执行情况，如果发现监理人员不按监理合同履行职责或与承包方串通，给委托人或工程造成损失，有权要求监理人更换监理人员，直至终止合同，并承担相应赔偿责任。

2．监理人权利

监理合同中涉及监理人权利的条款可分为两大类：一类是监理人在委托合同中应享有的权利；另一类是监理人履行委托人与第三方签订的承包合同的监理任务时可行使的权利。

（1）委托监理合同中赋予监理人的权利包括：

1）完成监理任务后获得酬金的权利。监理人不仅可获得完成合同内规定的正常监理任务酬金，如果合同履行过程中因主、客观条件的变化，完成附加工作和额外工作后，也有权按照专用条件中约定的计算方法，得到额外工作的酬金。正常酬金的支付程序和金额，以及附加与额外工作酬金的计算办法，应在专用条款内写明。获得奖励的权利。监理人在工作过程中作出了显著成绩，如由于监理人提出的合理化建议，使委托人获得实际经济利益，则应按照合同中规定的奖励办法，得到委托人给予的适当物质奖励。奖励办法通常参照国家颁布的合理化建议奖励办法，写明在专用条件相应的条款内。

2）终止合同的权利。如果由于委托人违约严重拖欠应付监理人的酬金，或由于非监理人责任而使监理暂停的期限超过半年以上，监理人可按照终止合同规定程序，单方面提出终止合同，以保护自己的合法权益。

（2）监理人执行监理业务可以行使的权力。按照范本通用条件的规定，监理委托人和第三方签订承包合同时可行使的权利包括：

1）建设工程有关事项和工程设计的建议权，建设工程有关事项包括工程规模、设计标准、规划设计，生产工艺设计和使用功能要求。

设计标准和使用功能等方面，向委托人和设计单位的建议权，工程设计是指按照安全和优化方面的要求，就某些技术问题自主向设计单位提出建议。但如果由于提出的建议提高了工程造价，或延长工期，应事先征得委托人的同意，如果发现工程设计不符合建筑工程质量标准或约定的要求，应当报告委托人要求设计单位更改，并向委托人提出书面报告。

2）对实施项目的质量、工期和费用的监督控制权。主要表现为：对承包人报的工程施工组织设计和技术方案，按照保质量、保工期和降低成本要求，自主进行审批和向承包人提出建议；征得委托人同意，发布开工令、停工令、复工令；对工程上使用的材料和施工质量进行检验；对施工进度进行检查、监督，未经监理工程师签字，建筑材料、建筑构配件和设备不得在工地上使用，施工单位不得进行下一道工序的施工；工程实施竣工日期提前或延误期限的鉴定；在工程承包合同方定的工程范围内，工程款支付的审核和签认权，以及结算工程款的复核确认与否定权。未经监理人签字确认，委托人不支付工程款，不进行竣工验收。

3）工程建设有关协作单位组织协调的主持权。

4）在业务紧急情况下，为了工程和人身安全，尽管变更指令已超越了委托人授权而又不能事先得到批准时，也有权发布变更指令，但应尽快通知委托人。

5）审核承包人索赔的权利。

3．委托人义务

（1）委托人应负责建设工程的所有外部关系的协调工作，满足开展监理工作所需提供的外部条件。

（2）与监理人做好协调工作。委托人要授权一位熟悉建设工程情况，能迅速做出决定的常驻代表，负责与监理人联系。更换此人要提前通知监理人。

（3）为了不耽搁服务，委托人应在合理的时间内就监理人以书面形式提交并要求做出决定的一切事宜做出书面决定。

（4）为监理人顺利履行合同义务，做好协助工作。协助工作包括以下几方面内容：

1）将授予监理人的监理权利，以及监理人监理机构主要成员的职能分工、监理权限及时书面通知已选定的第三方，并在第三方签订的合同中予以明确。

2）在双方议定的时间内，免费向监理人提供与工程有关的监理服务所需要的工程资料。

3）为监理人驻工地监理机构开展正常工作提供协助服务。服务内容包括信息服务、物质服务和人员服务三个方面。

a. 信息服务是指协助监理人获取工程使用的原材料、构配件、机构设备等生产厂家名录，以掌握产品质量信息，向监理人提供与本工程有关的协作单位、配合单位的名录，以方便监理工作的组织协调。

b. 物质服务是指免费向监理人提供合同专用条件约定的设备、设施、生活条件等。一般包括检测试验设备、测量设备、通信设备、交通设备、气象设备、照相录像设备、打字复印设备、办公用房及生活用房等。这些属于委托人财产的设备和物品，在监理任务完成和终止时，监理人应将其交还委托人。如果双方议定某些本应由委托人提供的设备由监理人自备，则应给监理人合理的经济补偿。对于这种情况，要在专用条件的相应条款内明确经济补偿的计算方法，通常为

$$补偿金额＝设施在工程使用时间占折旧年限的比例×设施原值＋管理费$$

c. 人员服务是指如果双方议定，委托人应免费向监理人提供职员和服务人员，也应在专用条件中写明提供的人数和服务时间。当涉及监理服务工作时，委托人所提供的职员只应从监理工程师处接受指示。监理人应与这些提供服务人员密切合作，但不对他们的失职行为负责。如委托人选定某一科研机构的实验室负责对材料和工艺质量的检测试验，并与其签订委托合同。试验机构的人员应接受监理工程师的指示完成相应的试验工作，但监理人既不对检测试验数据的错误负责，也不对由此而导致的判断失误负责。

4. 监理人义务

（1）监理人在履行合同的义务期间，应运用合理的技能认真勤奋地工作，公正地维护有关方面的合法权益。当委托人发现监理人员不按监理合同履行监理职责，或与承包人串通给委托人或工程造成损失时，委托人有权要求监理人更换监理人员，直到终止合同并要求监理人承担相应的赔偿责任或连带赔偿责任。

（2）合同履行期间应按合同约定派驻足够的人员从事监理工作。开始执行监理业务前向委托人报送派往该工程项目的总监理工程师及该项目监理机构的人员情况。合同履行过程中如果需要调换总监理工程师，必须首先经过委托人同意，并派出具有相应资质和能力的人员。

（3）在合同期内或合同终止后，未征得有关方同意，不得泄露与本工程、合同业务有关的保密资料。

（4）任何由委托人提供的供监理人使用的设施和物品都属于委托人的财产，监理工作完成或中止时，应将设施和剩余物品归还委托人。

（5）非经委托人书面同意，监理人及其职员不应接受委托监理合同约定以外的与监理工程有关的报酬，以保证监理行为的公正性。

（6）监理人不得参与可能与合同规定的与委托人利益相冲突的任何活动。

（7）在监理过程中，不得泄露委托人申明的秘密，亦不得泄露设计、承包等单位申明的秘密。

（8）负责合同的协调管理工作。在委托工程范围内，委托人或承包人对对方的任何意见和要求（包括索赔要求），均必须首先向监理机构提出，由监理机构研究处置意见，再

同双方协商确定。当委托人和承包人发生争议时，监理机构应根据自己的职能，以独立的身份判断，公正地进行调解。当双方的争议由政府行政主管部门调解或仲裁机构仲裁时，应当提供作证的事实材料。

5.2.4　订立监理合同需注意的问题

1. 坚持按法定程序签署合同

监理委托合同的签订，意味着委托关系的形成，委托方与被委托方的关系都将受到合同的约束。因而签订合同必须是双方法定代表人或经其授权的代表签署并监督执行。在合同签署过程中，应检验代表对方签字人的授权委托书，避免合同失效或不必要的合同纠纷。不可忽视来往函件。在合同洽商过程中，双方通常会用一些函件来确认双方达成的某些口头协议或书面交往文件，后者构成招标文件和投标文件的组成部分。为了确认合同责任以及明确双方对项目的有关理解和意图以免将来分歧，签订合同时双方达成一致的部分应写入合同附录或专用条款内。

2. 其他应注意的问题

监理委托合同是双方承担义务和责任的协议，也是双方合作和相互理解的基础，一旦出现争议，这些文件也是保护双方权利的法律基础。因此在签订合同中应做到文字简洁、清晰、严密，以保证意思表达准确。

学习情境 5.3　监理合同的履行

5.3.1　监理人应完成的监理工作

虽然监理合同的专用条款内注明了委托监理工作的范围和内容，但从工作性质而言属于正常的监理工作。作为监理人必须履行的合同义务，除了正常监理工作之外，还应包括附加监理工作和额外监理工作。这两类工作属于订立合同时未能或不能合理预见，而合同履行过程中发生需要监理人完成的工作。

1. 附加工作

附加工作是指与完成正常工作相关，在委托正常监理工作范围以外监理人应完成的工作。可能包括：

（1）由于委托人、第三方原因，使监理工作受到阻碍或延误，以致增加了工作量或延续时间。

（2）增加监理工作的范围和内容等。如由于委托人或承包人的原因，承包合同不能按期竣工而必须延长的监理工作时间；又如委托人要求监理人就施工中采用新工艺施工部分编制质量检测合格标准等都属于附加监理工作。

2. 额外工作

额外工作是指正常工作和附加工作以外的工作，即非监理人自己的原因而暂停或终止监理业务，其善后工作及恢复监理业务前不超过 42d 的准备工作时间。

如合同履行过程中发生不可抗力，承包人的施工被迫中断，监理工程师应完成的确认灾害发生前承包人已完成工程的合格和不合格部分、指示承包人采取应急措施等，以及灾害消失后恢复施工前必要的监理准备工作。

由于附加工作和额外工作是委托正常工作之外要求监理人必须履行的义务，因此委托人在其完成工作后应另行支付附加监理工作酬金和额外监理工作酬金，但酬金的计算办法应在专用条款内予以约定。

5.3.2　合同有效期

尽管双方签订《建设工程委托监理合同》中注明"本合同自×年×月×日开始实施，至×年×月×日完成"，但此期限仅指完成正常监理工作预定的时间，并不就一定是监理合同的有效期。监理合同的有效期即监理人的责任期，不是用约定的日历天数为准，而是以监理人是否完成了包括附加和额外工作的义务来判定。因此通用条款规定，监理合同的有效期为双方签订合同后，工程准备工作开始，到监理人向委托人办理完竣工验收或工程移交手续，承包人和委托人已签订工程保修责任书，监理人收到监理报酬尾款，监理合同才终止。如果保修期间仍需监理人执行相应的监理工作，双方应在专用条款中另行约定。

5.3.3　违约责任

1. 违约赔偿

合同履行过程中，由于当事人一方的过错，造成合同不能履行或者不能完全履行，由有过错的一方承担违约责任；如属双方的过错，根据实际情况，由双方分别承担各自的违约责任。为保证监理合同规定的各项权利义务的顺利实现，在《委托监理合同示范文本》中，制定了约束双方行为的条款："委托人责任"、"监理人责任"。这些规定归纳起来有如下几点。

（1）在合同责任期内，如果监理人未按合同中要求的职责勤恳认真地服务；或委托人违背了他对监理人的责任时，均应向对方承担赔偿责任。

（2）任何一方对另一方负有责任时的赔偿原则是：

1）委托人违约应承担违约责任，赔偿监理人的经济损失。

2）因监理人过失造成经济损失，应向委托人进行赔偿，累计赔偿额不应超出监理酬金总额（除去税金）。

3）当一方向另一方的索赔要求不成立时，提出索赔的一方应补偿由此所导致的对方各种费用支出。

2. 监理人的责任限度

由于建设工程监理，是以监理人向委托人提供技术服务为特性，在服务过程中，监理人主要凭借自身知识、技术和管理经验，向委托人提供咨询、服务，替委托人管理工程。

同时，在工程项目的建设过程中，会受到多方面因素限制，鉴于上述情况，在责任面作了如下规定：监理人在责任期内，如果因过失而造成经济损失，要负监理失职的责任；监理人不对责任期以外发生的任何事情所引起的损失或损害负责，也不对第三方违反合同规定的质量要求和完工（交图、交货）时限承担责任。

5.3.4　监理合同的酬金

1. 正常监理工作的酬金

正常的监理酬金的构成，是监理单位在工程项目监理中所需的全部成本，再加上合理的利润和税金。具体应包括如下几项。

（1）直接成本。

1）监理人员和监理辅助人员的工资，包括津贴、附加工资、奖金等。

2）用于该项工程监理人员的其他专项开支，包括差旅费、补助费等。

3）监理期间使用与监理工作相关的计算机和其他检测仪器、设备的摊销费用。

4）所需的其他外部协作费用。

（2）间接成本。间接成本包括全部业务经营开支和非工程项目的特定开支：

1）管理人员、行政人员、后勤服务人员的工资。

2）经营业务费，包括为招揽业务而支出的广告费等。

3）办公费，包括文具、纸张、账表、报刊、文印费用等。

4）交通费、差旅费、办公设施费（公司使用的水、电、气、环卫、治安等费用）。

5）固定资产及常用工器具、设备的使用费。

6）业务培训费、图书资料购置费。

7）其他行政活动经费。

我国现行的监理费计算方法主要有4种，即国家物价局、建设部颁发的价费字479号文《关于发布工程建设监理费有关规定的通知》中规定的：①按照监理工程概预算的百分比计收；②按照参与监理工作的年度平均人数计算；③不宜按①、②两项办法计收的，由委托人和监理人按商定的其他方法计收；④中外合资、合作、外商独资的建设工程，工程建设监理收费双方参照国际标准协商确定。

上述4种取费方法，其中第③、④种的具体适用范围，已有明确的界定，第①、②两种的使用范围，按照我国目前情况，有如下规定：

第①种方法，即按监理工程概预算百分比计收，这种方法比较简便、科学，在国际上也是一种常用的方法，一般情况下，新建、改建、扩建的工程，都应采用这种方式。

第②种方法，即按照参与监理工作的年度平均人数计算收费，1994年5月5日建设部监理司以建监工便（1994）第5号文做了简要说明。这种方法，主要适用于单工种或临时项目，或不宜按工程概预算的百分比取监理费的监理项目。

2．附加监理工作的酬金

（1）增加监理工作时间的补偿酬金。

$$报酬＝附加工作天数×合同约定的报酬/合同中约定的监理服务天数$$

（2）增加监理工作内容的补偿酬金。增加监理工作的范围或内容属于监理合同的变更，双方应另行签订补充协议，并具体商定报酬额或报酬的计算方法。

3．额外监理工作的酬金

额外监理工作酬金按实际增加工作的天数计算补偿金额，可参照增加监理工作时间的补偿酬金计算。

4．奖金

监理人在监理过程中提出的合理化建议使委托人得到了经济效益，有权按专用条款的约定获得经济奖励。奖金的计算办法是：

$$奖励金额＝工程费用节省额×报酬比率$$

5．支付

（1）在监理合同实施中，监理酬金支付方式可以根据工程的具体情况双方协商确定。一般采取首期支付多少，以后每月（季）等额支付，工程竣工验收后结算尾款。

（2）支付过程中，如果委托人对监理人提交的支付通知书中酬金或部分酬金项目提出异议，应在收到支付通知书24h内向监理人发出表示异议的通知，但不得拖延其他无异议酬金项目支付。

（3）当委托人在议定的支付期限内未予支付的，自规定之日起向监理人补偿应支付酬金的利息。利息按规定支付期限最后 1d 银行贷款利息率乘以拖欠酬金时间计算。

5.3.5 协调双方关系条款

委托监理合同中对合同履行期间甲乙双方的有关联系、工作程序都作了严格周密的规定，便于双方协调有序地履行合同。这些条款集中在"合同生效、变更与终止"、"其他"和"争议的解决"几节当中，主要内容如下。

1. 合同的生效、变更与终止

（1）生效。自合同签字之日起生效。

（2）开始和完成。以专用条件中订明的监理准备工作开始和完成时间。如果合同履行过程中双方商定延期时间时，完成时间相应顺延。自合同生效时起至合同完成之间的时间为合同的有效期。

（3）变更。任何一方申请并经双方书面同意时，可对合同进行变更。

如果委托人要求，监理人可提出更改监理工作的建议，这类建议的工作和移交应看作 1 次附加的工作。建设工程中难免出现许多不可预见的事项，因而经常会出现要求修改或变更合同条件的情况。例如改变工作服务范围、工作深度、工作进程等，特别是当出现需要改变服务范围和费用问题时，监理企业应该坚持要求修改合同，口头协议或者临时性交换函件等都是不可取的。在实际履行中，可以采取正式文件、信件协议或委托单等几种方式对合同进行修改，如果变动范围太大，也可重新制定一个合同取代原有合同。

（4）延误。如果由于委托人或第三方的原因使监理工作受到阻碍或延误，以致增加了工程量或持续时间，监理人应将此情况与可能产生的影响及时通知委托人。增加的工作量应视为附加的工作，完成监理业务的时间应相应延长，并得到附加工作酬金。

（5）情况的改变。如果在监理合同签订后，出现了不应由监理人负责的情况，导致监理人不能全部或部分执行监理任务时，监理人应立即通知委托人。在这种情况下，如果不得不暂停执行某些监理任务，则该项服务的完成期限应予以延长，直到这种情况不再持续。当恢复监理工作时，还应增加不超过 42d 的合理时间，用于恢复执行监理业务，并按双方约定的数量支付监理酬金。

（6）合同的暂停或终止。

1）监理人向委托人办理完竣工验收或工程移交手续，承包人和委托人已签订工程保修合同，监理人收到监理酬金尾款结清监理酬金后，本合同即告终止。

2）当事人一方要求变更或解除合同时，应当在 42d 前通知对方，因变更或解除合同使一方遭受损失的，除依法可免除责任者外，应由责任方负责赔偿。

3）变更或解除合同的通知或协议必须采取书面形式，协议未达成之前，原合同仍然有效。

4）如果委托人认为监理人无正当理由而又未履行监理义务时，可向监理人发出指明其未履行义务的通知。若委托人在 21d 内没收到答复，可在第 1 个通知发出后 35d 内发出终止监理合同的通知，合同即行终止。

5）监理人在应当获得监理酬金之日起 30d 内仍未收到支付单据，而委托人又未对监理人提出任何书面解释，或暂停监理业务期限已超过半年时，监理人可向委托人发出终止合同通知。如果 14d 内未得到委托人答复，可进一步发出终止合同的通知。如果第 2 份通知发出后 42d 内仍未得到委托人答复，监理人可终止合同，也可自行暂停履行部分或全部监理业务。

合同协议的终止并不影响各方应有权利和应承担责任。

2. 争议的解决

因违反或终止合同而引起的对损失或损害的赔偿，委托人与监理人应协商解决。如协商未能达成一致，可提交主管部门协调。如仍不能达成一致时，根据双方约定提交仲裁机构仲裁或向人民法院起诉。

【例 5.1】　监理单位承担了某工程的施工阶段监理任务，该工程由甲施工单位总承包。甲施工单位选择了经建设单位同意并经监理单位进行资质审查合格的乙施工单位作为分包。施工过程中发生了以下事件。

事件 1. 专业监理工程师在熟悉图纸时发现，基础工程部分设计内容不符合国家有关工程质量标准和规范。总监理工程师随即致函设计单位要求改正并提出更改建议方案。设计单位研究后，口头同意了总监理工程师的更改方案，总监理工程师随即将更改的内容写成监理指令通知甲施工单位执行。

事件 2. 施工过程中，专业监理工程师发现乙施工单位施工的分包工程部分存在质量隐患，为此，总监理工程师同时向甲、乙两施工单位发出了整改通知。甲施工单位回函称：乙施工单位施工的工程是经建设单位同意进行分包的，所以本单位不承担该部分工程的质量责任。

事件 3. 专业监理工程师在巡视时发现，甲施工单位在施工中使用未经报验的建筑材料，若继续施工，该部位将被隐蔽。因此，立即向甲施工单位下达了暂停施工的指令（因甲施工单位的工作对乙施工单位有影响，乙施工单位也被迫停工）。同时，指示甲施工单位将该材料进行检验，并报告了总监理工程师。总监理工程师对该工序停工予以确认，并在合同约定的时间内报告了建设单位。检验报告出来后，证实材料合格，可以使用，总监理工程师随即指令施工单位恢复了正常施工。

事件 4. 乙施工单位就上述停工自身遭受的损失向甲施工单位提出补偿要求，而甲施工单位称：此次停工是执行监理工程师的指令，乙施工单位应向建设单位提出索赔。

事件 5. 对上述施工单位的索赔建设单位称：本次停工是监理工程师失职造成，且事未征得建设单位同意。因此，建设单位不承担任何责任，由于停工造成施工单位的损失应由监理单位承担。

针对上述各个事件，分别提出的问题如下：

（1）请指出总监理工程师上述行为的不妥之处并说明理由。总监理工程师应如何正确处理？

（2）甲施工单位的答复是否妥当？为什么？总监理工程师签发的整改通知是否妥当？为什么？

（3）专业监理工程师是否有权签发本次暂停令？为什么？下达工程暂停令的程序有无不妥之处？请说明理由。

（4）甲施工单位的说法是否正确？为什么？乙施工单位的损失应由谁承担？

（5）建设单位的说法是否正确？为什么？

解

（1）总监理工程师不应直接致函设计单位。因为监理人员无权进行设计变更。

正确处理：发现问题应向建设单位报告，由建设单位向设计单位提出变更要求。

（2）甲施工单位回函所称，不妥。因为分包单位的任何违约行为导致工程损害或给建设单位造成的损失，总承包单位承担连带责任。

总监理工程师签发的整改通知，不妥。因为整改通知应签发给甲施工单位，因乙施工单位与建设单位没有合同关系。

（3）专业监理工程师无权签发"工程暂停令"。因为这是总监理工程师的权力。

下达工程暂停令的程序有不妥之处。理由是专业监理工程师应报告总监理工程师，由总监理工程师签发工程暂停令。

（4）甲施工单位的说法不正确。因为乙施工单位与建设单位没有合同关系，乙施工单位的损失应由甲施工单位承担。

（5）建设单位的说法不正确。因为监理工程师是在合同授权内履行职责，施工单位所受的损失不应由监理单位承担。

本项目学习小结

5.1 委托监理合同的概念和特征。

5.2 委托的监理业务。

5.3 监理合同的履行期限、地点和方式。

5.4 双方的权利与义务。

5.5 监理人应完成的监理工作。

5.6 违约责任。

5.7 监理合同的酬金。

5.8 协调双方关系条款。

5.9 争议的解决。

思 考 题 与 习 题

5.1 监理合同示范文本的标准条件与专用条件有何关系？

5.2 监理合同当事人双方都有哪些权利与义务？

5.3 监理合同要求监理人必须完成的工作包括哪几类？

5.4 监理人执行监理业务过程中，发生哪些情况不应由他承担责任？

项目 6　建设工程施工合同管理

学习目标：通过本章学习，使学生掌握建设工程施工合同的概念与订立；掌握施工准备阶段、施工过程、竣工阶段的合同管理；掌握建设工程施工索赔；掌握合同争议解决的方法。

学习情境 6.1　建设工程施工合同管理概述

6.1.1　建设工程施工合同的概念和特点

建设工程施工合同是发包人与承包人就完成具体工程项目的建筑施工、设备安装、设备调试、工程保修等工作内容，确定双方权利和义务的协议。施工合同是建设工程合同的一种，它与其他建设工程合同一样是双务有偿合同，在订立时应遵守自愿、公平、诚实信用等原则。

建设工程施工合同是建设工程的主要合同之一，其标的是将设计图纸变为满足功能、质量、进度、投资等发包人投资预期目的的建筑产品。建设工程施工合同还具有以下特点。

1. 合同标的的特殊性

施工合同的标的是各类建筑产品，建筑产品是不动产，建造过程中往往受到自然条件、地质水文条件、社会条件、人为条件等因素的影响。这就决定了每个施工合同的标的物不同于工厂批量生产的产品，具有单件性的特点。所谓"单件性"指不同地点建造的相同类型和级别的建筑，施工过程中所遇到的情况不尽相同，在甲工程施工中遇到的困难在乙工程不一定发生，而在乙工程施工中可能出现甲工程没有发生过的问题，相互间具有不可替代性。

2. 合同履行期限的长期性

建筑物的施工由于结构复杂、体积大、建筑材料类型多、工作量大，使得工期都较长（与一般工业产品的生产相比）。在较长的合同期内，双方履行义务往往会受到不可抗力、履行过程中法律法规政策的变化、市场价格的浮动等因素的影响，必然导致合同的内容约定、履行管理都很复杂。

3. 合同内容的复杂性

虽然施工合同的当事人只有两方，但履行过程中涉及的主体却有许多种，内容的约定还需与其他相关合同相协调，如设计合同、供货合同、本工程的其他施工合同等。

6.1.2　建设工程施工合同范本简介

1. 合同范本的作用

鉴于施工合同的内容复杂、涉及面宽，为了避免施工合同的编制者遗漏某些方面的重要条款，或条款约定责任不够公平合理，建设部和国家工商行政管理局于 1999 年 12 月 24 日印发了 GF—1999—0201《建设工程施工合同（示范文本）》（以下简称示范文本）。

施工合同文本的条款内容不仅涉及各种情况下双方的合同责任和规范化的履行管理程序，而且涵盖了非正常情况的处理原则，如变更、索赔、不可抗力、合同的被迫终止、争议的解决等方面。

示范文本中的条款属于推荐使用，应结合具体工程的特点加以取舍、补充、最终形成责任明确、操作性强的合同。

2. 建设工程施工合同范本

作为推荐使用的施工合同范本由协议书、通用条款、专用条款三部分组成，并附有 3 个附件。

（1）协议书。合同协议书是施工合同的总纲性法律文件，经过双方当事人签字盖章后合同即成立。标准化的协议书格式文字量不大，需要结合承包工程特点填写的约定主要内容包括：工程概况、工程承包范围、合同工期、质量标准、合同价款、合同生效时间，并明确对双方有约束力的合同文件组成。

（2）通用条款。"通用"的含义是，所列条款的约定不区分具体工程的行业、地域、规模等特点，只要属于建筑安装工程均可适用。通用条款是在广泛总结国内工程实施中成功经验和失败教训基础上，参考 FIDIC 编写的《土木工程施工合同条件》相关内容的规定，编制的规范承发包双方履行合同义务的标准化条款。通用条件包括：词语定义及合同文件；双方一般权利和义务；施工组织设计和工期；质量与检验；安全施工；合同价款与支付；材料设备供应；工程变更；竣工验收与结算；违约、索赔和争议；其他 11 部分，共 47 个条款。通用条款在使用时不作任何改动，原文照搬。

（3）专用条款。由于具体实施工程项目的工作内容各不相同，施工现场和外部环境条件各异，因此还必须有反映招标工程具体特点和要求的专用条款的约定。合同范本中的"专用条款"部分只为当事人提供了编制具体合同时应包括内容的指南，具体内容由当事人根据发包工程的实际要求细化。

具体工程项目编制专用条款的原则是，结合项目特点，针对通用条款的内容进行补充或修正，达到相同序号的通用条款和专用条款共同组成对某一方面问题内容完备的约定。因此，专用条款的序号不必依此排列，通用条件已构成完善的部分不需重复抄录，只需对通用条款部分需要补充、细化甚至弃用的条款做相应说明后，按照通用条款对该问题的编号顺序排列即可。

（4）附件。范本中为使用者提供了"承包人承揽工程项目一览表"、"发包人供应材料设备一览表"和"房屋建筑工程质量保修书"三个标准化附件，如果具体项目的实施为包工包料承包，则可以不使用发包人供应材料设备表。

6.1.3　合同管理涉及的有关各方

1. 合同当事人

（1）发包人。通用条款规定，发包人指在协议书中约定，具有工程发包主体资格和支付工程价款能力的当事人以及取得该当事人资格的合法继承人。

（2）承包人。通用条款规定，承包人指在协议书中约定，被发包人接受具有工程施工承包主体资格的当事人以及取得该当事人资格的合法继承人。

从以上两个定义可以看出，施工合同签订后，当事人任何一方均不允许转让合同。因为承包人是发包人通过复杂的招标选中的实施者；发包人则是承包人在投标前出于对其信誉和支付能力的信任才参与竞争取得合同。因此，按照诚实信用原则，订立合同后，任何一方都不能将合同转让给第三者。所谓合法继承人是指因资产重组后，合并或分立后的法人或组织可以作为合同的当事人。

2. 工程师

施工合同示范文本定义的工程师包括监理单位委派的总监理工程师或者发包人指定的履行合同的负责人两种情况。

(1) 发包人委托的监理。发包人可以委托监理单位，全部或者部分负责合同的履行管理。监理单位委派的总监理工程师在施工合同中称为工程师。总监理工程师是经监理单位法定代表人授权，派驻施工现场监理组织的总负责人，行使监理合同赋予监理单位的权利和义务，全面负责受委托工程的监理工作。

发包人应当将委托的监理单位名称、工程师的姓名、监理内容及监理权限以书面形式通知承包人。除合同内有明确约定或经发包人同意外，负责监理的工程师无权解除承包人的任何义务。

(2) 发包人派驻代表。对于国家未规定实施强制监理的工程施工，发包人也可以派驻代表自行管理。

发包人派驻施工场地履行合同的代表在施工合同中也称工程师。发包人代表是经发包人单位法定代表人授权，派驻施工现场的负责人，其姓名、职务、职责在专用条款内约定，但职责不得与监理单位委派的总监理工程师职责相互交叉。双方职责发生交叉或不明确时，由发包人明确双方职责，并以书面形式通知承包方。

(3) 工程师易人。施工过程中，如果发包人需要撤换工程师，应至少于易人前7d以书面形式通知承包人。后任继续履行合同文件的约定及前任的权利和义务，不得更改前任作出的书面承诺。

6.1.4　建设行政主管部门及相关部门对施工合同的监督管理

虽然发包人和承包人订立和履行合同属于当事人自主的市场行为，但建筑工程涉及国家和地区国民经济发展计划的实现，与人民生命财产的安全密切相关，因此必须符合法律和法规的有关规定。

1. 建设行政主管机关对施工合同的监督管理

建设行政主管部门通过对建设活动的监督，主要从质量和安全的角度对工程项目进行管理，主要有以下职责。

(1) 颁布规章。依据国家的法律颁布相应的规章，规范建筑市场有关各方的行为。包括推行合同范本制度。

(2) 批准工程项目的建设。工程项目的建设，发包人必须履行工程项目报建手续，获取施工许可证，以及取得规划许可和土地使用权的许可。建设项目申请施工许可证应具备以下条件：

1) 已经办理该建筑工程用地批准手续。

2) 在城市规划区的建筑工程，已经取得建设工程规划许可证。

3) 施工场地已经基本具备施工条件，需要拆迁的，其拆迁进度符合施工要求。

4) 已经确定施工企业。按照规定应该招标的工程没有招标，应该公开招标的工程没有公开招标，或者肢解发包工程，以及将工程发包给不具备相应资质条件的，所确定的施工企业无效。

5）已满足施工需要的施工图纸及技术资料，施工图设计文件已按规定进行了审查。

6）有保证工程质量和安全的具体措施。施工企业编制的施工组织设计中有根据建筑工程特点制定的相应质量、安全技术措施，专业性较强的工程项目编制的专项质量、安全施工组织设计，并按照规定办理了工程质量、安全监督手续。

7）按照规定应该委托监理的工程已委托监理。

8）建设资金已经落实。建设工期不足一年的，到位资金原则上不得少于工程合同价的 50%，建设工期超过 1 年的，到位资金原则上不得少于工程合同价的 30%。建设单位应当提供银行出具的到位资金证明，有条件的可以实行银行付款保函或者其他第三方担保。

9）法律、行政法规规定的其他条件。

（3）对建设活动实施监督。

1）对招标申请报送材料进行审查。

2）对中标结果和合同的备案审查。

3）对工程开工前报送的发包人指定的施工现场总代表人和承包人指定的项目经理的备案材料审查。

4）竣工验收程序和鉴定报告的备案审查。

5）竣工的工程资料备案等。

所谓备案是指这些活动由合同当事人在行政法规要求的条件下自主进行，并将报告或资料提交建设行政主管部门，行政主管部门审查未发现存在违法、违规情况，则当事人的行为有效，将其资料存档。如果发现有问题，则要求当事人予以改正。因此，备案不同于批准，当事人享有更多的自主权。

2. 质量监督机构对合同履行的监督

工程质量监督机构是接受建设行政主管部门的委托，负责监督工程质量的中介组织。工程招标工作完成后，领取开工证之前，发包人应到工程所在地的质量监督机构办理质量监督登记手续。质量监督机构对合同履行的工作的监督，分为对工程参建各方质量行为的监督和对建设工程的实体质量监督两个方面。

（1）对工程参建各方主体质量行为的监督。

1）对建设单位质量行为的监督。主要包括：①工程项目报建审批手续是否齐全；②基本建设程序符合有关要求并按规定进行了施工图审查；以及按规定委托监理单位或建设单位自行管理的工程建立工程项目管理机构，配备了相应的专业技术人员；③无明示或者暗示勘察、设计单位、监理单位，施工单位违反强制性标准、降低工程质量和迫使承包商任意压缩合理工期等行为；④按合同规定，由建设单位采购的建材、构配件和设备必须符合质量要求。

2）对监理单位质量行为的监督。主要包括：①监理的工程项目有监理委托手续及合同，监理人员资格证书与承担的任务相符；②工程项目的监理机构专业人员配套，责任制落实；③现场监理采取旁站、巡视和平行检验等形式；④制订监理规划，并按照监理规划进行监理；⑤按照国家强制性标准或操作工艺对分项工程或工序及时进行验收签认；⑥对现场发现的使用不合格材料、构配件、设备的现象和发生的质量事故，及时督促、配合责任单位调查处理。

3）对施工单位质量行为的监督。主要包括：①所承担的任务与其资质相符，项目经理与中标书中相一致，有施工承包手续及合同；②项目经理、技术负责人、质检员等专业技术管理人员配套，并具有相应资格及上岗证书；③有经过批准的施工组织设计或施工方案并能贯彻执行；④按有关规定进行各种检测，对工程施工中出现的质量事故按有关文件要求及时如实上报和认真处理；⑤无违法分包、转包工程项目的行为。

（2）对建设工程的实体质量的监督。实体质量监督以抽查方式为主，并辅以科学的检测手段。地基基础实体必须经监督检查后方可进行主体结构施工；主体结构实体必须经监督检查后方可进行后续工程施工。

1）地基及基础工程抽查的主要内容。包括：①质量保证及见证取样送检检测资料；②分项、分部工程质量或评定资料及隐蔽工程验收记录；③地基检测报告和地基验槽记录；④抽查基础砌体、混凝土和防水等施工质量。

2）主体结构工程抽查的主要内容。包括：①质量保证及见证取样送检检测资料；②分项、分部工程质量评定资料及隐蔽工程验收记录；③结构安全重点部位的砌体、混凝土、钢筋施工质量抽查情况和检测；④混凝土构件、钢结构构件制作和安装质量。

3）竣工工程抽查的主要内容。包括：①工程质量保证资料及有见证取样检测报告；②分项、分部和单位工程质量评定资料和隐蔽工程验收记录；③地基基础、主体结构及工程安全检测报告和抽查检测；④水、电、暖、通等工程重要部位、使用功能试验资料及使用功能抽查检测记录；⑤工程观感质量。

（3）工程竣工验收的监督。建设工程质量监督机构在工程竣工验收监督时，重点对工程竣工验收的组织形式、验收程序、执行验收规范情况等实行监督。

3. 金融机构对施工合同的管理

金融机构对施工合同的管理，是通过对信贷管理、结算管理、当事人的账户管理进行的。金融机构还有义务协助执行已生效的法律文书，保护当事人的合法权益。

学习情境 6.2　建设工程施工合同的订立

依据合同范本，订立合同时应注意通用条款及专用条款需明确说明的内容。

6.2.1　工期和合同价格

1. 工期

在合同协议书内应明确注明开工日期、竣工日期和合同工期总日历天数。如果是招标选择的承包人，工期总日历天数应为投标书内承包人承诺的天数，不一定是招标文件要求的天数。因为招标文件通常规定本招标工程最长允许的完工时间，而承包人为了竞争，申报的投标工期往往短于招标文件限定的最长工期，此项因素通常也是评标比较的一项内容。因此，在中标通知书中已注明发包人接受的投标工期。

合同内如果有发包人要求分阶段移交的单位工程或部分工程时，在专用条款内还需明确约定中间交工工程的范围和竣工时间。此项约定也是判定承包人是否按合同履行了义务的标准。

2. 合同价款

（1）合同约定的合同价款。在合同协议书内同样要注明合同价款。虽然中标通知书中已写明了来源于投标书的中标合同价款，但考虑到某些工程可能不是通过招标选择的承包人，如合同价值低于法规要求必须招标的小型工程或出于保密要求直接发包的工程等，因此，标准化合同协议内仍要求填写合同价款。非招标工程的合同价款，由当事人双方依据工程预算书协商后，填写在协议书内。

（2）追加合同价款。在合同的许多条款内涉及"费用"和"追加合同价款"两个专用术语。追加合同价款是指，合同履行中发生需要增加合同价款的情况，经发包人确认后，按照计算合同价款的方法，给承包人增加的合同价款。费用指不包含在合同价款之内的应当由发包人或承包人承担的经济支出。

（3）合同的计价方式。通用条款中规定有三类可选择的计价方式，本合同采用哪种方式需在专用条款中说明。可选择的计价方式有：

1）固定价格合同，是指在约定的风险范围内价款不再调整的合同。这种合同的价款并不是绝对不可调整，而是约定范围内的风险由承包人承担。工程承包活动中采用的总价合同和单价合同均属于此类合同。双方需在专用条款内约定合同价款包含的风险范围、风险费用的计算方法和承包风险范围以外对合同价款影响的调整方法，在约定的风险范围内合同价款不再调整。

2）可调价格合同，是针对固定价格而言，通常用于工期较长的施工合同。如工期在18个月以上的合同，发包人和承包人在招投标阶段和签订合同时不可能合理预见到一年半以后物价浮动和后续法规变化对合同价款的影响，为了合理分担外界因素影响的风险，应采用可调价合同。对于工期较短的合同，专用条款内也要约定因外部条件变化对施工产生成本影响可以调整合同价款的内容。可调价合同的计价方式与固定价格合同基本相同，只是增加可调价的条款，因此在专用条款内应明确约定调价的计算方法。

3）成本加酬金合同，是指发包人负担全部工程成本，对承包人完成的工作支付相应酬金的计价方式。这类计价方式通常用于紧急工程施工，如灾后修复工程；或采用新技术新工艺施工，双方对施工成本均心中无底，为了合理分担风险采用此种方式。合同双方应在专用条款内约定成本构成和酬金的计算方法。

具体工程承包的计价方式不一定是单一的方式，只要在合同内明确约定具体工作内容采用的计价方式，也可以采用组合计价方式。如工期较长的施工合同，主体工程部分采用可调价的单价合同；而某些较简单的施工部位采用不可调价的固定总价承包；涉及使用新工艺施工部位或某项工作，用成本加酬金方式结算该部分的工程款。

（4）工程预付款的约定。施工合同的支付程序中是否有预付款，取决于工程的性质、承包工程量的大小以及发包人在招标文件中的规定。预付款是发包人为了帮助承包人解决工程施工前期资金紧张的困难，提前给付的一笔款项。在专用条款内应约定预付款总额、一次或分阶段支付的时间及每次付款的比例（或金额）、扣回的时间及每次扣回的计算方法、是否需要承包人提供预付款保函等相关内容。

（5）支付工程进度款的约定。在专用条款内约定工程进度款的支付时间和支付方式。工程进度款支付可以采用按月计量支付、按里程碑完成工程的进度分阶段支付或完成工程后一次性支付等方式。对合同内不同的工程部位或工作内容可以采用不同的支付方式，只要在专用条款中具体明确即可。

6.2.2 对双方有约束力的合同文件

6.2.2.1 合同文件的组成

在协议书和通用条款中规定，对合同当事人双方有约束力的合同文件包括签订合同时已形成的文件和履行过程中构成对双方有约束力的文件两大部分。

1. 订立合同时已形成的文件

（1）施工合同协议书。

（2）中标通知书。

（3）投标书及其附件。

（4）施工合同专用条款。

（5）施工合同通用条款。

（6）标准、规范及有关技术文件。

（7）图纸。

（8）工程量清单。

（9）工程报价单或预算书。

2. 合同履行过程中形成的文件

合同履行过程中，双方有关工程的洽商、变更等书面协议或文件也构成对双方有约束力的合同文件，将其视为协议书的组成部分。

6.2.2.2 对合同文件中矛盾或歧义的解释

1. 合同文件的优先解释次序

通用条款规定，上述合同文件原则上应能够互相解释、互相说明。但当合同文件中出现含糊不清或不一致时，上面各文件的序号就是合同的优先解释顺序。由于履行合同时双方达成一致的洽商、变更等书面协议发生时间在后，且经过当事人签署，因此作为协议书的组成部分，排序放在第一位。如果双方不同意这种次序安排，可以在专用条款内约定本合同的文件组成和解释次序。

2. 合同文件出现矛盾或歧义的处理程序

按照通用条款的规定，当合同文件内容含糊不清或不一致时，在不影响工程正常进行的情况下，由发包人和承包人协商解决。双方也可以提请负责监理的工程师做出解释。双方协商不成或不同意负责监理的工程师的解释时，按合同约定的解决争议的方式处理。对于实行"小业主、大监理"的工程，可以在专用条款中约定工程师做出的解释对双方都有约束力，如果任何一方不同意工程师的解释，再按合同争议的方式解决。

6.2.3 标准和规范

标准和规范是检验承包人施工应遵循的准则以及判定工程质量是否满足要求的标准。国家规范中的标准是强制性标准，合同约定的标准不得低于强制性标准，但发包人从建筑产品功能要求出发，可以对工程或部分工程部位提出更高的质量要求。在专用条款内必须明确规定本工程及主要部位应达到的质量要求，以及施工过程中需要进行质量检测和试验的时间、试验内容、试验地点和方式等具体约定。

对于采用新技术、新工艺施工的部分，如果国内没有相应标准、规范时，在合同内也应约定对质量检验的方式、检验的内容及应达到的指标要求，否则无从判定施工的质量是否合格。

6.2.4　发包人和承包人的工作

1. 发包人的义务

通用条款规定以下工作属于发包人应完成的工作：

（1）办理土地征用、拆迁补偿、平整施工场地等工作，使施工场地具备施工条件，并在开工后继续解决以上事项的遗留问题。专用条款内需要约定施工场地具备施工条件的要求及完成的时间，以便承包人能够及时接收适用的施工现场，按计划开始施工。

（2）将施工所需水、电、电信线路从施工场地外部接至专用条款约定地点，并保证施工期间需要。专用条款内需要约定三通的时间、地点和供应要求。某些偏僻地域的工程或大型工程，可能要求承包人自己从水源地（如附近的河中取水）或自己用柴油机发电解决施工用电，则也应在专用条款内明确，说明通用条款的此项规定本合同不采用。

（3）开通施工场地与城乡公共道路的通道，以及专用条款约定的施工场地内的主要交通干道，保证施工期间的畅通，满足施工运输的需要。专用条款内需要约定移交给承包人交通通道或设施的开通时间和应满足的要求。

（4）向承包人提供施工场地的工程地质和地下管线资料，保证数据真实，位置准确。专用条款内需要约定向承包人提供工程地质和地下管线资料的时间。

（5）办理施工许可证和临时用地、停水、停电、中断道路交通、爆破作业以及可能损坏道路、管线、电力、通信等公共设施法律、法规规定的申请批准手续及其他施工所需的证件（证明承包人自身资质的证件除外）。专用条款内需要约定发包人提供施工所需证件、批件的名称和时间，以便承包人合理进行施工组织。

（6）确定水准点与坐标控制点，以书面形式交给承包人，并进行现场交验。专用条款内需要分项明确约定放线依据资料的交验要求，以便合同履行过程中合理地区分放线错误的责任归属。

（7）组织承包人和设计单位进行图纸会审和设计交底。专用条款内需要约定具体的时间。

（8）协调处理施工现场周围地下管线和邻近建筑物、构筑物（包括文物保护建筑）、古树名木的保护工作，并承担有关费用。专用条款内需要约定具体的范围和内容。

（9）发包人应做的其他工作，双方在专用条款内约定。专用条款内需要根据项目的特点和具体情况约定相关的内容。

虽然通用条款内规定上述工作内容属于发包人的义务，但发包人可以将上述部分工作委托承包方办理，具体内容可以在专用条款内约定，其费用由发包人承担。属于合同约定的发包人义务，如果出现不按合同约定完成，导致工期延误或给承包人造成损失时，发包人应赔偿承包人的有关损失，延误的工期相应顺延。

2. 承包人义务

通用条款规定，以下工作属于承包人的义务：

（1）根据发包人的委托，在其设计资质允许的范围内，完成施工图设计或与工程配套的设计，经工程师确认后使用，发生的费用由发包人承担。如果属于设计施工总承包合同或承包工作范围内包括部分施工图设计任务，则专用条款内需要约定承担设计任务单位的设计资质等级及设计文件的提交时间和文件要求（可能属于施工承包人的设计分包人）。

（2）向工程师提供年、季、月工程进度计划及相应进度统计报表。专用条款内需要约定应提供计划、报表的具体名称和时间。

（3）按工程需要提供和维修非夜间施工使用的照明、围栏设施，并负责安全保卫。专用条款内需要约定具体的工作位置和要求。

（4）按专用条款约定的数量和要求，向发包人提供在施工现场办公和生活的房屋及设施，发生的费用由发包人承担。专用条款内需要约定设施名称、要求和完成时间。

（5）遵守有关部门对施工场地交通、施工噪音以及环境保护和安全生产等的管理规定，按管理规定办理有关手续，并以书面形式通知发包人。发包人承担由此发生的费用，因承包人责任造成的罚款除外。专用条款内需要约定需承包人办理的有关内容。

（6）已竣工工程未交付发包人之前，承包人按专用条款约定负责已完成工程的成品保护工作，保护期间发生损坏，承包人自费予以修复。要求承包人采取特殊措施保护的单位工程的部位和相应追加合同价款，在专用条款内约定。

（7）按专用条款的约定做好施工现场地下管线和邻近建筑物、构筑物（包括文物保护建筑）、古树名木的保护工作。专用条款内约定需要保护的范围和费用。

（8）保证施工场地清洁符合环境卫生管理的有关规定。交工前清理现场达到专用条款约定的要求，承担因自身原因违反有关规定造成的损失和罚款。专用条款内需要根据施工管理规定和当地的环保法规，约定对施工现场的具体要求。

（9）承包人应做的其他工作，双方在专用条款内约定。

承包人不履行上述各项义务，造成发包人损失的，应对发包人的损失给予赔偿。

6.2.5　材料和设备的供应

目前很多工程采用包工部分包料承包的合同，主材经常采用由发包人提供的方式。在专用条款中应明确约定发包人提供材料和设备的合同责任。施工合同范本附件提供了标准化的表格格式，见表6.1。

表6.1　　　　　　　　　　　发包人供应材料设备一览表

序号	材料设备品种	规格型号	单位	数量	单价	质量等级	供应时间	送达地点	备注

6.2.6　担保和保险

1. 履行合同的担保

合同是否有履约担保不是合同有效的必要条件，按照合同具体约定来执行。如果合同约定有履约担保和预付款担保，则需在专用条款内明确说明担保的种类、担保方式、有效期、担保金额以及担保书的格式。担保合同将作为施工合同的附件。

2. 保险责任

工程保险是转移工程风险的重要手段，如果合同约定有保险的话，在专用条款内应约定投保的险种、保险的内容、办理保险的责任以及保险金额。

6.2.7 解决合同争议的方式

发生合同争议时，应按如下程序解决：双方协商和解解决；达不成一致时请第三方调解解决；调解不成，则需通过仲裁或诉讼最终解决。因此在专用条款内需要明确约定双方共同接受的调解人，以及最终解决合同争议是采用仲裁还是诉讼方式、仲裁委员会或法院的名称。

学习情境6.3　施工准备阶段的合同管理

6.3.1 施工图纸

1. 发包人提供的图纸

我国目前的建设工程项目通常由发包人委托设计单位负责，在工程准备阶段应完成施工图设计文件的审查。施工图纸经过工程师审核签认后，在合同约定的日期前发放给承包人，以保证承包人及时编制施工进度计划和组织施工。施工图纸可以一次提供，也可以各单位工程开始施工前分阶段提供，只要符合专用条款的约定，不影响承包人按时开工即可。

发包人应免费按专用条款约定的份数供应承包人图纸。承包人要求增加图纸套数时，发包人应代为复制，但复制费用由承包人承担。发放承包人的图纸中，应在施工现场保留一套完整图纸供工程师及有关人员进行工程检查时使用。

2. 承包人负责设计的图纸

有些情况下承包人享有专利权的施工技术，若具有设计资质和能力，可以由其完成部分施工图的设计，或由其委托设计分包人完成。在承包工作范围内，包括部分由承包人负责设计的图纸，则应在合同约定的时间内将按规定的审查程序批准的设计文件提交工程师审核，经过工程师签认后才可以使用。但工程师对承包人设计的认可，不能解除承包人的设计责任。

6.3.2 施工进度计划

就合同工程的施工组织而言，招标阶段承包人在投标书内提交的施工方案或施工组织设计的深度相对较浅，签订合同后通过对现场的进一步考察和工程交底，对工程的施工有了更深入的了解，因此，承包人应当在专用条款约定的日期，将施工组织设计和施工进度计划提交工程师。群体工程中采取分阶段进行施工的单项工程，承包人则应按照发包人提供图纸及有关资料的时间，按单项工程编制进度计划，分别向工程师提交。

工程师接到承包人提交的进度计划后，应当予以确认或者提出修改意见，时间限制则由双方在专用条款中约定。如果工程师逾期不确认也不提出书面意见，则视为已经同意。工程师对进度计划和对承包人施工进度的认可，不免除承包人对施工组织设计和工程进度计划本身的缺陷所应承担的责任。进度计划经工程师予以认可的主要目的，是作为发包人和工程师依据计划进行协调和对施工进度控制的依据。

6.3.3 双方做好施工前的有关准备工作

开工前，合同双方还应当做好其他各项准备工作。如发包人应当按照专用条款的规定使施工现场具备施工条件、开通施工现场公共道路，承包人应当做好施工人员和设备的调配工作。

对工程师而言，特别需要做好水准点与坐标控制点的交验，按时提供标准、规范。为了能够按时向承包人提供设计图纸，工程师可能还需要做好设计单位的协调工作，按照专用条款的约定组织图纸会审和设计交底。

6.3.4　开工

承包人应在专用条款约定的时间按时开工，以便保证在合理工期内及时竣工。但在特殊情况下，工程的准备工作不具备开工条件，则应按合同的约定区分延期开工的责任。

1. 承包人要求的延期开工

如果是承包人要求的延期开工，则工程师有权批准是否同意延期开工。

承包人不能按时开工，应在不迟于协议书约定的开工日期前7d，以书面形式向工程师提出延期开工的理由和要求。工程师在接到延期开工申请后的48h内未予答复，视为同意承包人的要求，工期相应顺延。如果工程师不同意延期要求，工期不予顺延。如果承包人未在规定时间内提出延期开工要求，工期也不予顺延。

2. 发包人原因的延期开工

因发包人的原因施工现场尚不具备施工的条件，影响了承包人不能按照协议书约定的日期开工时，工程师应以书面形式通知承包人推迟开工日期。发包人应当赔偿承包人因此造成的损失，相应顺延工期。

6.3.5　工程的分包

施工合同范本的通用条件规定，未经发包人同意，承包人不得将承包工程的任何部分分包；工程分包不能解除承包人的任何责任和义务。

发包人通过复杂的招标程序选择了综合能力最强的投标人，要求其来完成工程的施工，因此合同管理过程中对工程分包要进行严格控制。承包人出于自身能力考虑，可能将部分自己没有实施资质的特殊专业工程分包，也可将部分较简单的工作内容分包。包括在承包人投标书内的分包计划，发包人通过接受投标书已表示了认可，如果施工合同履行过程中承包人又提出分包要求，则需要经过发包人的书面同意。发包人控制工程分包的基本原则是，主体工程的施工任务不允许分包，主要工程量必须由承包人完成。

经过发包人同意的分包工程，承包人选择的分包人需要提请工程师同意。工程师主要审查分包人是否具备实施分包工程的资质和能力，未经工程师同意的分包人不得进入现场参与施工。

虽然对分包的工程部位而言涉及两个合同，即发包人与承包人签订的施工合同和承包人与分包人签订的分包合同，但工程分包不能解除承包人对发包人应承担在该工程部位施工的合同义务。同样，为了保证分包合同的顺利履行，发包人未经承包人同意，不得以任何形式向分包人支付各种工程款项，分包人完成施工任务的报酬只能依据分包合同由承包人支付。对工程分包的合同关系、管理关系详见其他书籍论述。

6.3.6　支付工程预付款

合同约定有工程预付款的，发包人应按规定的时间和数额支付预付款。为了保证承包人如期开始施工前的准备工作和开始施工，预付时间应不迟于约定的开工日期前7d。

发包人不按约定预付，承包人在约定预付时间7d后向发包人发出要求预付的通知。发包人收到通知后仍不能按要求预付，承包人可在发出通知后7d停止施工，发包人应从约定应付之日起向承包人支付应付款的贷款利息，并承担违约责任。

学习情境 6.4　施工过程的合同管理

6.4.1　对材料和设备的质量控制

为了保证工程项目达到投资建设的预期目的，确保工程质量至关重要。对工程质量进行严格控制，应从使用的材料质量控制开始。

6.4.1.1　材料设备的到货检验

工程项目使用的建筑材料和设备按照专用条款约定的采购供应责任，可以由承包人负责，也可以由发包人提供全部或部分材料和设备。

1. 发包人供应的材料设备

发包人应按照专用条款的材料设备供应一览表，按时、按质、按量将采购的材料和设备运抵施工现场，与承包人共同进行到货清点。

（1）发包人供应材料设备的现场接收。发包人应当向承包人提供其供应材料设备的产品合格证明，并对这些材料设备的质量负责。发包人在其所供应的材料设备到货前24h，应以书面形式通知承包人，由承包人派人与发包人共同清点。清点的工作主要包括外观质量检查；对照发货单证进行数量清点（检斤、检尺）；大宗建筑材料进行必要的抽样检验（物理、化学试验）等。

（2）材料设备接收后移交承包人保管。发包人供应的材料设备经双方共同清点接收后，由承包人妥善保管，发包人支付相应的保管费用。因承包人的原因发生损坏丢失，由承包人负责赔偿。发包人不按规定通知承包人验收，发生的损坏丢失由发包人负责。

（3）发包人供应的材料设备与约定不符时的处理。发包人供应的材料设备与约定不符时，应当由发包人承担有关责任。视具体情况不同，按照以下原则处理：

1）材料设备单价与合同约定不符时，由发包人承担所有差价。

2）材料设备种类、规格、型号、数量、质量等级与合同约定不符时，承包人可以拒绝接收保管，由发包人运出施工场地并重新采购。

3）发包人供应材料的规格、型号与合同约定不符时，承包人可以代为调剂串换，发包方承担相应的费用。

4）到货地点与合同约定不符时，发包人负责运至合同约定的地点。

5）供应数量少于合同约定的数量时，发包人将数量补齐；多于合同约定的数量时，发包人负责将多出部分运出施工场地。

6）到货时间早于合同约定时间，发包人承担因此发生的保管费用；到货时间迟于合同约定的供应时间，由发包人承担相应的追加合同价款。发生延误，相应顺延工期，发包人赔偿由此给承包人造成的损失。

2. 承包人采购的材料设备

（1）承包人负责采购材料设备的，应按照合同专用条款约定及设计要求和有关标准采购，并提供产品合格证明，对材料设备质量负责。

（2）承包人在材料设备到货前24h应通知工程师共同进行到货清点。

（3）承包人采购的材料设备与设计或标准要求不符时，承包人应在工程师要求的时间内运出施工现场，重新采购符合要求的产品，承担由此发生的费用，延误的工期不予顺延。

6.4.1.2 材料和设备的使用前检验

为了防止材料和设备在现场储存时间过长或保管不善而导致质量的降低，应在用于永久工程施工前进行必要的检查试验。按照材料设备的供应义务，对合同责任作了如下区分。

1. 发包人供应材料设备

发包人供应的材料设备进入施工现场后需要在使用前检验或者试验的，由承包人负责检查试验，费用由发包人负责。按照合同对质量责任的约定，此次检查试验通过后，仍不能解除发包人供应材料设备存在的质量缺陷责任。即承包人检验通过之后，如果又发现材料设备有质量问题时，发包人仍应承担重新采购及拆除重建的追加合同价款，并相应顺延由此延误的工期。

2. 承包人负责采购的材料和设备

（1）采购的材料设备在使用前，承包人应按工程师的要求进行检验或试验，不合格的不得使用，检验或试验费用由承包人承担。

（2）工程师发现承包人采购并使用不符合设计或标准要求的材料设备时，应要求由承包人负责修复、拆除或重新采购，并承担发生的费用，由此延误的工期不予顺延。

（3）承包人需要使用代用材料时，应经工程师认可后才能使用，由此增减的合同价款双方以书面形式议定。

（4）由承包人采购的材料设备，发包人不得指定生产厂或供应商。

6.4.2 对施工质量的监督管理

工程师在施工过程中应采用巡视、旁站、平行检验等方式监督检查承包人的施工工艺和产品质量，对建筑产品的生产过程进行严格控制。

1. 工程质量标准

（1）工程师对质量标准的控制。承包人施工的工程质量应当达到合同约定的标准。发包人对部分或者全部工程质量有特殊要求的，应支付由此增加的追加合同价款，对工期有影响的应给予相应顺延。

工程师依据合同约定的质量标准对承包人的工程质量进行检查，达到或超过约定标准的，给予质量认可（不评定质量等级）；达不到要求时，则予以拒收。

（2）不符合质量要求的处理。不论何时，工程师一经发现质量达不到约定标准的工程部分，均可要求承包人返工。承包人应当按照工程师的要求返工，直到符合约定标准。因承包人的原因达不到约定标准，由承包人承担返工费用，工期不予顺延。因发包人的原因达不到约定标准，由发包人承担返工的追加合同价款，工期相应顺延。因双方原因达不到约定标准，责任由双方分别承担。

如果双方对工程质量有争议，由专用条款约定的工程质量监督部门鉴定，所需费用及因此造成的损失，由责任方承担。双方均有责任的，由双方根据其责任分别承担。

2. 施工过程中的检查和返工

承包人应认真按照标准、规范和设计要求以及工程师依据合同发出的指令施工，随时接受工程师及其委派人员的检查检验，并为检查检验提供便利条件。工程质量达不到约定标准的部分，工程师一经发现，可要求承包人拆除和重新施工，承包人应按工程师及其委派人员的要求拆除和重新施工，承担由于自身原因导致拆除和重新施工的费用，工期不予顺延。

经过工程师检查检验合格后，又发现因承包人原因出现的质量问题，仍由承包人承担责任，赔偿发包人的直接损失，工期不应顺延。

工程师的检查检验原则上不应影响施工正常进行。如果实际影响了施工的正常进行，其后果责任由检验结果的质量是否合格来区分合同责任。检查检验不合格时，影响正常施工的费用由承包人承担。除此之外，影响正常施工的追加合同价款由发包人承担，相应顺延工期。

因工程师指令失误和其他非承包人原因发生的追加合同价款，由发包人承担。

3. 使用专利技术及特殊工艺施工

如果发包人要求承包人使用专利技术或特殊工艺施工，应负责办理相应的申报手续，承担申报、试验、使用等费用。

若承包人提出使用专利技术或特殊工艺施工，应首先取得工程师认可，然后由承包人负责办理申报手续并承担有关费用。

不论哪一方要求使用他人的专利技术，一旦发生擅自使用侵犯他人专利权的情况时，由责任者依法承担相应责任。

6.4.3 隐蔽工程与重新检验

由于隐蔽工程在施工中一旦完成隐蔽，将很难再对其进行质量检查（这种检查往往成本很大），因此必须在隐蔽前进行检查验收。对于中间验收，应在专用条款中约定，对需要进行中间验收的单项工程和部位及时进行检查、试验，不应影响后续工程的施工。发包人应为检验和试验提供便利条件。

6.4.3.1 检验程序

1. 承包人自检

工程具备隐蔽条件或达到专用条款约定的中间验收部位，承包人进行自检，并在隐蔽或中间验收前48h以书面形式通知工程师验收。通知包括隐蔽和中间验收的内容、验收时间和地点。承包人准备验收记录。

2. 共同检验

工程师接到承包人的请求验收通知后，应在通知约定的时间与承包人共同进行检查或试验。检测结果表明质量验收合格，经工程师在验收记录上签字后，承包人可进行工程隐蔽和继续施工。验收不合格，承包人应在工程师限定的时间内修改后重新验收。

如果工程师不能按时进行验收，应在承包人通知的验收时间前24h，以书面形式向承包人提出延期验收要求，但延期不能超过48h。

若工程师未能按以上时间提出延期要求，又未按时参加验收，承包人可自行组织验收。承包人经过验收的检查、试验程序后，将检查、试验记录送交工程师。本次检验视为工程师在场情况下进行的验收，工程师应承认验收记录的正确性。

经工程师验收，工程质量符合标准、规范和设计图纸等要求，验收24h后，工程师不在验收记录上签字，视为工程师已经认可验收记录，承包人可进行隐蔽或继续施工。

6.4.3.2 重新检验

无论工程师是否参加了验收，当其对某部分的工程质量有怀疑，均可要求承包人对已经隐蔽的工程进行重新检验。承包人接到通知后，应按要求进行剥离或开孔，并在检验后重新覆盖或修复。

重新检验表明质量合格，发包人承担由此发生的全部追加合同价款，赔偿承包人损失，并相应顺延工期；检验不合格，承包人承担发生的全部费用，工期不予顺延。

6.4.4　施工进度管理

工程开工后，合同履行即进入施工阶段，直至工程竣工。这一阶段工程师进行进度管理的主要任务是控制施工工作按进度计划执行，确保施工任务在规定的合同工期内完成。

6.4.4.1　按计划施工

开工后，承包人应按照工程师确认的进度计划组织施工，接受工程师对进度的检查、监督。一般情况下，工程师每月均应检查一次承包人的进度计划执行情况，由承包人提交一份上月进度计划执行情况和本月的施工方案和措施。同时，工程师还应进行必要的现场实地检查。

6.4.4.2　承包人修改进度计划

实际施工过程中，由于受到外界环境条件、人为条件、现场情况等的限制，经常出现与承包人开工前编制施工进度计划时预计的施工条件有出入的情况，导致实际施工进度与计划进度不符。不管实际进度是超前还是滞后于计划进度，只要与计划进度不符时，工程师都有权通知承包人修改进度计划，以便更好地进行后续施工的协调管理。承包人应当按照工程师的要求修改进度计划并提出相应措施，经工程师确认后执行。

因承包人自身的原因造成工程实际进度滞后于计划进度，所有的后果都应由承包人自行承担。工程师不对确认后的改进措施效果负责，这种确认并不是工程师对工程延期的批准，而仅仅是要求承包人在合理的状态下施工。因此，如果修改后的进度计划不能按期完工，承包人仍应承担相应的违约责任。

6.4.4.3　暂停施工

1. 工程师指示的暂停施工

（1）暂停施工的原因。在施工过程中，有些情况会导致暂停施工。虽然暂停施工会影响工程进度，但在工程师认为确有必要时，可以根据现场的实际情况发布暂停施工的指示。发出暂停施工指示的起因可能源于以下情况：

1）外部条件的变化，如后续法规政策的变化导致工程停、缓建；地方法规要求在某一时段内不允许施工等。

2）发包人应承担责任的原因。如发包人未能按时完成后续施工的现场或通道的移交工作；发包人订购的设备不能按时到货；施工中遇到了有考古价值的文物或古迹需要进行现场保护等。

3）协调管理的原因。如同时在现场的几个独立承包人之间出现施工交叉干扰，工程师需要进行必要的协调。

4）承包人的原因。如发现施工质量不合格；施工作业方法可能危及现场或毗邻地区建筑物或人身安全等。

（2）暂停施工的管理程序。不论发生上述何种情况，工程师应当以书面形式通知承包人暂停施工，并在发出暂停施工通知后的48h内提出书面处理意见。承包人应当按照工程师的要求停止施工，并妥善保护已完工工程。

承包人实施工程师做出的处理意见后，可提出书面复工要求。工程师应当在收到复工通知后的 48h 内给予相应的答复。如果工程师未能在规定的时间内提出处理意见，或收到承包人复工要求后 48h 内未予答复，承包人可以自行复工。

停工责任在发包人，由发包人承担所发生的追加合同价款，赔偿承包人由此造成的损失，相应顺延工期；如果停工责任在承包人，由承包人承担发生的费用，工期不予顺延。如果因工程师未及时作出答复，导致承包人无法复工，由发包人承担违约责任。

2. 由于发包人不能按时支付的暂停施工

施工合同范本通用条款中对以下两种情况，给予了承包人暂时停工的权利：

（1）延误支付预付款。发包人不按时支付预付款，承包人在约定时间 7d 后向发包人发出预付通知。发包人收到通知后仍不能按要求预付，承包人可在发出通知后 7d 停止施工。发包人应从约定应付之日起，向承包人支付应付款的贷款利息。

（2）拖欠工程进度款。发包人不按合同规定及时向承包人支付工程进度款且双方又未达成延期付款协议时，导致施工无法进行。承包人可以停止施工，由发包人承担违约责任。

6.4.4.4　工期延误

施工过程中，由于社会条件、人为条件、自然条件和管理水平等因素的影响，可能导致工期延误不能按时竣工。是否应给承包人合理延长工期，应依据合同责任来判定。

1. 可以顺延工期的条件

按照施工合同范本通用条件的规定，以下原因造成的工期延误，经工程师确认后工期相应顺延：

（1）发包人不能按专用条款的约定提供开工条件。

（2）发包人不能按约定日期支付工程预付款、进度款，致使工程不能正常进行。

（3）工程师未按合同约定提供所需指令、批准等，致使施工不能正常进行。

（4）设计变更和工程量增加。

（5）一周内非承包人原因停水、停电、停气造成停工累计超过 8h。

（6）不可抗力。

（7）专用条款中约定或工程师同意工期顺延的其他情况。

这些情况工期可以顺延的根本原因在于：这些情况属于发包人违约或者是应当由发包人承担的风险。反之，如果造成工期延误的原因是承包人的违约或者应当由承包人承担的风险，则工期不能顺延。

2. 工期顺延的确认程序

承包人在工期可以顺延的情况发生后 14d 内，应将延误的工期向工程师提出书面报告。工程师在收到报告后 14d 内予以确认答复，逾期不予答复，视为报告要求已经被确认。

工程师确认工期是否应予顺延，应当首先考察事件实际造成的延误时间，然后依据合同、施工进度计划、工期定额等进行判定。经工程师确认顺延的工期应纳入合同工期，作为合同工期的一部分。如果承包人不同意工程师的确认结果，则按合同规定的争议解决方式处理。

6.4.4.5　发包人要求提前竣工

施工中如果发包人出于某种考虑要求提前竣工，应与承包人协商。双方达成一致后签订提前竣工协议，作为合同文件的组成部分。提前竣工协议应包括以下方面的内容：

（1）提前竣工的时间。

（2）发包人为赶工应提供的方便条件。

（3）承包人在保证工程质量和安全的前提下，可能采取的赶工措施。

（4）提前竣工所需的追加合同价款等。

承包人按照协议修订进度计划和制定相应的措施，工程师同意后执行。发包方为赶工提供必要的方便条件。

6.4.5　设计变更管理

施工合同范本中将工程变更分为工程设计变更和其他变更两类。其他变更是指合同履行中发包人要求变更工程质量标准及其他实质性变更。发生这类情况后，由当事人双方协商解决。工程施工中经常发生设计变更，对此通用条款作出了较详细的规定。

工程师在合同履行管理中应严格控制变更，施工中承包人未得到工程师的同意也不允许对工程设计随意变更。如果由于承包人擅自变更设计，发生的费用和因此而导致的发包人的直接损失，应由承包人承担，延误的工期不予顺延。

6.4.5.1　工程师指示的设计变更

施工合同范本通用条款中明确规定，工程师依据工程项目的需要和施工现场的实际情况，可以就以下方面向承包人发出变更通知：

（1）更改工程有关部分的标高、基线、位置和尺寸。

（2）增减合同中约定的工程量。

（3）改变有关工程的施工时间和顺序。

（4）其他有关工程变更需要的附加工作。

6.4.5.2　设计变更程序

1. 发包人要求的设计变更

施工中发包人需对原工程设计进行变更，应提前 14d 以书面形式向承包人发出变更通知。变更超过原设计标准或批准的建设规模时，发包人应报规划管理部门和其他有关部门重新审查批准，并由原设计单位提供变更的相应图纸和说明。

工程师向承包人发出设计变更通知后，承包人按照工程师发出的变更通知及有关要求，进行所需的变更。

因设计变更导致合同价款的增减及造成的承包人损失由发包人承担，延误的工期相应顺延。

2. 承包人要求的设计变更

施工中承包人不得因施工方便而要求对原工程设计进行变更。

承包人在施工中提出的合理化建议被发包人采纳，若建议涉及对设计图纸或施工组织设计的变更及对材料、设备的换用，则须经工程师同意。

未经工程师同意承包人擅自更改或换用，承包人应承担由此发生的费用，并赔偿发包人的有关损失，延误的工期不予顺延。工程师同意采用承包人的合理化建议，所发生费用和获得收益的分担或分享，由发包人和承包人另行约定。

6.4.5.3　变更价款的确定

1. 确定变更价款的程序

（1）承包人在工程变更确定后 14d 内，可提出变更涉及的追加合同价款要求的报告，经工程师确认后相应调整合同价款。如果承包人在双方确定变更后的 14d 内，未向工程师提出变更工程价款的报告，视为该项变更不涉及合同价款的调整。

（2）工程师应在收到承包人的变更合同价款报告后 14d 内，对承包人的要求予以确认或作出其他答复。工程师无正当理由不确认或答复时，自承包人的报告送达之日起 14d 后，视为变更价款报告已被确认。

（3）工程师确认增加的工程变更价款作为追加合同价款，与工程进度款同期支付。工程师不同意承包人提出的变更价款，按合同约定的争议条款处理。

因承包人自身原因导致的工程变更，承包人无权要求追加合同价款。如由于承包人原因实际施工进度滞后于计划进度，某工程部位的施工与其他承包人的施工发生干扰，工程师发布指示改变了他的施工时间和顺序导致施工成本的增加或效率降低，承包人无权要求补偿。

2. 确定变更价款的原则

确定变更价款时，应维持承包人投标报价单内的竞争性水平。

（1）合同中已有适用于变更工程的价格，按合同已有的价格变更合同价款。

（2）合同中只有类似于变更工程的价格，可以参照类似价格变更合同价款。

（3）合同中没有适用或类似于变更工程的价格，由承包人提出适当的变更价格，经工程师确认后执行。

6.4.6 工程量的确认

由于签订合同时在工程量清单内开列的工程量是估计工程量，实际施工可能与其有差异，因此发包人支付工程进度款前应对承包人完成的实际工程量予以确认或核实，按照承包人实际完成永久工程的工程量进行支付。

1. 承包人提交工程量报告

承包人应按专用条款约定的时间，向工程师提交本阶段（月）已完工程量的报告，说明本期完成的各项工作内容和工程量。

2. 工程量计量

工程师接到承包人的报告后 7d 内，按设计图纸核实已完工程量，并在现场实际计量前 24h 通知承包人共同参加，承包人为计量提供便利条件并派人参加。如果承包人收到通知后不参加计量，工程师自行计量的结果有效，作为工程价款支付的依据。若工程师不按约定时间通知承包人，致使承包人未能参加计量，工程师单方计量的结果无效。

工程师收到承包人报告后 7d 内未进行计量，从第 8d 起，承包人报告中开列的工程量即视为已被确认，作为工程价款支付的依据。

3. 工程量的计量原则

工程师对照设计图纸，只对承包人完成的永久工程合格工程量进行计量。因此，属于承包人超出设计图纸范围（包括超挖、涨线）的工程量不予计量；因承包人原因造成返工的工程量不予计量。

6.4.7 支付管理

6.4.7.1 允许调整合同价款的情况

1. 可以调整合同价款的原因

采用可调价合同，施工中如果遇到以下情况，通用条款规定出现四种情况时，可以对合同价款进行相应的调整：

（1）法律、行政法规和国家有关政策变化影响到合同价款。如施工过程中地方税的某项税费发生变化，按实际发生与订立合同时的差异进行增加或减少合同价款的调整。

（2）工程造价部门公布的价格调整。当市场价格浮动变化时，按照专用条款约定的方法对合同价款进行调整。

（3）一周内非承包人原因停水、停电、停气造成停工累计超过 8h。

（4）双方约定的其他因素。

2. 调整合同价款的管理程序

发生上述事件后，承包人应当在情况发生后的 14d 内，将调整的原因、金额以书面形式通知工程师。

工程师确认调整金额后作为追加合同价款，与工程款同期支付。工程师收到承包人通知后 14d 内不予确认也不提出修改意见，视为已经同意该项调整。

6.4.7.2 工程进度款的支付

1. 工程进度款的计算

计算本期应支付承包人的工程进度款的款项计算内容包括：

（1）经过确认核实的完成工程量对应工程量清单或报价单的相应价格计算应支付的工程款。

（2）设计变更应调整的合同价款。

（3）本期应扣回的工程预付款。

（4）根据合同允许调整合同价款原因应补偿承包人的款项和应扣减的款项。

（5）经过工程师批准的承包人索赔款等。

2. 发包人的支付责任

发包人应在双方计量确认后 14d 内向承包人支付工程进度款。发包人超过约定的支付时间不支付工程进度款，承包人可向发包人发出要求付款的通知。发包人在收到承包人通知后仍不能按要求支付，可与承包人协商签订延期付款协议，经承包人同意后可以延期支付。发包人不按合同约定支付工程款（进度款），双方又未达成延期付款协议，导致施工无法进行，承包人可停止施工，由发包人承担违约责任。

延期付款协议中须明确延期支付时间，以及从计量结果确认后第 15d 起计算应付款的贷款利息。

6.4.8 不可抗力

不可抗力事件发生后，对施工合同的履行会造成较大的影响。工程师应当有较强的风险意识，包括及时识别可能发生不可抗力风险的因素；督促当事人转移或分散风险（如投保等）；监督承包人采取有效的防范措施（如减少发生爆炸、火灾等隐患）；不可抗力事件发生后能够采取有效手段尽量减少损失等。

6.4.8.1 不可抗力的范围

不可抗力，是指合同当事人不能预见、不能避免并且不能克服的客观情况。建设工程施工中的不可抗力包括因战争、动乱、空中飞行物坠落或其他非发包人和承包人责任造成的爆炸、火灾以及专用条款约定的风、雨、雪、洪水、地震等自然灾害。对于自然灾害形成的不可抗力，当事人双方订立合同时应在专用条款内予以约定，如多少级以上的地震、多少级以上持续多少天的大风等。

6.4.8.2　不可抗力发生后的合同管理

不可抗力事件发生后，承包人应在力所能及的条件下迅速采取措施，尽量减少损失，并在不可抗力事件结束后48h内向工程师通报受灾情况和损失情况，及预计清理和修复的费用。发包人应尽力协助承包人采取措施。

不可抗力事件继续发生，承包人应每隔7d向工程师报告一次受害情况，并于不可抗力事件结束后14d内，向工程师提交清理和修复费用的正式报告及有关资料。

6.4.8.3　不可抗力事件的合同责任

1. 合同约定工期内发生的不可抗力

施工合同范本通用条款规定，因不可抗力事件导致的费用及延误的工期由双方按以下方法分别承担：

（1）工程本身的损害、因工程损害导致第三方人员伤亡和财产损失以及运至施工场地用于施工的材料和待安装的设备的损害，由发包人承担。

（2）承包、发包双方人员的伤亡损失，分别由各自负责。

（3）承包人机械设备损坏及停工损失，由承包人承担。

（4）停工期间，承包人应工程师要求留在施工场地的必要的管理人员及保卫人员的费用由发包人承担。

（5）工程所需清理、修复费用，由发包人承担。

（6）延误的工期相应顺延。

2. 迟延履行合同期间发生的不可抗力

按照合同法规定的基本原则，因合同一方迟延履行合同后发生不可抗力，不能免除迟延履行方的相应责任。

投保"建筑工程一切险"、"安装工程一切险"和"人身意外伤害险"是转移风险的有效措施。如果工程是发包人负责办理的工程险，当承包人有权获得工期顺延的时间内，发包人应在保险合同有效期届满前办理保险的延续手续；若因承包人原因不能按期竣工，承包人也应自费办理保险的延续手续。对于保险公司的赔偿不能全部弥补损失的部分，则应由合同约定的责任方承担赔偿义务。

6.4.9　施工环境管理

工程师应监督现场的正常施工工作符合行政法规和合同的要求，做到文明施工。

6.4.9.1　遵守法规对环境的要求

施工应遵守政府有关主管部门对施工场地、施工噪音以及环境保护和安全生产等的管理规定。承包人按规定办理有关手续，并以书面形式通知发包人，发包人承担由此发生的费用。

6.4.9.2　保持现场的整洁

承包人应保证施工场地清洁，符合环境卫生管理的有关规定。交工前清理现场，达到专用条款约定的要求。

6.4.9.3　重视施工安全

1. 安全施工

（1）承包人应遵守安全生产的有关规定，严格按安全标准组织施工，采取必要的安全防护措施，消除事故隐患。因承包人采取安全措施不力造成事故的责任和因此发生的费用，由承包人承担。

（2）发包人应对其在施工场地的工作人员进行安全教育，并对他们的安全负责。发包人不得要求承包人违反安全管理规定进行施工。因发包人原因导致的安全事故，由发包人承担相应责任及发生的费用。

2. 安全防护

（1）承包人在动力设备、输电线路、地下管道、密封防震车间、易燃易爆地段以及临街交通要道附近施工时，施工开始前应向工程师提出安全防护措施。经工程师认可后实施。防护措施费用由发包人承担。

（2）实施爆破作业，在放射、毒害性环境中施工，及使用毒害性、腐蚀性物品施工时，承包人应在施工前14d内以书面形式通知工程师，并提出相应的防护措施。经工程师认可后实施，由发包人承担安全防护措施费用。

学习情境 6.5　竣工阶段的合同管理

6.5.1　工程试车

工程试车包括设备安装工程的施工合同，设备安装工作完成后，要对设备运行的性能进行检验。

6.5.1.1　竣工前的试车

竣工前的试车工作分为单机无负荷试车和联动无负荷试车两类。双方约定需要试车的，试车内容应与承包人承包的安装范围相一致。

1. 试车的组织

（1）单机无负荷试车。由于单机无负荷试车所需的环境条件在承包人的设备现场范围内，因此，安装工程具备试车条件时，由承包人组织试车。承包人应在试车前48h向工程师发出要求试车的书面通知，通知包括试车内容、时间、地点。承包人准备试车记录，发包人根据承包人要求为试车提供必要条件。试车合格，工程师在试车记录上签字。

程师不能按时参加试车，须在开始试车前24h以书面形式向承包人提出延期要求，延期不能超过48h。工程师未能按以上时间提出延期要求，不参加试车，应承认试车记录。

（2）联动无负荷试车。进行联动无负荷试车时，由于需要外部的配合条件，因此具备联动无负荷试车条件时，由发包人组织试车。发包人在试车前48h书面通知承包人做好试车准备工作。通知包括试车内容、时间、地点和对承包人的要求等。承包人按要求做好准备工作。试车合格，双方在试车记录上签字。

2. 试车中双方的责任

（1）由于设计原因试车达不到验收要求，发包人应要求设计单位修改设计，承包人按修改后的设计重新安装。发包人承担修改设计、拆除及重新安装的全部费用和追加合同价款，工期相应顺延。

（2）由于设备制造原因试车达不到验收要求，由该设备采购一方负责重新购置或修理，承包人负责拆除或重新安装。设备由承包人采购的，由承包人承担修理或重新购置、拆除及重新安装的费用，工期不予顺延；设备由发包人采购的，发包人承担上述各项追加合同价款，工期相应顺延。

（3）由于承包人施工原因试车达不到要求，承包人按工程师要求重新安装和试车，并承担重新安装和试车的费用，工期不予顺延。

（4）试车费用除已包括在合同价款之内或专用条款另有约定外，均由发包人承担。

（5）工程师在试车合格后不在试车记录上签字，试车结束 24h 后，视为工程师已经认可试车记录，承包人可继续施工或办理竣工手续。

6.5.1.2　竣工后的试车

投料试车属于竣工验收后的带负荷试车，不属于承包的工作范围，一般情况下承包人不参与此项试车。如果发包人要求在工程竣工验收前进行或需要承包人在试车时予以配合，应征得承包人同意，另行签订补充协议。试车组织和试车工作由发包人负责。

6.5.2　竣工验收

工程验收是合同履行中的一个重要工作阶段，工程未经竣工验收或竣工验收未通过的，发包人不得使用。发包人强行使用时，由此发生的质量问题及其他问题，由发包人承担责任。竣工验收分为分项工程竣工验收和整体工程竣工验收两大类，视施工合同约定的工作范围而定。

6.5.2.1　竣工验收需满足的条件

依据施工合同范本通用条款和法规的规定，竣工工程必须符合下列基本要求：

（1）完成工程设计和合同约定的各项内容。

（2）施工单位在工程完工后对工程质量进行了检查，确认工程质量符合有关工程建设强制性标准，符合设计文件及合同要求，并提出工程竣工报告。工程竣工报告应经项目经理和施工单位有关负责人审核签字。

（3）对于委托监理的工程项目，监理单位对工程进行了质量评价，具有完整的监理资料，并提出工程质量评价报告。工程质量评价报告应经总监理工程师和监理单位有关负责人审核签字。

（4）勘察、设计单位对勘察、设计文件及施工过程中由设计单位签署的设计变更通知书进行了确认。

（5）有完整的技术档案和施工管理资料。

（6）有工程使用的主要建筑材料、建筑构配件和设备合格证及必要的进场试验报告。

（7）有施工单位签署的工程质量保修书。

（8）有公安消防、环保等部门出具的认可文件或准许使用文件。

（9）建设行政主管部门及其委托的工程质量监督机构等有关部门责令整改的问题全部整改完毕。

6.5.2.2　竣工验收程序

工程具备竣工验收条件，发包人按国家工程竣工验收有关规定组织验收工作。

1. 承包人申请验收

工程具备竣工验收条件，承包人向发包人申请工程竣工验收，递交竣工验收报告并提供完整的竣工资料。实行监理的工程，工程竣工报告必须经总监理工程师签署意见。

2. 发包人组织验收组

对符合竣工验收要求的工程，发包人收到工程竣工报告后 28d 内，组织勘察、设计、施工、监理、质量监督机构和其他有关方面的专家组成验收组，制定验收方案。

3. 验收步骤

由发包人组织工程竣工验收。验收过程主要包括：

（1）发包人、承包人、勘察、设计、监理单位分别向验收组汇报工程合同履约情况和在工程建设各个环节执行法律、法规和工程建设强制性标准的情况。

（2）验收组审阅建设、勘察、设计、施工、监理单位提供的工程档案资料。

（3）查验工程实体质量。

（4）验收组通过查验后，对工程施工、设备安装质量和各管理环节等方面作出总体评价，形成工程竣工验收意见（包括基本合格对不符合规定部分的整改意见）。参与工程竣工验收的发包人、承包人、勘察、设计、施工、监理等各方不能形成一致意见时，应报当地建设行政主管部门或监督机构进行协调，待意见一致后，重新组织工程竣工验收。

4. 验收后的管理

（1）发包人在验收后14d内给予认可或提出修改意见。竣工验收合格的工程移交给发包人运行使用，承包人不再承担工程保管责任。需要修改缺陷的部分，承包人应按要求进行修改，并承担由自身原因造成修改的费用。

（2）发包人收到承包人送交的竣工验收报告后28d内不组织验收，或验收后14d内不提出修改意见，视为竣工验收报告已被认可。同时，从第29d起，发包人承担工程保管及一切意外责任。

（3）因特殊原因，发包人要求部分单位工程或工程部位甩项竣工的，双方另行签订甩项竣工协议，明确双方责任和工程价款的支付方法。

中间竣工工程的范围和竣工时间，由双方在专用条款内约定，其验收程序与上述规定相同。

6.5.2.3 竣工时间的确定

工程竣工验收通过，承包人送交竣工验收报告的日期为实际竣工日期。工程按发包人要求修改后通过竣工验收的，实际竣工日期为承包人修改后提请发包人验收的日期。这个日期的重要作用是用于计算承包人的实际施工期限，与合同约定的工期比较是提前竣工还是延误竣工。

合同约定的工期指协议书中写明的时间与施工过程中遇到合同约定可以顺延工期条件情况后，经过工程师确认应给予承包人顺延工期之和。

承包人的实际施工期限，从开工日起到上述确认为竣工日期之间的日历天数。开工日正常情况下为专用条款内约定的日期，也可能是由于发包人或承包人要求延期开工，经工程师确认的日期。

6.5.3 工程保修

承包人应当在工程竣工验收之前，与发包人签订质量保修书，作为合同附件。质量保修书的主要内容包括工程质量保修范围和内容、质量保修期、质量保修责任、保修费用和其他约定五部分。

1. 工程质量保修范围和内容

双方按照工程的性质和特点，具体约定保修的相关内容。房屋建筑工程的保修范围包括：地基基础工程、主体结构工程，屋面防水工程、有防水要求的卫生间和外墙面的防渗漏，供热与供冷系统、电气管线、给排水管道、设备安装和装修工程，以及双方约定的其他项目。

2. 质量保修期

保修期从竣工验收合格之日起计算。当事人双方应针对不同的工程部位，在保修书内约定具体的保修年限。当事人协商约定的保修期限，不得低于法规规定的标准。国务院颁布的《建设工程质量管理条例》明确规定，在正常使用条件下的最低保修期限为：

(1) 基础设施工程、房屋建筑的地基基础工程和主体工程，为设计文件规定的该工程的合理使用年限。

(2) 屋面防水工程、有防水要求的卫生间、房间和外墙面的防渗漏，为 5 年。

(3) 供热与供冷系统，为两个采暖期、供冷期。

(4) 电气管线、给排水管道、设备安装和装修工程，为两年。

3. 质量保修责任

(1) 属于保修范围、内容的项目，承包人应在接到发包人的保修通知起 7d 内派人保修。承包人不在约定期限内派人保修，发包人可以委托其他人修理。

(2) 发生紧急抢修事故时，承包人接到通知后应当立即到达事故现场抢修。

(3) 涉及结构安全的质量问题，应当按照《房屋建筑工程质量保修办法》的规定，立即向当地建设行政主管部门报告，采取相应的安全防范措施。由原设计单位或具有相应资质等级的设计单位提出保修方案，承包人实施保修。

(4) 质量保修完成后，由发包人组织验收。

4. 保修费用

《建设工程质量管理条例》颁布后，由于保修期限较长，为了维护承包人的合法利益，竣工结算时不再扣留质量保修金。保修费用，由造成质量缺陷的责任方承担。

6.5.4 竣工结算

6.5.4.1 竣工结算程序

1. 承包人递交竣工结算报告

工程竣工验收报告经发包人认可后，承发包双方应当按协议书约定的合同价款及专用条款约定的合同价款调整方式，进行工程竣工结算。

工程竣工验收报告经发包人认可后 28d，承包人向发包人递交竣工结算报告及完整的结算资料。

2. 发包人的核实和支付

发包人自收到竣工结算报告及结算资料后 28d 内进行核实，给予确认或提出修改意见。发包人认可竣工结算报告后，及时办理竣工结算价款的支付手续。

3. 移交工程

承包人收到竣工结算价款后 14d 内将竣工工程交付发包人，施工合同即告终止。

6.5.4.2 竣工结算的违约责任

1. 发包人的违约责任

(1) 发包人收到竣工结算报告及结算资料后 28d 内无正当理由不支付工程竣工结算价款，从第 29d 起按承包人同期向银行贷款利率支付拖欠工程价款的利息，并承担违约责任。

(2) 发包人收到竣工结算报告及结算资料后 28d 内不支付工程竣工结算价款，承包人可以催告发包人支付结算价款。发包人在收到竣工结算报告及结算资料后 56d 内仍不支付，承包人可以与发包人协议将该工程折价，也可以由承包人申请人民法院将该工程依法拍卖，承包人就该工程折价或者拍卖的价款优先受偿。

2. 承包人的违约责任

工程竣工验收报告经发包人认可后 28d 内，承包人未能向发包人递交竣工结算报告及完整的结算资料，造成工程竣工结算不能正常进行或工程竣工结算价款不能及时支付时，如果发包人要求交付工程，承包人应当交付；发包人不要求交付工程，承包人仍应承担保管责任。

学习情境 6.6　建设工程施工索赔概述

6.6.1　施工索赔的概念及特征

6.6.1.1　施工索赔的概念

索赔是当事人在合同实施过程中，根据法律、合同规定及惯例，对不应由自己承担责任的情况造成的损失，向合同的另一方当事人提出给予赔偿或补偿要求的行为。在工程建设的各个阶段，都有可能发生索赔，但在施工阶段索赔发生较多。

对施工合同的双方来说，都有通过索赔维护自己合法利益的权利，依据双方约定的合同责任，构成正确履行合同义务的制约关系。

6.6.1.2　索赔的特征

从索赔的基本含义，可以看出索赔具有以下基本特征：

（1）索赔是双向的，不仅承包人可以向发包人索赔，发包人同样也可以向承包人索赔。由于实践中发包人向承包人索赔发生的频率相对较低，而且在索赔处理中，发包人始终处于主动和有利地位，对承包人的违约行为他可以直接从应付工程款中扣抵、扣留保留金或通过履约保函向银行索赔来实现自己的索赔要求。因此在工程实践中大量发生的、处理比较困难的是承包人向发包人的索赔，也是工程师进行合同管理的重点内容之一。承包人的索赔范围非常广泛，一般只要因非承包人自身责任造成其工期延长或成本增加，都有可能向发包人提出索赔。有时发包人违反合同，如未及时交付施工图纸、合格施工现场、决策错误等造成工程修改、停工、返工、窝工，未按合同规定支付工程款等，承包人可向发包人提出赔偿要求；也可能由于发包人应承担风险的原因，如恶劣气候条件影响、国家法规修改等造成承包人损失或损害时，也会向发包人提出补偿要求。

（2）只有实际发生了经济损失或权利损害，一方才能向对方索赔。经济损失是指因对方因素造成合同外的额外支出，如人工费、材料费、机械费、管理费等额外开支；权利损害是指虽然没有经济上的损失，但造成了一方权利上的损害，如由于恶劣气候条件对工程进度的不利影响，承包人有权要求工期延长等。因此发生了实际的经济损失或权利损害，应是一方提出索赔的一个基本前提条件。有时上述两者同时存在，如发包人未及时交付合格的施工现场，既造成承包人的经济损失，又侵犯了承包人的工期权利，因此，承包人既要求经济赔偿，又要求工期延长；有时两者则可单独存在，如恶劣气候条件影响、不可抗力事件等，承包人根据合同规定或惯例则只能要求工期延长，不应要求经济补偿。

（3）索赔是一种未经对方确认的单方行为。它与我们通常所说的工程签证不同。在施工过程中签证是承发包双方就额外费用补偿或工期延长等达成一致的书面证明材料和补充协议，它可以直接作为工程款结算或最终增减工程造价的依据，而索赔则是单方面行为，对对方尚未形成约束力，这种索赔要求能否得到最终实现，必须要通过确认（如双方协商、谈判、调解或仲裁、诉讼）后才能实现。

许多人一听到"索赔"两字，很容易联想到争议的仲裁、诉讼或双方激烈的对抗，因此往往认为应当尽可能避免索赔，担心因索赔而影响双方的合作或感情。实质上索赔是一种正当的权利或要求，是合情、合理、合法的行为，它是在正确履行合同的基础上争取合理的偿付，不是无中生有，无理争利。索赔同守约、合作并不矛盾、对立，索赔本身就是市场经济中合作的一部分，只要是符合有关规定的、合法的或者符合有关惯例的，就应该理直气壮地、主动地向对方索赔。大部分索赔都可以通过协商谈判和调解等方式获得解决，只有在双方坚持己见而无法达成一致时，才会提交仲裁或诉诸法院求得解决，即使诉诸法律程序，也应当被看成是遵法守约的正当行为。

6.6.2　施工索赔分类

6.6.2.1　按索赔的合同依据分类

1. 合同中明示的索赔

合同中明示的索赔是指承包人所提出的索赔要求，在该工程项目的合同文件中有文字依据，承包人可以据此提出索赔要求，并取得经济补偿。这些在合同文件中有文字规定的合同条款，称为明示条款。

2. 合同中默示的索赔

合同中默示的索赔，即承包人的该项索赔要求，虽然在工程项目的合同条款中没有专门的文字叙述，但可以根据该合同的某些条款的含义，推论出承包人有索赔权。这种索赔要求，同样有法律效力，有权得到相应的经济补偿。这种有经济补偿含义的条款，在合同管理工作中被称为默示条款或称为隐含条款。

默示条款是一个广泛的合同概念，它包含合同明示条款中没有写入、但符合双方签订合同时设想的愿望和当时环境条件的一切条款。这些默示条款，或者从明示条款所表述的设想愿望中引申出来，或者从合同双方在法律上的合同关系引申出来，经合同双方协商一致，或被法律和法规所指明，都成为合同文件的有效条款，要求合同双方遵照执行。

6.6.2.2　按索赔目的分类

1. 工期索赔

由于非承包人责任的原因而导致施工进程延误，要求批准顺延合同工期的索赔，称之为工期索赔。工期索赔形式上是对权利的要求，以避免在原定合同竣工日不能完工时，被发包人追究拖期违约责任。一旦获得批准合同工期顺延后，承包人不仅免除了承担拖期违约赔偿费的严重风险，而且可能提前工期得到奖励，最终仍反映在经济收益上。

2. 费用索赔

费用索赔的目的是要求经济补偿。当施工的客观条件改变导致承包人增加开支，要求对超出计划成本的附加开支给予补偿，以挽回不应由他承担的经济损失。

6.6.2.3　按索赔事件的性质分类

1. 工程延误索赔

因发包人未按合同要求提供施工条件，如未及时交付设计图纸、施工现场、道路等，或因发包人指令工程暂停或不可抗力事件等原因造成工期拖延的，承包人对此提出索赔。这是工程中常见的一类索赔。

2. 工程变更索赔

由于发包人或监理工程师指令增加或减少工程量或增加附加工程、修改设计、变更工程顺序等，造成工期延长和费用增加，承包人对此提出索赔。

3. 合同被迫终止的索赔

由于发包人或承包人违约以及不可抗力事件等原因造成合同非正常终止，无责任的受害方因其蒙受经济损失而向对方提出索赔。

4. 工程加速索赔

由于发包人或工程师指令承包人加快施工速度，缩短工期，引起承包人的人、财、物的额外开支而提出的索赔。

5. 意外风险和不可预见因素索赔

在工程实施过程中，因人力不可抗拒的自然灾害、特殊风险以及一个有经验的承包人通常不能合理预见的不利施工条件或外界障碍，如地下水、地质断层、溶洞、地下障碍物等引起的索赔。

6. 其他索赔

其他索赔是指如因货币贬值、汇率变化、物价、工资上涨、政策法令变化等原因引起的索赔。

6.6.3　索赔的起因

引起工程索赔的原因非常多和复杂，主要有以下方面：

（1）工程项目的特殊性。现代工程规模大、技术性强、投资额大、工期长、材料设备价格变化快。工程项目的差异性大、综合性强、风险大，使得工程项目在实施过程中存在许多不确定变化因素，而合同则必须在工程开始前签订，它不可能对工程项目所有的问题都能作出合理的预见和规定，而且发包人在实施过程中还会有许多新的决策，这一切使得合同变更极为频繁，而合同变更必然会导致项目工期和成本的变化。

（2）工程项目内外部环境的复杂性和多变性。工程项目的技术环境、经济环境、社会环境、法律环境的变化，诸如地质条件变化、材料价格上涨、货币贬值、国家政策、法规的变化等，会在工程实施过程中经常发生，使得工程的计划实施过程与实际情况不一致，这些因素同样会导致工程工期和费用的变化。

（3）参与工程建设主体的多元性。由于工程参与单位多，一个工程项目往往会有发包人、总包人、工程师、分包人、指定分包人、材料设备供应商等众多参加单位。各方面的技术、经济关系错综复杂，相互联系又相互影响，只要一方失误，不仅会造成自己的损失，而且会影响其他合作者，造成他人损失，从而导致索赔。

（4）工程合同的复杂性及易出错性。建设工程合同文件多且复杂，经常会出现措词不当、缺陷、图纸错误以及合同文件前后自相矛盾或者可作不同解释等问题，容易造成合同双方对合同文件理解不一致，从而出现索赔。

以上这些问题会随着工程的逐步开展而不断暴露出来，必然使工程项目受到影响，导致工程项目成本和工期的变化，这就是索赔形成的根源。因此，索赔的发生，不仅是一个索赔意识或合同观念的问题，从本质上讲，索赔也是一种客观存在。

6.6.4 索赔程序

6.6.4.1 承包人的索赔

承包人的索赔程序通常可分为以下几个步骤，如图 6.1 所示。

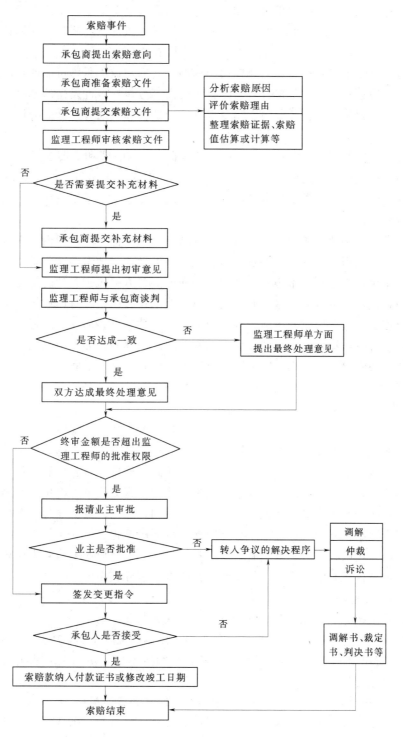

图 6.1 索赔工作程序

1. 承包人提出索赔要求

（1）发出索赔意向通知。索赔事件发生后，承包人应在索赔事件发生后的28d内向工程师递交索赔意向通知，声明将对此事件提出索赔。该意向通知是承包人就具体的索赔事件向工程师和发包人表示的索赔愿望和要求。如果超过这个期限，工程师和发包人有权拒绝承包人的索赔要求。索赔事件发生后，承包人有义务做好现场施工的同期记录，工程师有权随时检查和调阅，以判断索赔事件造成的实际损害。

（2）递交索赔报告。索赔意向通知提交后的28d内，或工程师可能同意的其他合理时间，承包人应递送正式的索赔报告。索赔报告的内容应包括事件发生的原因、对其权益影响的证据资料、索赔的依据、此项索赔要求补偿的款项和工期展延天数的详细计算等有关材料。

如果索赔事件的影响持续存在，28d内还不能算出索赔额和工期展延天数时，承包人应按工程师合理要求的时间间隔（一般为28d），定期陆续报出每一个时间段内的索赔证据资料和索赔要求。在该项索赔事件的影响结束后的28d内，报出最终详细报告，提出索赔论证资料和累计索赔额。

承包人发出索赔意向通知后，可以在工程师指示的其他合理时间内再报送正式索赔报告，也就是说，工程师在索赔事件发生后有权不马上处理该项索赔。如果事件发生时，现场施工非常紧张，工程师不希望立即处理索赔而分散各方抓施工管理的精力，可通知承包人将索赔的处理留待施工不太紧张时再去解决。但承包人的索赔意向通知必须在事件发生后的28d内提出，包括因对变更估价双方不能取得一致意见，而先按工程师单方面决定的单价或价格执行时，承包人提出的保留索赔权利的意向通知。如果承包人未能按时间规定提出索赔意向和索赔报告，则他就失去了就该项事件请求补偿的索赔权力。此时他所受到损害的补偿，将不超过工程师认为应主动给予的补偿额。

2. 工程师审核索赔报告

（1）工程师审核承包人的索赔申请。接到承包人的索赔意向通知后，工程师应建立自己的索赔档案，密切关注事件的影响，检查承包人的同期记录时，随时就记录内容提出他的不同意见或他希望应予以增加的记录项目。在接到正式索赔报告以后，认真研究承包人报送的索赔资料。首先在不确认责任归属的情况下，客观分析事件发生的原因，重温合同的有关条款，研究承包人的索赔证据，并检查他的同期记录；其次通过对事件的分析，工程师再依据合同条款划清责任界限，必要时还可以要求承包人进一步提供补充资料。尤其是对承包人与发包人或工程师都负有一定责任的事件影响，更应划出各方应该承担合同责任的比例。最后再审查承包人提出的索赔补偿要求，剔除其中的不合理部分，拟定自己计算的合理索赔款额和工期顺延天数。

（2）判定索赔成立的原则。工程师判定承包人索赔成立的条件为：

1）与合同相对照，事件已造成了承包人施工成本的额外支出，或总工期延误。

2）造成费用增加或工期延误的原因，按合同约定不属于承包人应承担的责任，包括行为责任或风险责任。

3）承包人按合同规定的程序提交了索赔意向通知和索赔报告。

上述三个条件没有先后主次之分，应当同时具备。只有工程师认定索赔成立后，才处理应给予承包人的补偿额。

（3）对索赔报告的审查。

1）事态调查。通过对合同实施的跟踪、分析了解事件经过、前因后果，掌握事件详细情况。

2）损害事件原因分析。即分析索赔事件是由何种原因引起，责任应由谁来承担。在实际工作中，损害事件的责任有时是多方面原因造成，故必须进行责任分解，划分责任范围。按责任大小，承担损失。

3）分析索赔理由。主要依据合同文件判明索赔事件是否属于未履行合同规定义务或未正确履行合同义务导致，是否在合同规定的赔偿范围之内。只有符合合同规定的索赔要求才有合法性、才能成立。例如，某合同规定，在工程总价 5% 范围内的工程变更属于承包人承担的风险。则发包人指令增加工程量在这个范围内，承包人不能提出索赔。

4）实际损失分析。即分析索赔事件的影响，主要表现为工期的延长和费用的增加。如果索赔事件不造成损失，则无索赔可言。损失调查的重点是分析、对比实际和计划的施工进度，工程成本和费用方面的资料，在此基础核算索赔值。

5）证据资料分析。主要分析证据资料的有效性、合理性、正确性，这也是索赔要求有效的前提条件。如果在索赔报告中提不出证明其索赔理由、索赔事件的影响、索赔值的计算等方面的详细资料，索赔要求是不能成立的。如果工程师认为承包人提出的证据不能足以说明其要求的合理性时，可以要求承包人进一步提交索赔的证据资料。

3. 确定合理的补偿额

（1）工程师与承包人协商补偿。工程师核查后初步确定应予以补偿的额度往往与承包人的索赔报告中要求的额度不一致，甚至差额较大。主要原因大多为对承担事件损害责任的界限划分不一致，索赔证据不充分，索赔计算的依据和方法分歧较大等，因此双方应就索赔的处理进行协商。对于持续影响时间超过 28d 以上的工期延误事件，当工期索赔条件成立时，对承包人每隔 28d 报送的阶段索赔临时报告审查后，每次均应作出批准临时延长工期的决定，并于事件影响结束后 28d 内承包人提出最终的索赔报告后，批准顺延工期总天数。应当注意的是，最终批准的总顺延天数，不应少于以前各阶段已同意顺延天数之和。规定承包人在事件影响期间必须每隔 28d 提出一次阶段索赔报告，可以使工程师能及时根据同期记录批准该阶段应予顺延工期的天数，避免事件影响时间太长而不能准确确定索赔值。

（2）工程师索赔处理决定。在经过认真分析研究，与承包人、发包人广泛讨论后，工程师应该向发包人和承包人提出自己的"索赔处理决定"。工程师收到承包人送交的索赔报告和有关资料后，于 28d 内给予答复或要求承包人进一步补充索赔理由和证据。《建设工程施工合同示范文本》规定，工程师收到承包人递交的索赔报告和有关资料后，如果在28d 内既未予答复，也未对承包人作进一步要求的话，则视为承包人提出的该项索赔要求已经认可。

工程师在"工程延期审批表"和"费用索赔审批表"中应该简明地叙述索赔事项、理由和建议给予补偿的金额及延长的工期，论述承包人索赔的合理方面及不合理方面。通过协商达不成共识时，承包人仅有权得到所提供的证据满足工程师认为索赔成立那部分的付款和工期顺延。不论工程师与承包人协商达到一致，还是他单方面作出的处理决定，批准给予补偿的款额和顺延工期的天数如果在授权范围之内，则可将此结果通知承包人，并抄送发包人。补偿款将计入下月支付工程进度款的支付证书内，顺延的工期加到原合同工期中去。如果批准的额度超过工程师权限，则应报请发包人批准。

通常，工程师的处理决定不是终局性的，对发包人和承包人都不具有强制性的约束力。承包人对工程师的决定不满意，可以按合同中的争议条款提交约定的仲裁机构仲裁或诉讼。

4. 发包人审查索赔处理

当工程师确定的索赔额超过其权限范围时，必须报请发包人批准。

发包人首先根据事件发生的原因、责任范围、合同条款审核承包人的索赔申请和工程师的处理报告，再依据工程建设的目的、投资控制、竣工投产日期要求以及针对承包人在施工中的缺陷或违反合同规定等的有关情况，决定是否同意工程师的处理意见。例如，承包人某项索赔理由成立，工程师根据相应条款规定，既同意给予一定的费用补偿，也批准顺延相应的工期。但发包人权衡了施工的实际情况和外部条件的要求后，可能不同意顺延工期，而宁可给承包人增加费用补偿额，要求他采取赶工措施，按期或提前完工。这样的决定只有发包人才有权作出。索赔报告经发包人同意后，工程师即可签发有关证书。

5. 承包人是否接受最终索赔处理

承包人接受最终的索赔处理决定，索赔事件的处理即告结束。如果承包人不同意，就会导致合同争议。通过协商双方达到互谅互让的解决方案，是处理争议的最理想方式。如达不成谅解，承包人有权提交仲裁或诉讼解决。

6.6.4.2　发包人的索赔

示范文本规定，承包人未能按合同约定履行自己的各项义务或发生错误而给发包人造成损失时，发包人也应按合同约定向承包人提出索赔。

FIDIC《施工合同条件》中，业主的索赔主要限于施工质量缺陷和拖延工期等违约行为导致的业主损失。合同内规定业主可以索赔的条款涉及内容见表6.2。

表6.2　　　　　　　　　　　　　　业主可以索赔的条款

序　号	条 款 号	内　　容
1	7.5	拒收不合格的材料和工程
2	7.6	承包人未能按照工程师的指示完成缺陷补救工作
3	8.6	由于承包人的原因修改进度计划导致业主有额外投入
4	8.7	拖期违约赔偿
5	2.5	业主为承包人提供的电、气、水等应收款项
6	9.4	未能通过竣工检验
7	11.3	缺陷通知期的延长
8	11.4	未能补救缺陷
9	15.4	承包人违约终止合同后的支付
10	18.2	承包人办理保险未能获得补偿的部分

6.6.5　工程师的索赔管理

6.6.5.1　工程师对工程索赔的影响

在发包人与承包人之间的索赔事件的处理和解决过程中，工程师是个核心。在整个合同的形成和实施过程中，工程师对工程索赔有如下影响。

1. 工程师受发包人委托进行工程项目管理

如果工程师在工作中出现问题、失误或行使施工合同赋予的权力造成承包人的损失，发包人必须承担合同规定的相应赔偿责任。承包人索赔有相当一部分原因是由工程师引起的。

2. 工程师有处理索赔问题的权力

（1）在承包人提出索赔意向通知以后，工程师有权检查承包人的现场同期记录。

（2）对承包人的索赔报告进行审查分析，反驳承包人不合理的索赔要求，或索赔要求中不合理的部分。可指令承包人作出进一步解释，或进一步补充资料，提出审查意见。

（3）工程师与承包人共同协商确定给承包人的工期和费用的补偿量达不成一致时，工程师有权单方面作出处理决定。

（4）对合理的索赔要求，工程师有权将它纳入工程进度付款中，签发付款证书，发包人应在合同规定的期限内支付。

3. 在争议的仲裁和诉讼过程中作为见证人

如果合同一方或双方对工程师的处理不满意，都可以按合同规定提交仲裁，也可以按法律程序提出诉讼。在仲裁或诉讼过程中，工程师作为工程全过程的参与者和管理者，可以作为见证人提供证据。

在一个工程中，发生索赔的频率、索赔要求和索赔的解决结果等，与工程师的工作能力、经验、工作的完备性、作出决定的公平合理性等有直接的关系。所以在工程项目施工过程中，工程师也必须有"风险意识"，必须重视索赔问题。

6.6.5.2　工程师的索赔管理任务

索赔管理是工程师进行工程项目管理的主要任务之一，其索赔管理任务包括以下内容。

1. 预测和分析导致索赔的原因和可能性

在施工合同的形成和实施过程中，工程师为发包人承担了大量具体的技术、组织和管理工作。如果在这些工作中出现疏漏，对承包人施工造成干扰，则产生索赔。承包人的合同管理人员常常在寻找着这些疏漏，寻找索赔机会。所以工程师在工作中应能预测到自己行为的后果，堵塞漏洞。起草文件、下达指令、作出决定、答复请示时都应注意到完备性和严密性；颁发图纸、作出计划和实施方案时都应考虑其正确性和周密性。

2. 通过有效的合同管理减少索赔事件发生

工程师应以积极的态度和主动的精神管理好工程，为发包人和承包人提供良好的服务。在施工中，工程师作为双方的纽带，应做好协调、缓冲工作，为双方建立一个良好的合作气氛。通常合同实施越顺利，双方合作得越好，索赔事件越少，越易于解决。

工程师应对合同实施进行有力的控制，这是他的主要工作。通过对合同的监督和跟踪，不仅可以及早发现干扰事件，也可以及早采取措施降低干扰事件的影响，减少双方损失，还可以及早了解情况，为合理地解决索赔提供条件。

3. 公平合理地处理和解决索赔

合理解决发包人和承包人之间的索赔纠纷，不仅符合工程师的工作目标，使承包人按合同得到支付，而且符合工程总目标。索赔的合理解决，是指承包人得到按合同规定的合理补偿，而又不使发包人投资失控，合同双方都心悦诚服，对解决结果满意，继续保持友好的合作关系。

6.6.5.3　工程师索赔管理的原则

要使索赔得到公平合理的解决，工程师在工作中必须注意以下原则。

1. 公平合理地处理索赔

工程师作为施工合同的管理核心，必须公平地行事。以没有偏见的方式解释和履行合同，独立地作出判断，行使自己的权利。由于施工合同双方的利益和立场存在不一致，常常会出现矛盾，甚至冲突，这时工程师起着缓冲、协调作用。他的处理索赔原则有如下几个方面：

（1）从工程整体效益、工程总目标的角度出发作出判断或采取行动。使合同风险分配，干扰事件责任分担，索赔的处理和解决不损害工程整体效益和不违背工程总目标。在这个基本点上，双方常常是一致的，例如使工程顺利进行，尽早使工程竣工，投入生产，保证工程质量，按合同施工等。

（2）按照合同约定行事。合同是施工过程中的最高行为准则。作为工程师更应该按合同办事，准确理解、正确执行合同。在索赔的解决和处理过程中应贯穿合同精神。

（3）从事实出发，实事求是。按照合同的实际实施过程、干扰事件的实情、承包人的实际损失和所提供的证据作出判断。

2. 及时作出决定和处理索赔

在工程施工中，工程师必须及时地（有的合同规定具体的时间，或"在合理的时间内"）行使权力，作出决定，下达通知，指令，表示认可等。这有如下重要作用：

（1）可以减少承包人的索赔几率。因为如果工程师不能迅速及时地行事，造成包人的损失，必须给予工期或费用的补偿。

（2）防止干扰事件影响的扩大。若不及时行事会造成承包人停工处理指令，或承包人继续施工，造成更大范围的影响和损失。

（3）收到承包人的索赔意向通知后应迅速作出反应，认真研究、密切注意干扰事件的发展。一方面可以及时采取措施降低损失；另一方面可以掌握干扰事件发生和发展的过程，掌握第一手资料，为分析、评价承包人的索赔做准备。所以工程师也应鼓励并要求承包人及时向他通报情况，并及时提出索赔要求。

（4）不及时地解决索赔问题将会加深双方的不理解、不一致和矛盾。如果不能及时解决索赔问题，会导致承包人资金周转困难，积极性受到影响，施工进度放慢，对工程师和发包人缺乏信任感；而发包人会抱怨承包人拖延工期，不积极履约。

（5）不及时行事会造成索赔解决的困难。单个索赔集中起来，索赔额积累起来，不仅给分析、评价带来困难，而且会带来新的问题，使问题和处理过程复杂化。

3. 尽可能通过协商达成一致

工程师在处理和解决索赔问题时，应及时地与发包人和承包人沟通，保持经常性的联系。在做出决定，特别是做出调整价格、决定工期和费用补偿决定前，应充分地与合同双方协商，最好达成一致，取得共识。这是避免索赔争议的最有效的办法。工程师应充分认识到，如果他的协调不成功使索赔争议升级，对合同双方都是损失，将会严重影响工程项目的整体效益。在工程中，工程师切不可凭借他的地位和权力武断行事，滥用权力，特别对承包人不能随便以合同处罚相威胁或盛气凌人。

4．诚实信用

工程师有很大的工程管理权力，对工程的整体效益有关键性的作用。发包人出于信任，将工程管理的任务交给他；承包人希望其公平行事。

6.6.5.4　工程师对索赔的审查

1．审查索赔证据

工程师对索赔报告审查时，首先判断承包人的索赔要求是否有理、有据。有理，是指索赔要求与合同条款或有关法规是否一致，受到的损失应属于非承包人责任原因所造成。有据，是指提供的证据证明索赔要求成立。承包人可以提供的证据包括下列证明材料：

（1）文件中的条款约定。

（2）工程师认可的施工进度计划。

（3）履行过程中的来往函件。

（4）现场记录。

（5）会议记录。

（6）工程照片。

（7）工程师发布的各种书面指令。

（8）中期支付工程进度款的单证。

（9）检查和试验记录。

（10）汇率变化表。

（11）各类财务凭证。

（12）其他有关资料。

2．审查工期顺延要求

（1）对索赔报告中要求顺延的工期，在审核中应注意以下几点：

1）划清施工进度拖延的责任。因承包人的原因造成施工进度滞后，属于不可原谅的延期；只有承包人不应承担任何责任的延误，才是可原谅的延期。有时工期延期的原因中可能包含有双方责任，此时工程师应进行详细分析，分清责任比例，只有可原谅的延期部分才能批准顺延合同工期。可原谅延期，又可细分为可原谅并给予补偿费用的延期和可原谅但不给与补偿费用的延期；后者是指非承包人责任的影响并未导致施工成本的额外支出，大多属于发包人应承担风险责任事件的影响，如异常恶劣的气候条件造成的停工等。

2）被延误的工作应是处于施工进度计划关键线路上的施工内容。只有位于关键线路上工作内容的滞后，才会影响到竣工日期。但有时也应注意，既要看被延误的工作是否在批准进度计划的关键路线上，又要详细分析这一延误对后续工作的可能影响。因为若对非关键路线工作的影响时间较长，超过了该工作可用于自由支配的时间，也会导致进度计划中非关键路线转化为关键路线，其滞后将导致总工期的拖延。此时，应充分考虑该工作的自由时间，给予相应的工期顺延，并要求承包人修改施工进度计划。

3）无权要求承包人缩短合同工期。工程师有审核、批准承包人顺延工期的权力，但他不可以扣减合同工期。也就是说，工程师有权指示承包人删减掉某些合同内规定的工作内容，但不能要求他相应缩短合同工期。如果要求提前竣工的话，这项工作属于合同的变更。

（2）审查工期索赔计算。工期索赔的计算主要有网络图分析和比例计算法两种。

1）网络分析法是利用进度计划的网络图，分析其关键线路。如果延误的工作为关键工作，则总延误的时间为批准顺延的工期；如果延误的工作为非关键工作，当该工作由于延误超过时差限制而成为关键工作时，可以批准延误时间与时差的差值；若该工作延误后仍为非关键工作，则不存在工期索赔问题。

2）比例计算法的公式。

对于已知部分工程的延期的时间，有

工期索赔值＝（受干扰部分工程的合同价/原合同总价）×该受干扰部分工期拖延时间

对于已知额外增加工程量的价格，有

工期索赔值＝（额外增加的工程量的价格/原合同总价）×原合同总工期

比例计算法简单方便，但有时不尽符合实际情况，比例计算法不适用于变更施工顺序、加速施工、删减工程量等事件的索赔。

3. 审查费用索赔要求

费用索赔的原因，可能是与工期索赔相同的内容，即属于可原谅并应予以费用补偿的索赔，也可能是与工期索赔无关的理由。工程师在审核索赔的过程中，除了划清合同责任以外，还应注意索赔计算的取费合理性和计算的正确性。

（1）承包人可索赔的费用。费用内容一般可以包括以下几个方面：

1）人工费。包括增加工作内容的人工费、停工损失费和工作效率降低的损失费等累计，但不能简单地用计日工费计算。

2）设备费。可采用机械台班费、机械折旧费、设备租赁费等几种形式。

3）材料费。

4）保函手续费。工程延期时，保函手续费相应增加，反之，取消部分工程且发包人与承包人达成提前竣工协议时，承包人的保函金额相应折减，则计入合同价内的保函手续费也应扣减。

5）贷款利息。

6）保险费。

7）利润。

8）管理费。此项又可分为现场管理费和公司管理费两部分，由于二者的计算方法不一样，所以在审核过程中应区别对待。

（2）审核索赔取费的合理性。费用索赔涉及的款项较多、内容庞杂。承包人都是从维护自身利益的角度解释合同条款，进而申请索赔额。工程师应公平地审核索赔报告申请，挑出不合理的取费项目或费率。

FIDIC《施工合同条件》中，按照引起承包人损失事件原因的不同，对承包人索赔可能给予合理补偿工期、费用和利润的情况，分别作出了相应的规定。可以合理补偿承包人索赔的条款见表6.3。

（3）审核索赔计算的正确性。

1）所采用的费率是否合理、适度。主要注意的问题包括：

a. 工程量表中的单价是综合单价，不仅含有直接费，还包括间接费、风险费、辅助施工机械费、公司管理费和利润等项目的摊销成本。在索赔计算中不应有重复取费。

表 6.3		可以合理补偿承包人索赔的条款			
序　号	条款号	主　要　内　容	可补偿内容		
			工期	费用	利润
1	1.9	延误发放图纸	√	√	√
2	2.1	延误移交施工现场	√	√	√
3	4.7	承包人依据工程师提供的错误数据导致放线错误	√	√	√
4	4.12	不可预见的外界条件	√	√	
5	4.24	施工中遇到文物和古迹	√	√	
6	7.4	非承包人原因检验导致施工的延误	√	√	√
7	8.4（a）	变更导致竣工时间的延长	√		
8	8.4（c）	异常不利的气候条件	√		
9	8.4（d）	由于传染病或其他政府行为导致工期的延误	√		
10	8.4（e）	业主或其他承包人的干扰	√		
11	8.5	公共当局引起的延误	√		
12	10.2	业主提前占用工程		√	√
13	10.3	对竣工检验的干扰	√	√	√
14	13.7	后续法规的调整	√	√	
15	18.1	业主办理的保险未能从保险公司获得补偿部分		√	
16	19.4	不可抗力事件造成的损害	√	√	

b. 停工损失中，不应以计日工费计算。不应计算闲置人员在此期间的奖金、福利等报酬，通常采取人工单价乘以折算系数计算，停驶的机械费补偿，应按机械折旧费或设备租赁费计算，不应包括运转操作费用。

2）正确区分停工损失与因工程师临时改变工作内容或作业方法的功效降低损失的区别。凡可改作其他工作的，不应按停工损失计算，但可以适当补偿降效损失。

6.6.5.5　工程师对索赔的反驳

首先要说明的是，这里所讲的反驳索赔仅仅指的是反驳承包人不合理索赔或者索赔中的不合理部分，而绝对不是把承包人当作对立面，偏袒发包人，设法不给予或尽量少给予承包人补偿。反驳索赔的措施是指工程师针对一些可能发生索赔的领域，为了今后有充分证据反驳承包人的不合理要求而采取的监督管理措施。反驳索赔措施实际上是包括在工程师的日常监理工作中的。能否有力地反驳索赔，是衡量工程师工作成效的重要尺度。

对承包人的施工活动进行日常现场检查是工程师执行监理工作的基础，监督现场施工按合同要求进行。检查人员应具有一定的实践经验、认真的工作态度和良好的合作精神。人员素质的高低很大程度上将决定工程师监理工作的成效。检查人员应该善于发现问题，随时独立保持有关情况记录，绝对不能简单照抄承包人的记录。必要时应对某些施工情况摄取工程照片；每天下班前还必须把一天的施工情况和自己的观察结果简明扼要地写成"工程监理日志"，其中特别要指出承包人在哪些方面没有达到合同或计划要求。这种日志应该逐级加以汇总分析，最后由工程师或其他授权代表把承包人施工中存在的问题连同处理建议书面通知承包人，为今后反驳索赔提供依据。

合同中通常都会规定承包人应该在多长时间内或什么时间以前向工程师提交什么资料供工程师批准、同意或参考。工程师最好是事先就编制一份"承包人应提交的资料清单"，其内容包括资料名称、合同依据、时间要求、格式要求及工程师处理时间要求等，以便随时核对。如果到时承包人没有提交或提交资料的格式等不符合要求，则应该及时记录在案，并通知承包人。承包人的这种问题，可能是今后用来说明某项索赔或索赔中的某部分应由承包人自己负责的重要依据。

工程师要了解承包人施工材料和设备到货情况，包括材料质量、数量和存储方式以及设备种类、型号和数量。如果承包人的到货情况不符合合同要求或双方同意的计划要求，工程师应该及时记录在案，并通知承包人。这些也可能是今后反驳索赔的重要依据。

与承包人一样，对工程师来说，做好资料档案管理工作也非常重要。如果自己的资料档案不全，索赔处理终究会处于被动，只能是人云亦云。即便是明知某些要求不合理，也无法予以反驳。工程师必须保存好与工程有关的全部文件资料，特别是应该有自己独立采集的工程监理资料。

工程师通常可以对承包人的索赔提出质疑的情况有：

（1）索赔事项不属于发包人或工程师的责任，而是与承包人有关的其他第三方的责任。

（2）发包人和承包人共同负有责任、承包人必须划分和证明双方责任大小。

（3）事实依据不足。

（4）合同依据不足。

（5）承包人未遵守意向通知要求。

（6）承包人以前已经放弃（明示或暗示）了索赔要求。

（7）承包人没有采取适当措施避免或减少损失。

（8）承包人必须提供进一步的证据。

（9）损失计算夸大等等。

6.6.5.6　工程师对索赔的预防和减少

索赔虽然不可能完全避免，但通过努力可以减少发生。

1. 正确理解合同规定

合同是规定当事人双方权利义务关系的文件。正确理解合同规定，是双方协调一致地合理、完全履行合同的前提条件。由于施工合同通常比较复杂，因而"理解合同规定"就有一定的困难。双方站在各自立场上对合同规定的理解往往不可能完全一致，总会或多或少地存在某些分歧。这种分歧经常是产生索赔的重要原因之一，所以发包人、工程师和承包人都应该认真研究合同文件，以便尽可能在诚信的基础上正确、一致地理解合同的规定，减少索赔的发生。

2. 做好日常监理工作，随时与承包人保持协调

做好日常监理工作是减少索赔的重要手段。工程师应善于预见、发现和解决问题，能够在某些问题对工程产生额外成本或其他不良影响以前，就把它们纠正过来，就可以避免发生与此有关的索赔。对此现场检查作为工程师监理工作的第一个环节，应该发挥应有的作用。对工程质量、完工工作量等，工程师应该尽可能在日常工作中与承包人随时保持协调，每天或每周对当天或本周的情况进行会签、取得一致意见，而不要等到需要付款时再一次处理。这样就比较容易取得一致意见，可以避免不必要的分歧。

3. 尽量为承包人提供力所能及的帮助

承包人在施工过程中肯定会遇到各种各样的困难。虽然从合同上讲，工程师没有义务向其提供帮助，但从共同努力建设好工程这一点来讲，还是应该尽可能地提供一些帮助。这样，不仅可以免遭或少遭损失，从而避免或减少索赔。而且承包人对某些似是而非、模棱两可的索赔机会，还可能基于友好考虑而主动放弃。

4. 建立和维护工程师处理合同事务的威信

工程师自身必须有公正的立场、良好的合作精神和处理问题的能力，这是建立和维护其威信的基础；发包人应该积极支持工程师独立、公平地处理合同事务，不予无理干涉；承包人应该充分尊重工程师，主动接受工程师的协调和监督，与工程师保持良好的关系。如果承包人认为工程师明显偏袒发包人或处理问题能力较差甚至是非不分，他就会更多地提出索赔，而不管是否有足够的依据，以求"以量取胜"或"蒙混过关"。如果工程师处理合同事务立场公正，有丰富的经验知识、有较高的威信，就会促使承包人在提出索赔前认真做好准备工作，只提出那些有充足依据的索赔，"以质取胜"，从而减少提出索赔的数量。发包人、工程师和承包人应该从一开始就努力建立和维持相互关系的良性循环，这对合同顺利实施是非常重要的。

【例 6.1】　某工程建设场地原为稻田，设计要求在工程地坪范围内的耕植土应予清除，基础必须埋设在老土层以下 4.50m 处。为此，业主在"三通一平"阶段就委托某单位清除了耕植土并用新土予以回填、压实。此后，又在招标文件中指出施工单位无须考虑清除耕植土处理问题。但是开工后，施工单位在开挖基础时发现，相当一部分基坑开挖深度虽已达到设计要求的标高，但仍未见老土，且在基础和场地范围内仍有部分深层的耕植土和淤泥等必须清除。

（1）承包商在工程中遇到地基条件与原设计所依据的条件不符时，应如何处理？

（2）你认为属于工程变更的事项都包括哪些方面的内容？

（3）在施工中出现变更工期和价后，甲、乙双方需要注意哪些问题？

（4）承包商根据修改的设计图纸，基础坑的开挖要加深、加大，为此提出了变更工程价格和延长工期的要求，该要求是否合理？为什么？

（5）变更部分的合同价款应根据什么原则确定？应按什么样的程序进行？

解

（1）首先，根据施工合同文本规定。在工程中遇到地基条件与设计依据的条件不符时，承包商应立即通知甲方，要求对原设计进行变更，办理变更手续。然后，在合同文件规定的时限内，向甲方提出设计变更价款和工期延长的要求。甲方如果同意，即可调整。

（2）属于工程变更事项的内容包括：

1）工程的标高、基线、位置、尺寸等的改变。

2）工程的性质、标准的变更。

3）增加或减少合同约定的工程量。

4）改变施工顺序和时间。

5）其他。

（3）出现变更工期和工程价款事件后，应注意以下几个主要方面：

1）乙方提出索赔意向和索赔报告的时间确定。

2）对方确认的时间。

3）双方不能达成一致意见后的解决方法和时间。

（4）承包商的要求合理。因为地质条件的变化，是一个有经验的承包商不能合理预见到的，应属于业主风险范畴。

（5）分别从变更价款的确定和变更程序两方面回答。

学习情境6.7　合同争议的解决

6.7.1　解决合同争议的方法

合同争议也称合同纠纷，是指合同当事人对合同规定的权利和义务产生了不同的理解。合同争议的解决方式有和解、调解、仲裁、诉讼四种。在这四种解决争议的方式中，和解和调解的结果没有强制执行的法律效力，要靠当事人的自觉履行。当然，这里所说的和解和调解是狭义的，不包括仲裁和诉讼程序中在仲裁庭和法院的主持下的和解和调解。这两种情况下的和解和调解属于法定程序，其解决方法仍有强制执行的法律效力。

1. 和解

和解是指合同纠纷当事人在自愿友好的基础上，互相沟通、互相谅解，从而解决纠纷的一种方式。

合同发生纠纷时，当事人应首先考虑通过和解解决纠纷。事实上，在合同的履行过程中，绝大多数纠纷都可以通过和解解决。合同纠纷和解解决有以下优点：

（1）简便易行，能经济、及时地解决纠纷。

（2）有利于维护合同双方的友好合作关系，使合同能更好地得到履行。

（3）有利于和解协议的执行。

2. 调解

调解是指合同当事人对合同所约定的权利、义务发生争议，不能达成和解协议时，在经济合同管理机关或有关机关、团体等的主持下，通过对当事人进行说服教育，促使双方互相作出适当的让步，平息争端，自愿达成协议，以求解决经济合同纠纷的方法。

合同纠纷的调解往往是当事人经过和解仍不能解决纠纷后采取的方式，因此与和解相比，它面临的纠纷要大一些。与诉讼、仲裁相比，仍具有与和解相似的优点：它能够较经济、较及时地解决纠纷；有利于消除合同当事人的对立情绪，维护双方的长期合作关系。

3. 仲裁

仲裁亦称"公断"，是当事人双方在争议发生前或争议发生后达成协议，自愿将争议交给第三者作出裁决，并负有自动履行义务的一种解决争议的方式。这种争议解决方式必须是自愿的，因此必须有仲裁协议。如果当事人之间有仲裁协议，争议发生后又无法通过和解和调解解决，则应及时将争议提交仲裁机构仲裁。

4. 诉讼

诉讼是指合同当事人依法请求人民法院行使审判权，审理双方之间发生的合同争议，作出有国家强制保证实现其合法权益、从而解决纠纷的审判活动。合同双方当事人如果未约定仲裁协议，则只能以诉讼作为解决争议的最终方式。

6.7.2 仲裁

6.7.2.1 仲裁的原则

1. 自愿原则

解决合同争议是否选择仲裁方式以及选择仲裁机构本身并无强制力。当事人采用仲裁方式解决纠纷，应当贯彻双方自愿原则，达成仲裁协议。如有一方不同意进行仲裁的，仲裁机构即无权受理合同纠纷。

2. 公平合理原则

仲裁的公平合理，是仲裁制度的生命力所在。这一原则要求仲裁机构要充分搜集证据，听取纠纷双方的意见。仲裁应当根据事实。同时，仲裁应当符合法律规定。

3. 仲裁依法独立进行原则

仲裁机构是独立的组织，相互间也无隶属关系。仲裁依法独立进行，不受行政机关、社会团体和个人的干涉。

4. 一裁终局原则

由于仲裁是当事人基于对仲裁机构的信任作出的选择，因此其裁决是立即生效的。裁决作出后，当事人就同一纠纷再申请仲裁或者向人民法院起诉的，仲裁委员会或者人民法院不予受理。

6.7.2.2 仲裁委员会

仲裁委员会可以在直辖市和省、自治区人民政府所在地的市设立，也可以根据需要在其他设区的市设立，不按行政区划层层设立。

仲裁委员会由主任 1 人、副主任 2～4 人和委员 7～11 人组成。仲裁委员会应当从公道正派的人员中聘任仲裁员。

仲裁委员会独立于行政机关，与行政机关没有隶属关系。仲裁委员会之间也没有隶属关系。

6.7.2.3 仲裁协议

1. 仲裁协议的内容

仲裁协议是纠纷当事人愿意将纠纷提交仲裁机构仲裁的协议。它应包括以下内容：

（1）仲裁的意思表示。

（2）仲裁事项。

（3）选定的仲裁委员会。

在以上三项内容中，选定的仲裁委员会具有特别重要的意义。因为仲裁没有法定管辖，如果当事人不约定明确的仲裁委员会，仲裁将无法操作，仲裁协议将是无效的。至于请求仲裁的意思表示和仲裁事项则可以通过默示的方式来体现。可以认为在合同中选定仲裁委员会就是希望通过仲裁解决争议，同时，合同范围内的争议就是仲裁事项。

2. 仲裁协议的作用

（1）当事人均受仲裁协议的约束。

（2）仲裁机构对纠纷进行仲裁的先决条件。

（3）了法院对纠纷的管辖权。

（4）仲裁机构应按仲裁协议进行仲裁。

6.7.2.4　仲裁庭的组成

仲裁庭的组成有两种方式。

1. 当事人约定由 3 名仲裁员组成仲裁庭

当事人如果约定由 3 名仲裁员组成仲裁庭，应当各自选定或者各自委托仲裁委员会主任指定 1 名仲裁员，第 3 名仲裁员由当事人共同选定或者共同委托仲裁委员会主任指定。第 3 名仲裁员是首席仲裁员。

2. 当事人约定由 1 名仲裁员组成仲裁庭

仲裁庭也可以由 1 名仲裁员组成。当事人如果约定由 1 名仲裁员组成仲裁庭的，应当由当事人共同选定或者共同委托仲裁委员会主任指定仲裁员。

6.7.2.5　开庭和裁决

1. 开庭

仲裁应当开庭进行。当事人协议不开庭的，仲裁庭可以根据仲裁申请书、答辩书以及其他材料作出裁决，仲裁不公开进行。当事人协议公开的，可以公开进行，但涉及国家秘密的除外。

申请人经书面通知，无正当理由不到庭或者未经仲裁庭许可中途退庭的，可以视为撤回仲裁申请。被申请人经书面通知，无正当理由不到庭或者未经仲裁庭许可中途退庭的，可以缺席裁决。

2. 证据

当事人应当对自己的主张提供证据。仲裁庭对专门性问题认为需要鉴定的，可以交由当事人约定的鉴定部门鉴定，也可以由仲裁庭指定的鉴定部门鉴定。根据当事人的请求或者仲裁庭的要求，鉴定部门应当派鉴定人参加开庭。当事人经仲裁庭许可，可以向鉴定人提问。

建设工程合同纠纷往往涉及工程质量、工程造价等专门性的问题，一般需要进行鉴定。

3. 辩论

当事人在仲裁过程中有权进行辩论。辩论终结时，首席仲裁员或者独任仲裁员应当征询当事人的最后意见。

4. 裁决

裁决应当按照多数仲裁员的意见作出，少数仲裁员的不同意见可以记入笔录。仲裁庭不能形成多数意见时，裁决应当按照首席仲裁员的意见作出。

仲裁庭仲裁纠纷时，其中一部分事实已经清楚，可以就该部分先行裁决。

对裁决书中的文字、计算错误或者仲裁庭已经裁决但在裁决书中遗漏的事项，仲裁庭应当补正；当事人自收到裁决书之日起 30d 内，可以请求仲裁补正。

裁决书自作出之日起发生法律效力。

6.7.2.6　申请撤销裁决

当事人提出证据证明裁决有下列情形之一的，可以向仲裁委员会所在地的中级人民法院申请撤销裁决：

（1）没有仲裁协议的。

（2）裁决的事项不属于仲裁协议的范围或者仲裁委员会无权仲裁的。

（3）仲裁庭的组成或者仲裁的程序违反法定程序的。

（4）裁决所根据的证据是伪造的。

（5）对方当事人隐瞒了足以影响公正裁决的证据的。

（6）仲裁员在仲裁该案时有索贿受贿，徇私舞弊，枉法裁决行为的。

人民法院经组成合议庭审查核实裁决有前款规定情形之一的，应当裁定撤销。当事人申请撤销裁决的，应当自收到裁决书之日起 6 个月内提出。人民法院应当在受理撤销裁决申请之日起 2 个月内作出撤销裁决或者驳回申请的裁定。

人民法院受理撤销裁决的申请后，认为可以由仲裁庭重新仲裁的，通知仲裁庭在一定期限内重新仲裁，并裁定中止撤销程序。仲裁庭拒绝重新仲裁的，人民法院应当裁定恢复撤销程序。

6.7.2.7　执行

仲裁委员会的裁决作出后，当事人应当履行。由于仲裁委员会本身并无强制执行的权力，因此，当一方当事人不履行仲裁裁决时，另一方当事人可以依照《中华人民共和国民事诉讼法》的有关规定向人民法院申请执行。接受申请的人民法院应当执行。

6.7.3　诉讼

如果当事人没有在合同中约定通过仲裁解决争议，则只能通过诉讼作为解决争议的最终方式。人民法院审理民事案件，依照法律规定实行合议、回避、公开审判和两审终审制度。

6.7.3.1　建设工程合同纠纷的管辖

建设工程合同纠纷的管辖，既涉及级别管辖，也涉及地域管辖。

1．级别管辖

级别管辖是指不同级别人民法院受理第一审建设工程合同纠纷的权限分工。一般情况下基层人民法院管辖第一审民事案件。中级人民法院管辖以下案件：重大涉外案件、在本辖区有重大影响的案件、最高人民法院确定由中级人民法院管辖的案件。在建设工程合同纠纷中，判断是否在本辖区有重大影响的依据主要是合同争议的标的额。由于建设工程合同纠纷争议的标的额往往较大，因此往往由中级人民法院受理一审诉讼，有时甚至由高级人民法院受理一审诉讼。

2．地域管辖

地域管辖是指同级人民法院在受理第一审建设工程合同纠纷的权限分工。对于一般的合同争议，由被告住所地或合同履行地人民法院管辖。《中华人民共和国民事诉讼法》也允许合同当事人在书面协议中选择被告住所地、合同履行地、合同签订地、原告住所地、标的物所在地人民法院管辖。对于建设工程合同的纠纷一般都适用不动产所在地的专属管辖，由工程所在地人民法院管辖。

6.7.3.2　诉讼中的证据

诉讼中的证据有下列几种：

（1）书证。

（2）物证。

（3）视听资料。

（4）证人证言。

（5）当事人的陈述。

（6）鉴定结论。

（7）勘验笔录。

当事人对自己提出的主张，有责任提供证据。当事人及其诉讼代理人因客观原因不能自行收集的证据，或者人民法院认为审理案件需要的证据，人民法院应当调查收集。人民法院应当按照法定程序，全面地、客观地审查核实证据。

证据应当在法庭上出示，并由当事人互相质证。对涉及国家秘密、商业秘密和个人隐私的证据应当保密，需要在法庭出示的，不得在公开开庭时出示。经过法定程序公证证明的法律行为、法律事实和文书，人民法院应当作为认定事实的根据，但有相反证据足以推翻公证证明的除外。书证应当提交原件，物证应当提交原物，提交原件或者原物确有困难的，可以提交复制品、照片、副本、节录本。提交外文书证，必须附有中文译本。

人民法院对视听资料，应当辨别真伪，并结合本案的其他证据，审查确定能否作为认定事实的根据。

人民法院对专门性问题认为需要鉴定的，应当交由法定鉴定部门鉴定；没有法定鉴定部门的，由人民法院指定的鉴定部门鉴定。鉴定部门及其指定的鉴定人有权了解进行鉴定所需要的案件材料，必要时可以询问当事人、证人。鉴定部门和鉴定人应当提出书面鉴定结论，在鉴定书上签名或者盖章。与仲裁中的情况相似，建设工程合同纠纷往往涉及工程质量、工程造价等专门性的问题，在诉讼中一般也需要进行鉴定。

【例 6.2】 在［例 6.1］中，若施工单位和开发商对于工期延长和变更价款未取得一致意见而形成合同争议，应如何解决？

解　若业主和承包商对于工期延长和变更价款未取得一致意见而形成合同争议，可通过以下途径解决：①协商和解；②有关部门调解解决；③按合同约定的仲裁条款申请仲裁；④向有管辖权的法院起诉。

本 项 目 学 习 小 结

6.1　建设工程施工合同的概念和特点。

6.2　建设工程施工合同范本。

6.3　合同管理涉及的有关各方。

6.4　建设行政主管部门及相关部门对施工合同的监督管理。

6.5　工期和合同价格。

6.6　对双方有约束力的合同文件。

6.7　担保和保险。

6.8　施工准备阶段的合同管理。

6.9　施工过程的合同管理。

思 考 题 与 习 题

6.1　设计变更程序有哪些？

6.2　如何理解施工索赔的概念？

6.3　施工索赔有哪些分类？

6.4　索赔程序有哪些步骤？

6.5　工程师审查索赔应注意哪些问题？

6.6　工程师处理索赔应遵循哪些原则？

6.7　工程师如何预防和减少索赔？

6.8　对双方有约束力的合同包括哪些文件？

6.9　质量监督机构与工程师对施工合同的质量管理有哪些区别？

6.10　施工进度计划有何作用？工程师如何对施工进度进行控制？

6.11　如何进行隐蔽工程的检验和验收？

6.12　工程师如何处理设计变更？

6.13　发生哪些情况应该给承包人合理顺延工期？

6.14　竣工阶段工程师应做好哪些工作？

6.15　解决合同争议的方法有哪些？

6.16　仲裁的原则有哪些？

6.17　仲裁庭如何组成？

项目 7 安 全 施 工 监 理

通过本章学习，使学生了解安全施工监理及安全监理责任；掌握安全施工监理的工作内容。

学习情境 7.1 安 全 施 工 监 理 概 述

7.1.1 施工安全监理的任务

施工安全是指与项目施工有关的工程项目本身，参与工程项目施工的人员、设备以及经有关职权部门批准在工程施工地域内活动的人员及设备的安全。工程施工安全对工程项目的重要意义已日益显现，质量与安全是施工中永恒的主题。作为工程施工监督管理的工程项目施工监理对施工安全起着重要的保证和监督作用，如何通过监理手段来保证施工安全是工程施工安全监理的主要任务。为保证工程顺利进行，监理公司应重视工程的安全施工与环保效益，贯彻落实国家安全生产方针政策，督促施工单位按照建筑施工安全生产法规和标准组织施工，消除施工中的冒险性、盲目性和随意性，落实各项安全技术措施，有效地杜绝各类安全隐患，杜绝、控制和减少各类伤亡事故，实现安全生产。

7.1.2 基本规定

《安徽省建设工程安全生产监理工作导则（试行）》就安全生产责任做如下基本规定：

（1）施工单位应对施工现场安全产生负责，安全监理不得代替施工单位的安全产生管理。

（2）监理单位履行安全监理责任，不能免除施工单位的建设施工安全的法律主体责任，也不能免除建设单位、勘察设计单位及其他与建设工程安全生产有关的单位的各自责任范围内的安全生产责任。

（3）监理单位有下列行为之一的，应承担《建设工程安全生产管理条例》第五十七条规定的安全监理法律责任：

1）未对施工组织设计中的安全技术措施或专项施工方案进行审查的。

2）施工组织设计中的安全技术措施或专项施工方案未经监理审查签字认可，施工单位擅自施工，未及时下达工程暂停令并书面报告建设单位的。

3）在现场巡视检查过程中，发现存在安全事故隐患未及时下达书面指令，要求施工单位进行整改或暂时停止施工的。

4）施工单位拒不整改或者不停止施工，未及时向当地建设主管部门或有关行业主管部门报告的。

5）未依照法律、法规和工程建设强制性标准实施监理的。

（4）只要监理单位履行以上几条规定的职责（即该审查的已审查、该检查的已检查、该停工的已停工、该报告的已报告），施工单位未执行监理指令继续施工或发生安全事故的，应依法追究监理单位以外的其他相关单位和人员的法律责任，而不要把监理单位和人员的安全责任无限扩大化。

7.1.3　安全监理责任及保证体系

1. 监理单位安全监理责任

（1）审查施工组织设计中的安全技术措施或者专项施工方案，其应符合工程建设强制性标准的要求。

（2）实施监理过程中，发现存在安全事故隐患的，应当要求施工单位整改；情况严重的，应当要求施工单位暂时停止施工，并及时报告建设单位；施工单位拒不整改或者不停止施工的，监理单位应当及时向有关主管部门报告。

（3）监理单位和监理人员应当按照法律法规和工程建设强制性标准实施监理，并对建设工程安全生产承担监理责任。

（4）监理单位法定代表人应对本企业监理的工程项目落实安全生产监理责任全面负责。监理单位技术负责人应负责审批包括安全监理内容的项目监理规划或安全监理方案。

（5）项目监理机构应负责工程项目现场安全监理工作的具体实施。项目监理机构应配备安全监理人员，配置必要的安全生产法律法规、标准、安全技术文件及常用检测工具、设备。

（6）总监理工程师应履行以下安全监理职责：

1）全面负责项目监理机构的安全监理工作，确定项目监理机构监理人员的安全监理岗位及其安全监理职责。

2）主持编写包括安全监理内容的监理规划或安全监理方案，审批项目安全监理实施细则。

3）主持编写并签发安全监理月报、安全监理专题报告和安全监理工作总结。

4）主持审查施工组织设计中的安全技术措施、危险性较大的分部分项工程安全专项施工方案、施工单位应急救援预案和安全防护措施费用使用计划。

5）组织安全监理人员对工程项目现场进行日常巡视检查、定期和专项安全检查。

6）对发现的严重安全事故隐患，签发工程暂停令，并同时报告建设单位。施工单位拒不整改或不停工整改的，书面报告工程所在地建设主管部门或工程项目的行业主管部门。安全事故隐患消除后，签发复工报审表。

7）参与工程安全事故的调查，负责向本单位负责人报告施工现场安全事故情况。

8）总监理工程师可将部分安全监理工作向总监理工程师代表授权，但本条中的第2）款、第4）款、第6）款不得委托。

（7）安全监理人员应履行以下安全监理职责：

1）在总监理工程师领导下，负责项目监理机构日常安全监理工作的具体实施。

2）参与编写包括安全监理内容的监理规划或安全监理方案，负责编制项目安全监理实施细则。

3）审查施工单位的施工组织设计中的安全技术措施、危险性较大的分部分项工程安全专项施工方案、施工单位应急救援预案、安全防护措施费用使用计划，并向总监理工程师提出审查意见。

4）审查施工单位资质和安全生产许可证、项目经理和专职安全生产管理人员资格及特种作业人员的特种作业操作资格证书，并向总监理工程师提出审查意见。

5）检查施工单位在工程项目上安全生产规章制度和安全生产管理机构的建立及专职安全生产管理人员的配备情况，并向总监理工程师提出检查意见。

6）巡视检查施工现场安全状况，定期巡视检查施工组织设计中的安全技术措施和专项施工方案执行情况及危险性较大的分部分项工程作业情况，及时制止违规施工作业。

7）核查施工现场施工起重机械、整体提升脚手架、模板等自升式架设设施和安全设施的验收手续。

8）检查施工现场各种安全标志和安全防护措施，并检查安全生产费用的使用情况。

9）负责抽查施工单位安全生产自查和安全交底情况，参加建设单位组织的安全生产专项检查。

10）发现违规作业行为或存在安全事故隐患时，应书面通知施工单位，督促其立即整改并检查验证整改结果，情况严重的，及时报告总监理工程师。

11）定期向总监理工程师报告安全监理工作实施情况，填写监理日志中的安全监理工作记录，参与编制监理月报中关于安全监理工作的有关内容。

（8）其他监理人员应履行以下安全监理职责：

1）检查施工现场安全生产状况，发现安全隐患及时报告安全监理人员或总监理工程师。

2）做好安全监理检查记录。

2. 安全监理保证体系

监理单位应建立安全监理工作制度，督促检查项目监理机构落实情况。安全监理工作制度至少应包括：

（1）审查核验制度。审查施工方案或施工组织设计中有否保证工程质量和安全的具体措施，使之符合安全施工的要求，并督促其实施；核查施工组织设计和专项施工方案的种类和编审手续，安全措施合理科学性。

（2）检查验收制度。检查施工单位安全生产管理职责制；检查施工单位工程项目部安全管理组织结构图；检查施工单位安全保证体系要素、职能分配表；检查施工单位项目人员的安全生产岗位责任制；施工单位保证体系要素及职能分配表。

检查并督促施工单位，按照建筑施工安全技术标准和规范要求，落实分部、分项工程或各工序、关键部位的安全防护措施。

（3）督促整改制度。监督检查施工现场的消防工作、冬季防寒、夏季防暑、文明施工、卫生防疫等项工作；不定期组织安全综合检查，按 JGJ 59—99《建筑施工安全检查标准》进行评价，提出处理意见并限期整改；发现违章冒险作业的要责令其停止施工，发现隐患的要责令其停工整改。

（4）工地例会制度：通过例会、专题会议解决安全施工中出现的问题。

（5）报告制度：及时多渠道地向业主汇报工程安全方面的信息，如有必要，应向政府有关主管部门报告。

（6）资料管理与归档制度：各种安全监理工作都应做好记录并按要求归档。

（7）教育培训制度：监理单位的总监理工程师和安全监理人员需经安全生产教育培训后方可上岗，其教育培训情况记入个人继续教育档案。

学习情境 7.2　安全施工监理的主要工作内容

7.2.1　施工准备阶段安全监理的主要工作

（1）总监理工程师主持编制包括安全监理内容的项目监理规划或安全监理方案，并签署意见，报监理单位技术负责人审批后实施。监理规划或安全监理方案应明确安全监理的范围、内容、工作程序和制度措施，以及人员配备计划和职责等，并具有针对性和指导性。具体应包括以下内容：

1）安全监理工作依据。

2）安全监理工作目标。

3）安全监理范围和内容。

4）安全监理岗位设置、人员分工和职责。

5）安全监理工作制度及措施。

6）安全监理工作程序。

7）拟编制的专项安全监理实施细则一览表。

（2）对中型及以上项目和危险性较大的分部分项工程，安全监理人员应当编制安全监理实施细则，报总监理工程师审批后实施。安全监理实施细则应当明确安全监理的方法、措施和控制要点，做到详细、具体，且有可操作性。具体应包括以下内容：

1）编制依据（包括：①现行相关法律、法规、规定、工程建设强制性标准和设计文件；②已批准的安全监理方案；③已批准的施工组织设计中的安全技术措施、专项施工方案和专家论证意见）。

2）工程的概况、特点和施工现场环境状况。

3）安全监理控制要点、检查方法、频率和措施。

4）监理人员的工作安排及分工。

5）检查记录表。

（3）项目监理机构应注重安全监理交底工作。总监理工程师应组织将安全监理规划和安全监理实施细则的全部内容向相关监理人员进行交底。项目监理机构应将安全监理规划和安全监理实施细则中有关安全监理的内容、程序、方法、施工单位的安全生产责任及有关事宜向施工单位进行交底；项目监理机构宜将《建设工程安全生产管理条例》中建设单位的安全责任和有关事宜告知建设单位。

（4）总监理工程师应组织安全监理人员审查施工单位编制的施工组织设计中的安全技术措施和危险性较大的分部分项工程安全专项施工方案是否符合工程建设强制性标准要求，并签署审查意见。施工过程中如有变化，应要求施工单位重新报审。如审查不符合要求，安全技术措施和安全专项施工方案不得实施，项目监理机构不得签发开工令。施工单位擅自施工的，总监理工程师应及时下达工程暂停令并报告建设单位。

1）审查的主要内容：施工单位编制的地下管线保护措施方案是否符合强制性标准要求；基坑支护与降水、土方开挖与边坡防护、模板、起重吊装、脚手架、拆除、爆破等分部分项工程的专项施工方案是否符合强制性标准要求；施工现场临时用电施工组织设计或者安全用电技术措施和电气防火措施是否符合强制性标准要求；冬季、雨季等季节性施工方案的制订是否符合强制性标准要求；施工总平面布置图是否符合安全生产的要求，办公、宿舍、食堂、道路等临时设施设置以及排水、防火措施是否符合强制性标准要求。

2）审查的主要方法：

a. 程序性审查。施工组织设计中的安全技术措施和危险性较大的分部分项工程安全专项施工方案是否有编制人、审核人、施工单位技术负责人审批并加盖单位公章；专项施工方案须经专家论证、审查的，是否执行；不符合程序的应予退回，完善后按原程序重新办理报审手续。

b. 符合性审查。施工组织设计中的安全技术措施和危险性较大的分部分项工程安全专项施工方案必须符合法律、法规、《安全生产管理条例》、工程建设强制性标准及我省有关安全生产的规定，并包括安全技术措施、监控措施、安全验算结果等内容。

c. 针对性审查。施工组织设计中的安全技术措施和危险性较大的分部分项工程安全专项施工方案应针对工程特点、施工部位、所处环境等实际情况，内容具有可操作性。

（5）总监理工程师应组织安全监理人员审查施工单位应急救援预案和安全防护措施费用使用计划，并签署审查意见。施工过程中如有变化，应要求施工单位重新报审。如审查不符合要求，项目监理机构应予不通过，并不得签发开工令。

（6）总监理工程师应组织安全监理人员对施工单位施工现场安全管理体系进行审查，并做好审查记录。施工报审表中涉及的文件资料应有具体附件。施工过程中如有变化，应要求施工单位重新报审。项目监理机构要审查其是否符合相关法律法规要求，如审查不符合要求时应下达书面整改通知，且项目监理机构不予通过施工安全管理体系审查，并不得签发开工令。

审查的主要内容应当包括：

1）主要的安全生产规章制度：①安全生产责任制度；②安全生产检查制度；③安全生产教育培训制度；④安全施工技术交底制度；⑤机械设备（包括租赁设备）管理制度；⑥消防安全管理制度；⑦安全生产事故报告处理制度；⑧各工种安全技术操作规程；⑨各机械设备安全操作规程。

2）工程项目上的安全生产管理机构和专职安全生产管理人员的设置与配备要求应符合"建质〔2008〕91号《建筑施工企业安全生产管理机构设置及专职安全生产管理人员配备办法》"要求。

3）审查施工单位（包括分包单位）资质和安全生产许可证是否合法有效。

4）审查项目经理和专职安全生产管理人员是否具备合法资格，是否与投标文件相一致。

5）审查特种作业人员的特种作业操作资格证书是否合法有效。

（7）督促施工单位与建设单位、施工单位与分包单位签订施工安全生产协议书。

（8）督促施工单位检查分包单位的安全生产规章制度的建立和落实情况。

7.2.2　施工阶段安全监理的主要工作

（1）安全监理人员应监督、检查施工单位按照审查批准的施工组织设计中的安全技术措施和专项施工方案组织施工；及时制止违规施工作业，并做好检查记录。

（2）安全监理人员应定期巡视检查施工过程中的危险性较大工程作业情况，并做好巡视检查记录。

（3）安全监理人员应核查施工现场施工起重机械、整体提升脚手架、模板等自升式架设设施和安全设施的检测检验和验收许可手续，并做好核查记录。凡影响施工安全的施工机械设备和安全设施未将相关资料报安全监理人员进行安全核查的或核查不合格的，不得投入使用。

　　（4）安全监理人员应检查施工现场各种安全标志和安全防护措施是否符合强制性标准要求，并应对照安全防护措施费用计划检查其使用情况，做好检查记录。

　　（5）安全监理人员应督促施工单位进行安全自查、安全交底、安全教育工作，并对施工单位自查、交底、教育情况进行抽查，参加建设单位组织的安全生产专项检查，做好抽查和检查记录。

　　（6）安全监理人员巡视检查施工单位专职安全生产管理人员到岗情况，必要时抽查现场特种作业人员持证上岗情况和人证相符情况，做好巡视检查记录。

　　（7）施工阶段安全监理过程中，安全监理人员应对施工现场安全生产状况和施工安全措施、安全生产责任制的落实情况进行巡视检查及定期和专项安全生产检查。

　　（8）项目监理机构在实施安全监理过程中应及时、合理、充分地使用安全监理基本手段：

　　1）告知。①项目监理机构宜以监理工作联系单形式告知建设单位在安全生产方面的义务、责任以及相关事宜；②项目监理机构宜以监理工作联系单形式告知施工单位安全监理工作要求、对施工单位安全生产管理的提示和建议以及相关事宜。

　　2）通知。①项目监理机构在安全监理过程中发现安全事故隐患，或违反现行法律、法规、规章和工程建设强制性标准，未按照施工组织设计中的安全技术措施和专项施工方案组织施工的，安全监理人员或总监理工程师应及时签发安全隐患整改通知单，指令限期整改；②安全隐患整改通知单发送施工单位并报送建设单位；③安全隐患整改消除后，施工单位应向项目监理机构报送安全隐患整改通知回复单，安全监理人员检查验证整改结果后签署复查意见。

　　3）停工。①项目监理机构发现施工现场安全事故隐患情况严重的以及施工现场发生重大险情或安全事故时，总监理工程师应立即签发工程暂停令，并按实际情况指令局部停工或全面停工；②工程暂停令发送施工单位并报送建设单位；③导致停工的安全事故隐患整改消除后，施工单位应向项目监理机构报送重大安全隐患整改复工报审表，安全监理人员应检查验证整改结果，总监理工程师签署复工审查意见。

　　4）报告。项目监理机构针对安全隐患发出书面整改通知或停工令后，施工单位拒不整改或不停工整改的，总监理工程师应及时向工程所在地建设主管部门或工程项目的行业主管部门报告，如以电话形式报告的应有通话记录，并及时补充书面报告。

　　（9）安全监理人员对施工现场安全生产状况的检查、整改、复查、报告等情况应记载在监理日志、监理月报中。总监理工程师应定期审阅监理日志并签署意见。

　　（10）总监理工程师应定期召开安全生产例会或在定期召开的工地例会上，分析施工单位安全生产管理和现场安全文明施工现状，检查上次例会确定的整改事项落实情况，针对薄弱环节研究安全防范和预控措施，并提出整改要求，指定专人编发会议纪要并督促整改。第一次工地会议上，总监理工程师应向各方介绍安全监理方案的主要内容（或安全监理规划中有关安全监理内容）。

（11）总监理工程师应在监理月报中对当月施工现场的安全文明施工状况和安全监理工作实施情况做出评述，或单独编制安全监理工作月报表报送建设单位。

（12）工程竣工后，监理工作总结中应包含对工程项目安全监理的措施、实施效果、施工过程中出现的安全问题及其处理情况以及安全监理工作的总体评价等内容。

7.2.3　安全监理资料管理

（1）项目监理机构应建立安全监理资料台账。

（2）总监理工程师应指定专人负责安全监理资料的管理工作。

（3）安全监理资料应及时收集、整理，分类有序、真实完整、妥善保管。

（4）项目监理机构应配合有关部门检查和安全事故调查处理，如实提供安全监理资料。

（5）工程竣工后，项目监理机构应按委托监理合同的约定，将监理过程中有关安全监理的技术文件、检查记录、验收记录、安全监理规划及细则、安全例会纪要及相关书面通知等资料进行立卷归档并移交建设单位。

（6）安全监理资料档案的验收、移交和管理应按委托监理合同或档案管理的有关规定执行。

本 项 目 学 习 小 结

7.1　施工安全监理的基本规定。

7.2　安全监理责任及保证体系。

7.3　施工准备阶段安全监理的主要工作。

7.4　施工阶段安全监理的主要工作。

思 考 题 与 习 题

7.1　监理单位安全监理责任有哪些？

7.2　工程师应审查施工单位编制的施工组织设计中的安全技术措施和危险性较大的分部分项工程安全专项施工方案是否符合工程建设强制性标准要求，并签署审查意见。简述审查的主要内容及审查的主要方法。

7.3　项目监理机构在实施安全监理过程中安全监理基本手段有哪些？

7.4　施工阶段安全监理的主要工作有哪些？

7.5　安全监理保证体系有哪些制度？

参 考 文 献

［1］ 林之毅．市政公用工程．北京：中国建筑工业出版社，2009.
［2］ 张自杰．排水工程．第四版．北京：中国建筑工业出版社，2008.
［3］ 黄林青．建设工程监理概论．重庆：重庆大学出版社，2009.
［4］ 孙锡衡，席银花．全国监理工程师职业资格考试案例解析．天津：天津大学出版社，2009.
［5］ 吴锡铜．建设工程施工现场监理人员实用手册．上海：同济大学出版社，2004.
［6］ 张献奇．建设工程监理概论．北京：中国电力出版社，2008.
［7］ 住房和城乡建设部．建设工程监理概论．北京：知识产权出版社，2008.
［8］ 住房和城乡建设部．建设工程进度管理．北京：知识产权出版社，2008.
［9］ 住房和城乡建设部．建设工程合同管理．北京：知识产权出版社，2008.
［10］ 住房和城乡建设部．建设工程信息管理．北京：知识产权出版社，2008.
［11］ 建设部．建设工程施工质量验收规范汇编．北京：中国建筑工业出版社，2003.